电梯安装与维修实用技术
（第2版）

曹　祥　主　编
张校铭　曹　峥　副主编

電子工業出版社.

Publishing House of Electronics Industry

北京·BEIJING

内 容 简 介

本书详细讲解了电梯各系统的安装与维修技术，主要内容包括：电梯的分类、结构与安装，电梯维修仪器，电梯安装维修人员安全操作要求与电梯常见故障维修方法，电梯机械部分和电气控制系统构成，常用电梯电路分析，电梯的 PLC 电气控制系统、变频器系统、对讲系统和 IC 卡智能门禁管理系统，以及电梯故障维修实例等。

本书内容新颖、实用性强、资料丰富，可作为职业类院校电梯专业的教材，也适合电梯爱好者和初学者自学使用，同时还可作为机电类及电梯短期培训班的教材。

图书在版编目（CIP）数据

电梯安装与维修实用技术 / 曹祥主编. —2 版. —北京：电子工业出版社，2020.1
ISBN 978-7-121-36810-3

Ⅰ. ①电… Ⅱ. ①曹… Ⅲ. ①电梯-安装 ②电梯-维修 Ⅳ. ①TU857

中国版本图书馆 CIP 数据核字（2019）第 113255 号

责任编辑：夏平飞
印　　刷：三河市君旺印务有限公司
装　　订：三河市君旺印务有限公司
出版发行：电子工业出版社
　　　　　北京市海淀区万寿路 173 信箱　邮编：100036
开　　本：787×1092　1/16　印张：19.5　字数：499 千字
版　　次：2012 年 2 月第 1 版
　　　　　2020 年 1 月第 2 版
印　　次：2020 年 1 月第 1 次印刷
定　　价：88.00 元

凡所购买电子工业出版社图书有缺损问题，请向购买书店调换。若书店售缺，请与本社发行部联系，联系及邮购电话：(010) 88254888，88258888。

质量投诉请发邮件至 zlts@phei.com.cn，盗版侵权举报请发邮件至 dbqq@phei.com.cn。

本书咨询联系方式：(010) 88254468，quxin@phei.com.cn。

前　言

为了改善居民的居住环境，越来越多的城市高楼林立，电梯也随之被大量安装和使用。电梯的安装、维修需要大量的专业人员，为满足社会需要，我们编写了此书。

本书的特点是内容充实，突出应用性和实践能力的培养。在内容叙述上，力求通俗易懂，深入浅出，突出要点；在内容编排上，力求合理有序，形式新颖。

本书由曹祥任主编，张校铭、曹峥任副主编，参加本书编写的人员还有张伯龙、张振文、张胤涵、康继东、王运琦、刘艳、阴放、王丹、崔占军、郑环宇、郝军、周玉翠等。在编写过程中参考了大量的书刊和有关资料，在此向原作者一并表示由衷的感谢。

本书可供职业类院校电梯专业作为教材使用，也适合电梯爱好者和初学者自学使用，同时也可作为机电类及电梯短期培训班的教材。

由于编者的水平有限，书中难免有不妥之处，恳请读者提出宝贵意见，以利于我们不断修正。

编　者

目　录

第1章 从内到外识电梯

 ## 1.1 电梯的分类

依据电梯的用途及客流量（或物流量）、建筑物的高度不同，设置的电梯类型也不同。现有电梯一般根据驱动方式、用途、有无司机、速度和操纵控制方式等进行分类。

1.1.1 按驱动方式分类

（1）交流电梯，用交流感应电动机作为驱动力的电梯。依据其拖动方式又可分为交流单速、交流双速、交流调压调速、交流变压变频调速等。

（2）直流电梯，用直流电动机作为驱动力的电梯。这类电梯的额定速度一般在 2m/s 以上。

（3）液压电梯，一般利用电动泵驱动液体流动，由柱塞使轿厢升降的电梯。

（4）齿轮齿条电梯，将导轨加工成齿条，轿厢装上与齿条啮合的齿轮，电动机带动齿轮旋转使轿厢升降的电梯。

（5）螺杆式电梯，将直顶式电梯的柱塞加工成矩形螺纹，再将带有推力轴承的大螺母安装于油缸顶，然后通过电动机经减速机（或皮带）带动螺母旋转，从而使螺杆顶升轿厢上升或下降的电梯。

电梯问世初期，曾用蒸汽机、内燃机作为动力直接驱动电梯，这种驱动方式的电梯现在基本绝迹。

1.1.2 按用途分类

（1）乘客电梯，用于运送乘客设计的电梯，要求有完善的安全设施及一定的轿内装饰。

（2）载货电梯，用于运送货物而设计，通常有人伴随的电梯。

（3）车辆电梯，用于装运车辆的电梯。

（4）杂物电梯，用于图书馆、办公楼、饭店运送图书、文件、食品等设计的电梯。

（5）观光电梯，轿厢壁透明，用于乘客观光的电梯。

（6）建筑施工电梯，用于建筑施工与维修的电梯。

（7）医用电梯，用于运送病床、担架、医用车而设计的电梯，轿厢具有长而窄的特点。

（8）船舶电梯，船舶上使用的电梯。

（9）其他类型的电梯，除上述常用电梯外，还有一些特殊用途的电梯，如冷库电梯、防爆电梯、矿井电梯、电站电梯、消防电梯等。

1.1.3　按电梯有无司机分类

（1）有司机电梯，电梯的运行方式由专职司机操纵来完成。

（2）无司机电梯，乘客进入电梯轿厢，按下操纵盘上的层楼按钮，电梯自动运行到达目的层楼，这类电梯一般具有集选功能。

（3）有/无司机电梯，此类电梯可变换控制电路，平时由乘客操纵，若遇客流量大或必要时可改由司机操纵。

1.1.4　按速度分类

电梯无严格的速度分类，我国习惯上按下述方法分类。

（1）低速梯，常指速度低于 1m/s 的电梯。

（2）中速梯，常指速度在 1～2m/s 的电梯。

（3）高速梯，常指速度大于 2m/s 的电梯。

（4）超高速梯，速度超过 5m/s 的电梯。

随着电梯技术的不断发展，电梯速度越来越快，区别高、中、低速电梯的速度限值也在相应地提高。

1.1.5　按操纵控制方式分类

（1）手柄开关操纵电梯，电梯司机在轿厢内控制操纵盘手柄开关，实现电梯的启动、上升、下降、平层、停止的运行状态。

（2）按钮控制电梯，这是一种简单的自动控制电梯，具有自动平层功能，通常有轿外按钮控制、轿内按钮控制两种控制方式。

（3）信号控制电梯，这是一种自动控制程度较高的有司机电梯。除具有自动平层、自动开门功能外，还具有轿厢命令登记、层站召唤登记、自动停层、顺向截停和自动换向等功能。

（4）集选控制电梯，这是一种在信号控制基础上发展起来的全自动控制电梯，与信号控制电梯的主要区别在于能实现无司机操纵。

（5）并联控制电梯，2～3 台电梯的控制线路并联起来进行逻辑控制，公用层站外召唤按钮，电梯本身都具有集选功能。

（6）群控电梯，这是用微机控制和统一调度多台集中并列的电梯，通常有梯群程序控制、梯群智能控制等形式。

1.1.6　其他分类方式

（1）按机房位置分类，则有机房在井道顶部的（上机房）电梯、机房在井道底部旁侧的（下机房）电梯，以及机房在井道内部的（无机房）电梯。

（2）按轿厢尺寸分类，则经常使用"小型""超大型"等抽象词汇表示。

此外，还有双层轿厢电梯等。

1.1.7　特殊电梯

（1）斜行电梯，轿厢在倾斜的井道中沿着倾斜的导轨运行，是集观光和运输于一体的输送设备。特别是由于土地紧张而将住宅建在山区后，斜行电梯发展迅速。

（2）立体停车场用电梯，依据不同的停车场可选配不同类型的电梯。

（3）建筑施工电梯，是一种采用齿轮齿条啮合方式（包括销齿传动与链传动，或采用钢丝绳提升），使吊笼作垂直或倾斜运动的机械，用以输送人员或物料，应用于建筑施工与维修。

1.1.8　无机房电梯与小机房电梯

无机房电梯是指不需要专门为电梯建造机房的电梯。小机房电梯是指为电梯建造的机房面积只需要等于井道横截面积，高度可以不大于 2300mm 的电梯。

目前市场上安装的无机房电梯和小机房电梯，曳引机的安装位置因制造厂家的不同而差别很大，在轿厢的导轨、对重导轨、承重梁、侧壁上都可以安装，曳引机也全部采用永磁同步电动机作为曳引电动机。无机房电梯具有节省电梯机房的投资、使用永磁同步曳引机节能环保、维修费用低等优点，但也存在维修保养作业难度大、电梯困人解救困难的缺点。而小机房电梯既有有机房电梯的优点，也具有无机房电梯节能的特点，所以很受市场欢迎。

1.2　图解电梯结构

1.2.1　电梯的整体结构

电梯主要由电气系统及机械系统组成。电梯的整体结构和组成如图 1-1 所示。

1.2.2　电梯各部件的作用

1．安全回路的作用

为保证电梯能安全运行，在电梯上装有许多安全部件。只有在每个安全部件都正常的情况下，电梯才能正常运行；否则，电梯立即停止。

电梯的安全回路，主要是在电梯各安全部件装有一个安全开关，把所有安全开关串联，控制一只安全继电器。只有所有安全开关都接通的情况下，安全继电器吸合，电梯才能得电运行。

2．常见的安全回路开关

因为电梯生产厂家不同，所以不同品牌的电梯配置不同，常见的安全回路开关如下。

（1）机房：配电控制屏急停开关、热继电器、限速器开关。

（2）井道：上极限开关、下极限开关（某些电梯把这两个开关放在安全回路中，某些电梯则用这两个开关直接控制动力电源）。

（3）地坑：断绳保护开关、地坑急停开关、缓冲器开关。

（4）轿内：操纵箱急停开关。

（5）轿顶：安全窗开关、安全钳开关、轿顶检修箱急停开关。

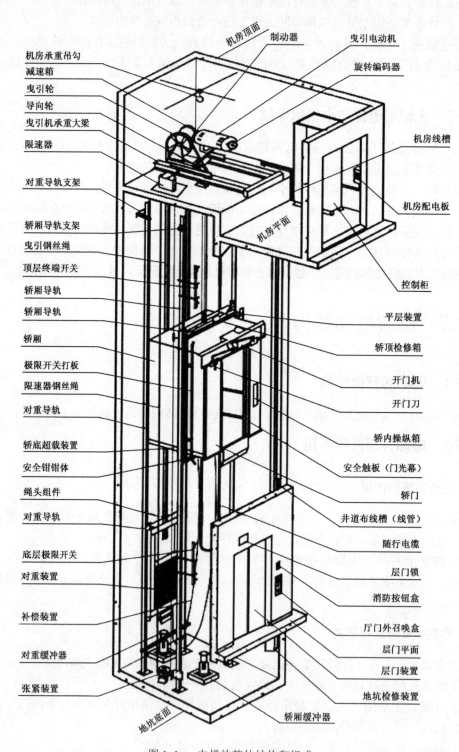

机房顶面　制动器　曳引电动机

机房承重吊勾
减速箱
曳引轮
导向轮
曳引机承重大梁
限速器

旋转编码器

机房线槽

机房配电板

对重导轨支架

轿厢导轨支架
曳引钢丝绳
顶层终端开关
轿厢导轨
轿厢导轨
轿厢
极限开关打板
限速器钢丝绳
对重导轨
轿底超载装置
安全钳钳体
绳头组件
对重导轨
底层极限开关
对重装置
补偿装置
对重缓冲器
张紧装置

机房平面

控制柜

平层装置
轿顶检修箱
开门机
开门刀
轿内操纵箱
安全触板（门光幕）
轿门
井道布线槽（线管）
随行电缆
层门锁
消防按钮盒
厅门外召唤盒
层门平面
层门装置
地坑检修装置

地坑底面　　　轿厢缓冲器

图 1-1　电梯的整体结构和组成

3. 门锁回路

为保证电梯必须在全部门关闭后才能运行，每扇层门及轿门上都装有门电气连锁开关。只有全部门电气连锁开关接通的情况下，控制屏的门锁继电器吸合，电梯才能运行。

4. 安全触板（门光电、门光幕）

为了防止电梯门在关闭过程中夹住乘客，一般在电梯轿门上装有安全触板（门光电、门光幕）。

安全触板是机械式防夹人装置，当电梯在关门过程中，人碰到安全触板时，安全触板向内缩进，带动下部的一个微动开关，安全触板开关动作，控制门向开门方向移动。

门光电（至少需要两点）的一边为发射端，另一边为接收端。当电梯门在关闭时，若有物体挡住光线，接收端接收不到发射端的光源，立即驱动光电继电器动作，光电继电器控制门向反方向开启。

门光幕与门光电的原理相同，主要增加了许多发射点和接收点。

5. 关门力限开关

在变频门机系统中，当关门时如果遇到一定阻力，通过变频器的计算，门机电流超过一定值时仍不能关上，则向反方向开启。

6. 开、关门按钮

电梯自动运行时，若按住开门按钮，则电梯门会长时间开启，可以方便乘客有更长时间正常进出轿厢。按下关门按钮，可以使门立即关闭。

7. 层门外召唤按钮

层门外召唤按钮用来满足登记厅外乘客的呼梯需求。同时，它有同方向本层开门的功能。电梯向上运行时，若按住上召唤不放，则电梯门会长时间开启。

8. 门机系统

现在生产的电梯多采用变频门机系统，一般的变频门机系统中，控制屏提供给门机系统一个电源、一个开门信号和一个关门信号。

变频门机系统也有减速开关和终端开关，多数采用双稳态磁性开关。门机系统具有自学功能。当门机终端开关动作时，再返回控制屏一个终端信号，用来控制开、关门继电器。

一般变频门机可以设定开、关门速度，力矩，减速点位置等，具体要参考生产方提供的门机系统说明书或电梯调试资料进行调节。

某些变频门机在断电扳动轿门后，因为开位置信号丢失，门机将不再受控制屏开、关门信号的控制，必须断电后自学习一次方能正常工作。

某些变频门机系统除了受控制屏开、关门信号控制外，自身有力限计算功能，当在关门过程中力限超过设定值时，即向反方向开启。当到达关门终端开关动作后，这个力限计算才失效。对于这种门机系统，关门终端的位置一定要在轿门门锁之前；否则，门锁接通后电梯即可运行，若这个力限计算还有效的话，可能会引起电梯在运行中出现开门现象，应该注意。过流检测部分接触不良是其主要故障点。

9. 井道上下终端限位

上终端限位一般在电梯运行到顶层且高出平层 5～8cm 处动作，动作后电梯快车和慢车均不能再向上运行；反之，下终端限位一般在电梯运行到底层且低于平层 5～8cm 处动作，动作后电梯快车和慢车均不能再向下运行。

10. 井道上下强迫减速限位

对于低速度的电梯，一般装有一只向上强迫减速限位和一只向下强迫减速限位。安装位置应该等于（或稍小于）电梯的减速距离。对于中高速度的电梯，一般装有两只向上强迫减速限位和两只向下强迫减速限位。因为快速电梯一般分为单层运行速度和多层运行速度两种，在不同的运行速度下减速距离也不一样，所以要分多层运行减速限位和单层运行减速限位。其作用在电梯运行到端站时强迫电梯进入减速运行。目前许多电梯都用强迫减速限位作为电梯楼层位置的强迫校正点。

11. 选层器

选层器用于计算电梯在运行中目前所处的实际位置。以前电梯中采用的机械式选层器及同步钢带现在已经被淘汰。现在一些电梯位置的计算是靠在井道中每层都装一只磁传感器，轿厢侧装一块隔磁板，当隔磁板插入传感器时，磁传感器动作，控制屏接收到这个传感器的信号后，立即计算出电梯的实际位置，同时控制显示器显示出电梯所在位置的楼层数字。

有些电梯省掉了楼层传感器，而采用装在轿厢上的换速传感器来计算楼层。这种电梯在轿厢侧装有一只上换速传感器和一只下换速传感器，在井道中每层停站的向上换速点和向下换速点分别装有一块短的隔磁板。当电梯上行到达换速点时，隔磁板插入传感器，传感器动作，控制屏接收到一个信号，使原来的楼层数自动加 1；当电梯下行到达换速点时，隔磁板插入传感器，传感器响应，控制屏接收到一个信号，使原来的楼层数自动减 1。当电梯到达底层时，向下强迫减速限位动作，能使电梯楼层数字强制转换为最低层数字；当电梯到达顶层时，向上强迫减速限位动作，能使电梯楼层数字强制转换为顶层数字。

所谓数字选层器，实际上就是利用旋转编码器得到的脉冲数来计算楼层的装置。这在目前多数变频电梯中较为常见。

装在电动机尾端（或限速器轴）上的旋转编码器，跟着电动机同步旋转，电动机每转一圈，旋转编码器能发出一定数量的脉冲数（一般为 600 或 1024 个）。

在电梯安装完成后，一般要进行一次楼层高度的写入工作，这个步骤就是预先把每个楼层的高度脉冲数和减速距离脉冲数存入电脑，在以后的运行中，旋转编码器的运行脉冲数再与存入的数据进行对比，从而计算出电梯所在的位置。

一般来说，旋转编码器也能得到一个速度信号，这个信号要反馈给变频器，从而调节变频器的输出数据。

12．轿厢上下平层传感器

轿厢上下平层传感器用来反馈轿厢爬行平层和门区的信号。

13．称重装置

称重装置用来测定电梯载重量，发出轻载、满载、超载等信号。当轿厢内的重量达到或超过设定值的 95%、102%时，电梯称重控制仪内满载、超载继电器分别动作，控制电梯安全、可靠运行。

第 2 章　电梯安装实战

2.1　机房设备安装

关于电梯安装的知识，市场上书籍很多。但如果想成为一名好的电梯安装工程师，就必须掌握电梯安装细节知识，正所谓细节决定成败，这样才能达到事半功倍的效果。

1．电梯机房曳引机安装

机房曳引机安装如图 2-1 所示。

曳引轮挡绳装置与钢丝绳间隙应控制在小于钢丝绳直径的1/2，但不能擦碰。

制动器抱闸间隙如使用的是同步曳引机，应控制在小于或等于0.25mm。间隙太大，会出现抱闸噪声。异步曳引机应小于0.6mm（制动器间隙国家规定是四个角的平均值小于或等于0.7mm）。

图 2-1　机房曳引机安装

（1）曳引机垂直度，空轿厢挂线时曳引轮上空<+1mm（编号①）。

（2）380V 电源线应与增量编码器线分开布线，不能在同一线槽内。如在同一线槽（编号②）内，应用金属蛇皮管隔离。用金属蛇皮管套增量编码器线且蛇皮管应可靠接地，防止因干扰引起误动作（编号③与④）。

（3）盘车手轮开关（编号⑥），应有良好的接地线。

（4）380V 电源盒内应有接地线与总接线连接，该线槽应有可靠接线（编号⑦）。

（5）机房平层标记应贴在盘车位置的正前方或两侧（编号⑤）。

2．电梯曳引轮与导向轮安装

曳引轮与导向轮安装如图 2-2 所示。

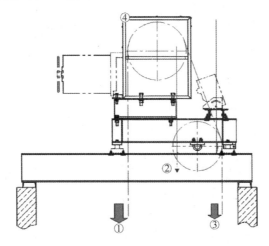

图 2-2　曳引轮与导向轮安装

（1）曳引轮与导向轮平行度。安装时，应确保①、②、③号线落在同一直线上（安装时，应在曳引轮与导向轮中心挂线，以确保曳引轮与导向轮的平行度）。

（2）导向轮垂直度。如曳引轮与导向轮为一个整体，则与曳引轮垂直度一样；如不是一个整体，则导向轮垂直度应<0.5mm。

（3）导向轮 U 形固定螺栓应用双螺母固定，且方斜垫片安装正确。当安装定位完成后应点焊（左右角），使其不易松动走样。

（4）编号②线检验时也需要测量（需计算后再测量）。

（5）编号④线检验时需测量（需计算后再测量）。

（6）以上（4）、（5）条主要是检测曳引轮与导向轮前后平行度的偏差量（如安装人员不是按三点一线要求进行，则安装可能会出现偏差）。

3．电梯夹绳器安装

（1）定位完成后须现场打孔（8mm）。电梯公司在发货时一般每台配两个弹簧销（打孔前，应确定位置完全正确后方可打孔定位），如图 2-3 所示。

（2）异步曳引机需要安装夹绳器，夹绳器槽中心与电梯钢丝绳中心应对齐，不能出现偏移。

图 2-3　定位配孔

（3）定制不动片与主钢丝绳间隙应控制在 1～2.5mm（编号①），所有多余的间隙全部放在动片这一边（编号②），如图 2-4 所示。

（4）夹绳器摩擦片与钢丝绳在同一顶面的直线度应小于 0.5mm。

图 2-4　定制不动片和动片

安装定位完成后需把所有螺栓紧固，然后马上把定位销孔打好，防止移位。

（5）如曳引比为 2:1 的异步曳引机安装承重梁槽钢时，高度一定要与土建图相符，不然会出现夹绳器动作后无法复位等现象。

（6）①号为夹绳器复位螺杆，只有当夹绳器全部安装完成后复位螺杆方可松开，而未安装完成时，应把复位螺杆顶着③号锁钩，避免出现不必要的伤害，如图 2-5 所示。

（7）②号为夹绳器安全开关，该开关应在夹绳器动作前（或同时）使安全开关动作，且安全开关应有良好的接地（该开关有两对触点：一对触点用于触发信号动作，另一对触点用于安全回路）。

（8）③号为锁钩，正常使用时锁钩应钩好，并在各活动部位涂有黄油防止生锈（如导向轴、连臂、滑动轴、锁钩、复位螺杆）。

（9）④号为导向轴。

安装定位结束后需电焊（四个角进行点焊）

图2-5　夹绳器复位螺杆、安全开关、锁钩、导向轴安装工艺

4．电梯曳引机承重梁和槽钢安装

曳引机承重梁和槽钢安装如图2-6所示。

（1）曳引机承重梁水平度<0.5/600。

（2）曳引机下面枕头槽钢安装正确，且枕头槽钢中间的钢筋混凝土应事先浇筑好。

（3）枕头槽钢与承重梁电焊应满焊（电焊高度>5mm）。

（4）搁机槽钢应超过承重梁中心墙中心20mm。

（5）承重梁应用钢筋混凝土浇筑，不能出现中间空或未浇筑到位等不正常现象。

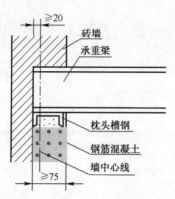

图 2-6   曳引机承重梁和槽钢安装

5. 电梯曳引机安全防护装置安装

曳引机安全防护装置安装如图 2-7 所示。

（1）曳引机盘车手轮悬挂在墙上，当盘车手轮装上时应有一个开关装置让电梯安全回路断开，使电梯无法运行。

（2）安全开关装上后应有可靠接地。

（3）曳引机轴伸出端应有可靠防护或护罩。

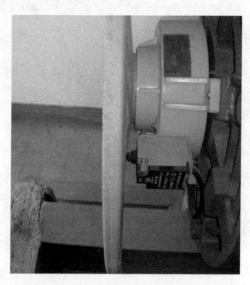

图 2-7   曳引机安全防护装置安装

6. 电梯限速器安装

限速器安装如图 2-8 所示。

（1）安装时，应将限速器抬高 50mm 后再安装。

（2）限速器定位前应与轿厢安全钳拉条对准，且误差<2mm。

（3）限速器钢丝绳悬挂在井道内，两根钢丝绳平行度与垂直度在电梯总高度范围内应小于 5mm。

（4）限速器垂直度<0.5mm，挂线位置按编号①进行挂线。

（5）新装限速器前两年校验一次，以后应每年校验一次。

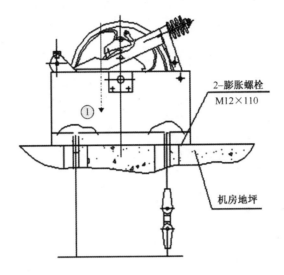

图 2-8　限速器安装

7．电梯机房电缆和线槽安装

机房电缆和线槽安装如图 2-9 所示。

（1）动力电缆两端屏蔽层及黄绿双色线应可靠接地且接地线应牢固。接地线不能串接，只能并接在接地柱上（编号①的是 380V 电源线安装位置，编号②的是随行电缆线与井道预制线安装位置）。

（2）布线时高压线与低压线应分开铺设（不能在同一方向，如在同一方向应用线槽隔离）。

（3）井道预制电缆的所有接地应直接接在控制柜接地排，不能串接。

（4）控制柜通电前应检查并紧固在控制柜内的所有螺栓，避免出现由于螺栓松动无法调试通车等现象。

（5）确保通电前控制柜内高压与低压线无对地短路现象，并与图纸相符。

（6）控制柜内线缆应绑扎好（高压线与低压线应分开绑扎）。

（7）机房线槽应平整，线槽接头处台阶<0.5mm，接头处缝隙<1.0mm。

（8）线槽盖板整洁干净，安装结束后应对线槽进行清理，然后再盖好线槽盖板。

（9）安装盖板时应对线槽进出口及转角处进行适当防护，避免电缆线外层破损（或防鼠进入咬破电缆）。

（10）线槽与线槽连接处应用黄绿双色线进行跨接，且接地线长≥50mm，固定应可靠。

（11）线槽与线槽跨接地线孔需在安装现场配孔。

8．电梯机房配电箱安装

机房配电箱安装如图 2-10 所示。

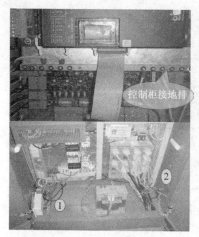

图 2-9　机房电缆和线槽安装

图 2-10　机房配电箱安装

（1）机房配电箱安装位置应离地面 1300～1500mm。

（2）机房配电箱下面线槽应用一黄绿双色线直接接至接地柱上（须现场配孔）。

（3）机房配电箱与线槽中间空隙应大于 150mm，且线槽进出口及转角处应做好防护。

2.2　电梯井道设备安装

1. 磁钢与磁性开关安装

（1）磁钢与磁性开关左右应对齐，如出现偏移，则电梯会出现不平层或冲顶与蹲底等现象，如图 2-11 所示。

（2）磁性开关与磁钢前后间隙应控制在 8±1mm。

（3）两平层磁钢按要求应大于 30mm，但最好控制在 50～70mm（中间两磁钢）。

（4）井道磁性开关安装或维修需要接线时不能焊锡固定，应按电梯公司要求用插件固定，且固定可靠、不易松动，如图 2-12 所示。

图 2-11　磁性开关偏移

底座螺栓

磁性开关
接线插头

图 2-12　井道磁性开关安装接线

（5）底座螺栓应紧固，不能松动或移位。

2. 电梯读码器安装

读码器安装如图 2-13 所示。

（1）读码器安装时，应与钢带平行且垂直居中，不能出现偏移现象。

（2）读码器上有两条刻度线，应与钢带对齐且左右误差≤0.5mm。

（3）读码器宽度为 30mm，钢带安装时应装在中间且两侧均匀，间隙为 14.5mm，误差<1mm，且上下在整个行程内偏差≤1mm。

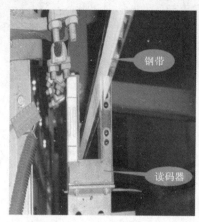

图 2-13　读码器安装

（4）安装完成后，读码器、钢带螺栓应全部紧固，不能松动，避免出现读码器与钢带移位，引起电梯不能正常平层的情况出现。

3. 电梯井道钢带、井道绝对值编码器、井道同步带安装

（1）井道钢带中间固定架应确保小于 10m 一挡固定支架。如层门与层门之间高度大于 10m，则应在中间加装一假楼层板，便于固定井道钢带。

（2）钢带门区板在电梯平层时才起作用，电梯减速是依靠井道钢带每 4mm 空隙脉冲信号来实现的，如图 2-14 所示。

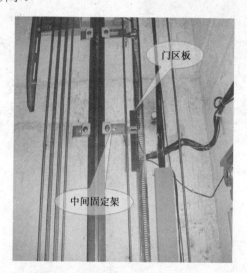

图 2-14　井道钢带和门区板安装

（3）井道绝对值编码器上下有两个导向轮。安装时，应安装在两长孔的顶端与底端位置，主要目的是减小绝对值编码器与同步带的包角（包角过大，井道同步带使用寿命会缩短），如图 2-15 所示。

（4）绝对值编码器轮垂直度≤0.3mm。

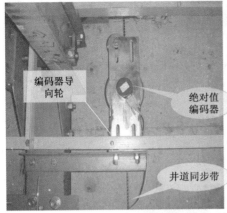

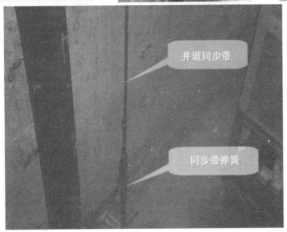

图 2-15　井道绝对值编码器和井道同步带

（5）井道同步带与绝对值编码器位置应居中（主要是电梯运行时绝对值编码器与同步带应居中）。

（6）井道同步带垂直度≤1mm（在整个提升高度内）。

（7）同步带一端安装在顶层第一挡支架位置，另一端安装在地坑第一挡支架位置。

（8）安装在地坑的绝对值编码器同步带应有一根弹簧，该弹簧长度应可被拉长 60～90mm（延长）。

4．电梯井道随行电缆安装

井道随行电缆安装如图 2-16 所示。

（1）井道随行电缆应并排安装，不能两根或三根叠加在一起安装。

（2）随行电缆架固定，应与井道支架固定方法相同（如砖墙不能用膨胀螺栓固定）。

（3）随行电缆中间固定架的安装位置应安装在提升高度的 1/2 再加（向上）1.7m 处。

（4）随行电缆有文字的一侧朝墙。

5．电梯导轨安装

导轨安装如图 2-17 所示。

图 2-16　井道随行电缆安装

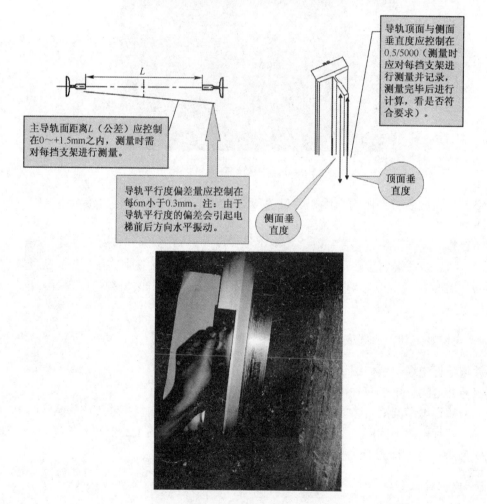

主导轨面距离 L（公差）应控制在 0～+1.5mm 之内，测量时需对每挡支架进行测量。

导轨平行度偏差量应控制在每6m小于0.3mm。注：由于导轨平行度的偏差会引起电梯前后方向水平振动。

导轨顶面与侧面垂直度应控制在 0.5/5000（测量时应对每挡支架进行测量并记录，测量完毕后进行计算，看是否符合要求）。

侧面垂直度

顶面垂直度

图 2-17　导轨安装

（1）导轨接头处台阶应用标准靠尺并结合塞尺测量。当速度大于 2m/s 时，一定要用塞尺测量，不然电梯会出现抖动。

（2）导轨接头处缝隙应小于 0.5mm。

（3）安装主、副导轨时，应对每条导轨进行校正并反复检测，确保测量数据正确。

6．电梯井道预制电缆线和限位开关安装

（1）井道预制电缆线安装时的垂直度应小于 3/1000，井道预制电缆线至层门门锁开关线与厅外召唤线固定点应是距端头 100mm 一个固定点，中间应小于 1m 一个固定点，转角处 100mm 一个固定点，如图 2-18 所示。

图 2-18 井道预制电缆线安装

（2）井道强迫减速开关应顺时针方向安装，不能逆时针方向安装，如图 2-19 所示。

（3）强迫减速开关与撞弓的间隙应恰当（见图 2-19），左右应控制在 5～10mm。

图 2-19 井道强迫减速开关与撞弓

（4）限位开关与强迫减速开关一样，应顺时针方向安装，如图 2-20 所示。

（5）极限开关应逆时针方向安装，不然极限开关动作间距会增大。

（6）限位与极限开关布线方法应与上述井道预制电缆线固定方法一致，且开关应有良好的接地。

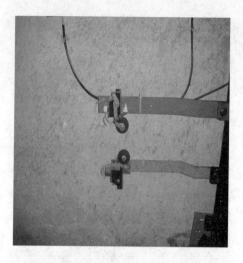

图 2-20　限位开关与强迫减速开关

（7）限位开关与撞弓的间隙和强迫减速开关的相同。

（8）极限开关动作后应控制在平层上或下 50～160mm。

2.3　电梯层门安装

1. 电梯层门小门套安装

（1）层门小门套在组装时，应用角尺及直尺对小门套门楣及角度进行测量，确保门套缝隙与角度符合要求。

（2）小门套安装时，不能直接放在层门地坎上，应按要求把小门套抬高 5mm。如不抬高，当层门安装完成后门扇与地坎间隙只有 0.5～2.5mm，长久使用后层门与地坎会出现擦碰现象，如图 2-21 所示。

图 2-21　层门小门套安装

（3）小门套上门楣与门柱组装后应成 90°。否则，当门套安装完毕时小门套门柱与小门套门楣会出现缝隙。

（4）在电梯安装中，电梯公司对小门套组装缝隙与台阶有相应要求。检验时，测量缝隙应小于 0.2mm，台阶应小于 0.3mm。

（5）小门套垂直度应小于 0.5/1000。

2. 电梯层门上坎安装

（1）层门上坎固定架应固定可靠，并按安装要求进行（如砖墙不能用金属膨胀螺栓），如图 2-22 所示。

图 2-22　层门上坎固定架安装

（2）固定架长孔不能割穿。如确实需要割穿，则需对长孔进行处理（用大平垫焊接）。

（3）层门上坎固定架固定前应对上坎固定架垂直度进行测量（垂直度应<0.5mm）。

（4）如层门上坎固定架垂直度出现偏差，则层门锁钩与锁舌前后间隙也会出现偏差，严重时会出现锁钩钩不住锁舌，使电梯存在安全隐患，如图 2-23 所示。

层门上坎固定架出现偏差时，锁钩与锁舌无法居中，电梯使用一段时间后可能会出现锁钩钩不住锁舌，引起脱钩而发生危险。

层门上坎固定架垂直度未出现偏差，该锁钩与锁舌是居中的。

图 2-23　层门上坎固定架垂直度出现偏差

3．电梯层门门锁安装

（1）层门门锁被动门触点应在层门锁钩进入锁舌前 3mm 就应开始接触被动门触点，或门关上后①与②间隙应控制在 1±0.5mm。如该间隙太大，则会出现被动门触点接触不良等不正常现象，如图 2-24 所示。

图 2-24　层门门锁间隙

（2）层门三角锁顶杆（锁撑）安装时，应与层门锁钩有 0.5～5mm 的间隙。如间隙太大，可能会出现厅外三角锁打不开层门等现象（如层门小门套未抬高会出现三角锁打杆与锁钩碰撞等现象）。

（3）被动门触点应居中，如图 2-25 所示。

图 2-25　被动门锁安装

（4）如门锁钩与锁舌偏移，则可能会出现锁钩与锁舌无法钩牢等不正常现象，如图 2-26 所示。

（5）层门三角锁锁撑与层门锁钩关门后的间隙为 0.5～5mm。

（6）层门三角锁锁撑最好安装在锁钩的斜线段。如不在斜线段，可能会出现层门三角锁很难打开等现象（如不在斜线段，层门外开锁的人会比较费力，有时甚至打不开锁）。

（7）层门锁安装位置与层门中心和轿门中心有关，如层门中心与轿门心偏移量大于 1mm 时开锁会比较费力。

（8）正常运行时，门刀应在门球中间，不允许出现轿门门刀与主动门球一侧大于被动门球一侧的情况，如图 2-26 所示。

（9）门锁锁钩和主动门触点的调整如图 2-27 所示。

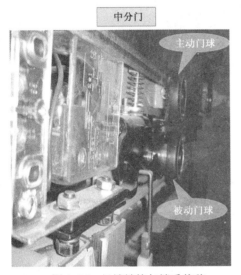

图 2-26　门锁锁钩与锁舌偏移

图 2-27　门锁锁钩和主动门触点的调整

① 层门关上后，锁钩与锁舌最佳间隙为 1.5～2.5mm，如电梯是高速梯也可调到 3mm，调整门锁时电气触点应有足够的爬电距离，这样后门锁才能接触，不然会出现接触不良或拉弧等现象。

② 主动门触点的压缩行最好大于 3mm，且主动门触点压片与主动门触点之间空隙控制在 1.0～2.0mm。

③ 层门门锁打板与主动门触点应居中，不能出现偏移现象。

④ 层门门锁锁钩与锁舌啮合深度应大于 7.5mm。

⑤ 层门门锁接地线应连接可靠且不易松动。

4．电梯层门接地线安装

层门接地线应该接在接地标志处，且接地线应安装在门锁最近的位置上，如图 2-28 所示。接地线不能接在胶木或尼龙件上。

5．电梯层门中缝、门扇、门套与地坎安装

层门中缝、门扇、门套与地坎安装如图 2-29 所示。

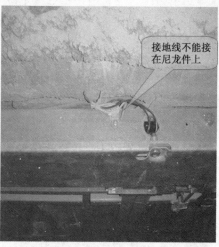

图 2-28　层门接地线安装

图 2-29　层门中缝、门扇、门套与地坎安装

（1）层门中缝≤2mm，且上下偏差小于 0.3mm。

（2）层门门扇与地坎间隙应控制在 4±1mm。

（3）开门与关门时门扇与地坎间隙≤1mm。

（4）层门门扇与门套间隙应控制在 4±1mm。

（5）层门门扇与门套间隙在同一单边上开、关门时误差≤1mm。

（6）当层门关闭后，层门缓冲橡胶应与层门打板碰牢且完全接触，一般调到层门中缝≤2mm 为最佳。如图 2-30 所示，这个门开、关门时肯定会出现撞击声。

6. 电梯层门外召唤盒安装

（1）层门外召唤盒离地应为 1100～1500mm。

（2）层门召唤盒应平整垂直，不能出现盖板倾斜及明显缝隙，如图 2-31 所示。

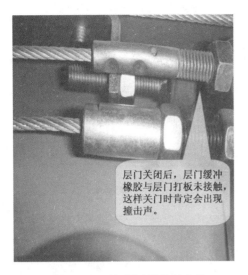

图 2-30　层门缓冲橡胶的安装

图 2-31　层门外召唤盒安装

7. 电梯层门安装连接板安装

（1）层门安装连接板①、②、③、④、⑤号臂安装时，一定要平整，不然会出现强迫关门不灵活或出现卡阻，且五个臂扭曲力要完全消除，这样强迫关门才能灵活可靠，如图 2-32 所示。

（2）强迫关门弹簧上螺母与螺杆正常情况下应控制在螺杆露出 10mm 以内，不然长久使用轿门门机电阻会发热引起烧坏。

（3）被动门安装连接板安装时，长孔一定要与两侧各点成一线，否则会出现门开不到位或被动门与主动门擦碰现象，如图 2-33 所示。

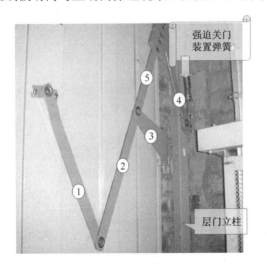

图 2-32　层门安装连接板

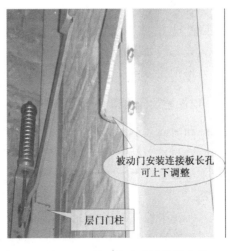

图 2-33　被动门安装连接板安装

2.4 电梯轿厢安装

1. 电梯轿顶布线安装

（1）轿顶检修箱应安装在轿厢操作壁上面，如图 2-34 所示。

（2）轿顶检修箱布线应合理，防止正常维修时踩破电线，避免发生危险。

（3）轿顶上电缆线及轿顶安全钳开关线、轿内照明线、风扇线及门机线应绑扎整齐。

（4）当电梯可以通慢车或需停工几天及晚上下班时，应把电梯停在顶层，防止轿顶进水，烧坏电梯元件。

（5）轿顶布线杂乱会引起干扰，使电梯不能正常运行，如图 2-35 所示。

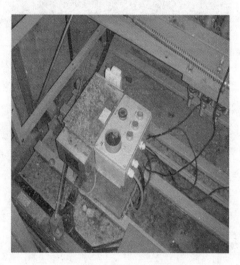

图 2-34 轿顶检修箱安装

轿顶布线杂乱无章

图 2-35 轿顶布线杂乱

（6）在轿顶布线时，如发现线太长，应把线顺时针或逆时针方向卷好并绑扎好，放到不易踩到的地方。

（7）光幕线如果太长，同样可用上述方法绑扎电线，避免出现干扰。

（8）轿顶检修箱外壳及安全钳开关应有良好接地。

2. 电梯轿顶门机臂、卡板、拉条部分安装

轿顶门机臂、卡板、拉条部分安装如图 2-36 所示。

（1）门机臂安装时，左右两臂一定要在同一水平面上（平面度<0.5/1000）。安装队安装时，可水平测量且左右误差<1mm。门机臂前后调整锁紧螺栓只有当门机臂处在水平位置时才可锁紧。

（2）轿顶卡板（每边有四块橡胶）橡胶与轿厢立梁不能压得太紧，一般留有 0.5mm 间隙（如压得太紧可能会出现电梯正常运行时轿厢抖动现象）。

（3）门机拉条安装时，只有在轿门上坎全部安装完成且轿门上坎水平连接螺栓紧固后方可紧固门机拉条螺栓。

（4）为使电梯以后能正常运行，轿内不会发出异响，在安装轿厢时需把轿厢上下梁及安全钳螺栓全部紧固后方可进行下一道工序。

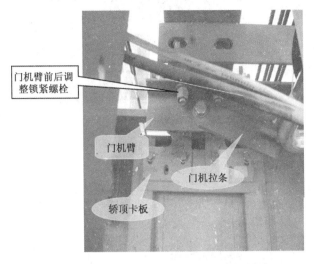

门机臂前后调整锁紧螺栓

门机臂

门机拉条

轿顶卡板

图 2-36　轿顶门机臂、卡板、拉条部分安装

3．电梯绳头安装

（1）电梯绳头弹簧应用钢丝绳作二次防护，避免出现钢丝绳松动，如图 2-37 所示。

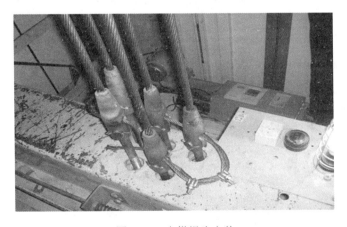

图 2-37　电梯绳头安装

（2）如无二次防护，当钢丝绳扭力未清除时，主钢丝绳随时会旋转而引起张力不匀，使电梯运行时抖动。

4．电梯安全钳提拉机构安装

（1）安全钳提拉机构上拨叉与导轨导向面应居中，不能有移动或松动现象，与导轨夹角为 98°～110°，如图 2-38 所示。

（2）上梁安全钳联动拉杆固定挡圈应在轿顶安全钳调整完成后才能锁死，不然会出现安全钳提拉时两个安全钳不同步或限速器安全钳做联动试验时出现轿厢倾斜现象。

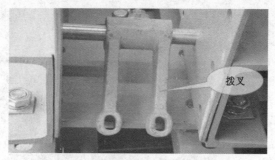

图 2-38　安全钳提拉机构拨叉安装

（3）轿厢安全钳的固定架起固定作用，如图 2-39 所示。

图 2-39　轿厢安全钳的固定架

5．电梯轿壁安装

（1）轿壁与轿壁平整度<0.2mm（该间隙应上下左右一致）。

（2）轿壁拼装前首先要把需拼接处防护层（保护膜）清除干净后再拼装。图 2-40 所示为保护层未清除干净，严重影响美观。

图 2-40　保护层未清除

6．电梯轿内操纵箱、轿门门框、轿门安装

（1）轿内操纵箱应与轿壁紧贴且缝隙不能大于 0.5mm，缝隙需上下均匀一致，如图 2-41 所示。

（2）轿门门框应凸出轿壁 5mm 且上下一致，误差应小于 0.3mm。

（3）轿门与轿壁（或轿门门框）间隙应控制在 4±1mm 且同一单边开、关门时间隙 ≤1mm。

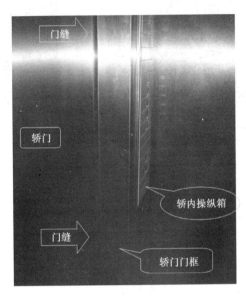

图 2-41　轿内操纵箱、轿门与轿壁

7．电梯轿厢内装饰安装

（1）轿厢内装饰吊顶安装时四个边间隙应一致，不能出现偏差，如图 2-42 所示。

（2）轿内照明安装时应考虑轿内装饰吊顶透光板是否能看到电线，安装时应避免出现外观破损影响美观的现象。

（3）轿内装饰吊顶安装前需在轿顶板打孔（打孔前需对吊顶四或六个孔位在轿内放样，确定孔位与轿壁边位置一致后方可打孔）。

8．电梯轿厢门楣安装

（1）轿厢门楣上下（左右）与轿壁误差≤0.5mm。

（2）门楣和轿门与轿厢门柱左右两侧误差≤0.3mm，而且门柱应凸出轿壁 5mm，门楣应与轿壁（层门侧）面平行，如图 2-43 所示。

（3）轿内门楣安装时，应首先把轿厢两侧门柱安装好且螺栓应紧固（组装门柱时应把中间不锈钢保护层清理干净）。

（4）当门楣与门柱螺栓紧固后（门楣与门柱应在下面拼装后再整体安装），再紧固门柱与操作壁和前轿壁螺栓，最后再紧固侧轿壁与操作臂和前轿壁螺栓。

图 2-42　轿厢内装饰安装

图 2-43　轿厢门楣安装

9. 电梯轿门与轿壁及地坎安装

（1）轿门与轿壁间隙（或轿门门框）应控制在 4±1mm（客梯），或 3～7mm（货梯），且同一单边开、关门时间隙≤1mm，如图 2-44 所示。

（2）轿门与地坎间隙应控制在 2.5～4mm（客梯），或 5±1mm（货梯），且同一单边开、关门时间隙≤1mm。

10. 电梯轿门门刀安装

（1）门刀宽度应控制在 72mm 之内，如图 2-45 所示。

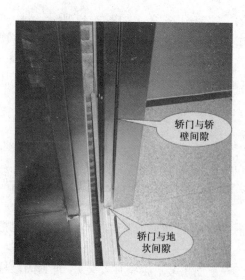

图 2-44　轿门与轿壁及地坎安装

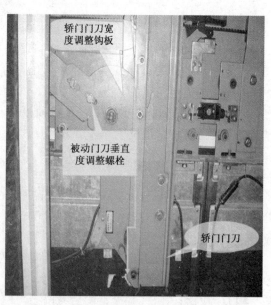

图 2-45　轿门门刀安装

（2）轿门门刀垂直度≤0.5mm。

（3）如被动门刀上下出现偏差（主动门刀垂直度符合要求），应调整被动门刀调整螺栓。

（4）当轿门门刀宽度与要求不符时，需对门刀宽度进行调整。调整时，先松开调整螺栓，然后把门刀钩子向下放，就能使门刀宽度变大。

11．电梯轿门安装

（1）轿门到位缓冲橡胶应调整到当轿门全关时轿门中缝≤2mm 且不能出现两门碰撞现象，如图 2-46 所示。

（2）中分门两门板平面高低及轿门上下误差≤0.3mm。

（3）轿门安装应按电梯公司配备的作业指导书进行，轿门高度应保持在 87mm（VVVF型号门机），测量位置按此线向下测量至地坎顶面。

12．电梯轿门门锁安装

（1）当门全关时轿门门锁开关应留有 1±0.5mm 间隙。

（2）轿门门锁开关应有足够的爬电距离，如该间隙太大，轿门门锁会接触不良，导致电梯无法运行。

（3）轿门门锁接地线应安装在接地螺栓上，如图 2-47 所示。

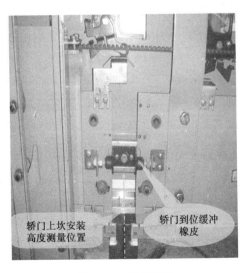

图 2-46　轿门安装

图 2-47　轿门门锁安装

13．电梯轿门光幕安装

（1）轿门光幕安装：当轿门全关时二光幕间隙应大于 6mm，如小于 6mm，可能会出现光幕干扰。

（2）光幕安装时二光幕高低误差应小于 2mm，且光幕接地线应可靠接地（如光幕接地线出现松动，光幕同样会出现保护而引起轿门无法关闭）。

（3）光幕安装时应考虑直线度（可用一细线检测，有条件时最好用钢尺测量）。按门全开、门半开、门全关分三次测量，测量点应是上、中、下三点，检测结果不能大于 1mm，如图 2-48 所示。

14. 电梯安全钳、楔块及轿底平衡铁安装

（1）安全钳与楔块间隙应符合电梯公司随机文件图纸要求。

（2）安装后安全钳楔块应全部放下并与安全钳体挡板位置提空 0.5～1.5 mm。动作时确保四楔块与导轨导向面同时接触。限速器安全钳联动后轿厢底板倾斜度不能超过正常位置的 5%。当安全钳复位后不能出现永久性变形。

（3）楔块左右调整螺栓安装现场不能随意调整，因电梯公司出厂前已调定。安装自检发现楔块间隙不匀时，一般都是安装人员拼装安全钳时出现失误造成的，如图 2-49 所示。

图 2-48　轿门光幕安装

图 2-49　安全钳楔块的调整螺栓部分

（4）安装安全钳前应把轿厢架螺栓全部紧固，避免出现安全钳调整完成后由于轿厢架的变形而引起安全钳楔块与导轨导向面间隙不匀。

（5）轿底平衡铁应安装在轿厢地坎对面，如图 2-50 所示。

（6）乘客电梯轿厢托架有前后之分，安装时不能装错。如托架前后方向装错，则轿厢中心相差约 85mm。

15. 电梯轿底卡板安装

（1）轿底卡板的安装，应在安装轿厢底板的同时进行，如安装轿厢底板时未装好，以后再装会出现轿厢中心与层门心偏移等现象。

（2）轿底卡板安装位置应在轿门地坎一侧，安装时应把卡板槽卡在轿厢底板轿门地坎加强筋中间，使轿厢能上下移动，左右前后不能移动，如图 2-51 所示。

16. 电梯轿底托架、防撞螺栓及轿底超载装置安装

（1）轿底托架四角都有缓冲橡胶，该橡胶应直接和活动轿底与轿厢托架连接。

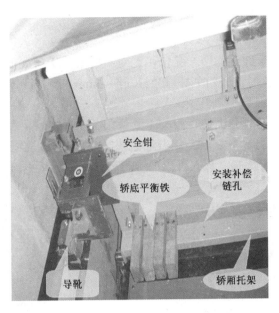

图 2-50　轿底平衡铁和轿厢托架安装

（2）轿底防撞螺栓主要作用是：当超载调整完成后，此时电梯超载装置已起作用，然后调整防撞螺栓与轿厢底板间隙，一般当超载显示（"LF"为电梯超载显示）时螺栓与轿厢底板留有 3～4mm 间隙就可以，如图 2-52 所示。

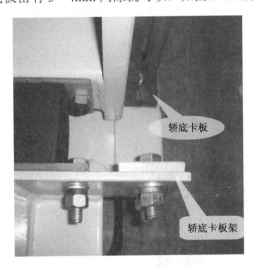

图 2-51　轿底卡板安装

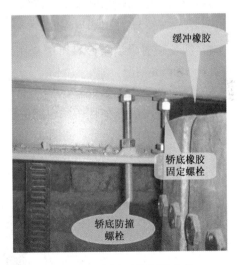

图 2-52　轿底防撞螺栓安装

（3）轿底超载装置未调整前，刚上电时应显示相应信号（"LP"为内部自校正、"LL"为定位距离太大、"LO"为定位正确、"LH"为定位距离太小）。

（4）当超载调试成功后，超载装置会显示"L4"（额载信号）。另外，随着载重量的不同，还会显示"L0""L1""L2""L3"，分别是空载、轻载、半载、重载信号。

（5）如电梯显示"EL"，则表示超载已调好，但因为感应磁铁位置偏移，所以它不会显示"EL"，说明磁铁位置不正确。

17. 电梯轿厢门机臂安装

（1）门机臂应安装于红线的两个孔位，绝对不能安装于蓝线的孔位。如果是中分双折门，当安装于蓝线的孔位时，轿门关好后会打开约 6mm 左右，可能会引起轿门门锁接触不良，如图 2-53 所示。

（2）中分双折轿门有时会出现轿门关不紧或门关上后出现反弹现象，主要是门机臂与盘角度未调好，最好调到 140°～170°。当角度小于 140° 时，门会反弹使轿门关不严。

（3）门机臂外侧设有长孔，该孔可以调整门机盘角度，避免出现反弹现象，如图 2-54 所示。

图 2-53　门机臂安装孔

图 2-54　门机臂外侧长孔

（4）如该位置未调整好，可能会出现当轿门关上后，由于自锁能力差，使轿门出现中缝大于 6～10mm 情况。

（5）当轿门臂全部装好后，用手盘开轿门，观察快、慢门是否能开平一致。一般情况下，快门应该与慢门开平且轿门应缩进轿壁 9～15mm。如出现快、慢门未开平现象，可用垫片调整，以确保轿门开平，如图 2-55 所示。

图 2-55　轿门调整垫片

（6）调整轿门缩进的目的是确保层门能开平。

2.5　电梯地坑装置安装

1．电梯地坑电气装置安装

（1）地坑急停开关应安装在打开门去地坑时和在地坑地面上容易接近的位置，如图 2-56 所示。

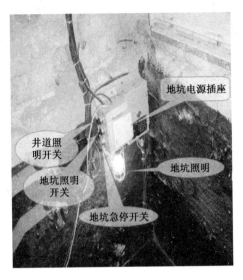

图 2-56　地坑电气装置安装

（2）井道照明开关为双向控制（机房与地坑都可以控制）。

（3）地坑照明开关一般与地坑急停开关组装在一起。

（4）地坑电源插座除需要接 220V 电源外，还应把接地线接好。

2．电梯补偿链安装

（1）补偿链安装时应与补偿链导向装置配合安装。补偿链一定要安装在导向装置的中间（只需运行时，补偿链在中间就够了），否则运行时会发生擦碰，轿内会出现上下抖动现象，如图 2-57 所示。

（2）如需安装补偿链，缓冲器水泥座不能浇筑得太大。太大可能会出现电梯运行时补偿链擦碰，造成补偿链磨损；同时减少了补偿效果，还可能出现冲顶或蹲底现象。

3．电梯地坑缓冲器安装

（1）地坑缓冲器安装时，首先要对缓冲器垂直度进行确认，底座应平整，安装后缓冲器不易松动。

（2）建议轿厢缓冲器与轿底碰撞板间距控制在 280mm 左右，但对重缓冲器应按楼层高度不同而定（如10层以上电梯，最好为380mm左右），如图2-58所示。

（3）液压缓冲器油一定要充足，防止出现不必要的事故。

（4）液压缓冲器开关应有良好的接地且不易松动。

（5）对重防护罩的安装，应从地坑地面之上不大于0.3m处，向上延伸至少2.5m的高度。

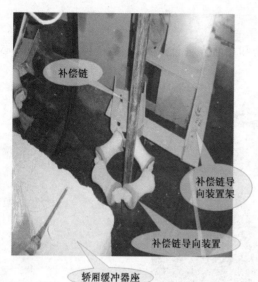

图2-57　补偿链安装

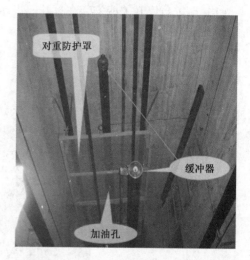

图2-58　地坑缓冲器安装

第3章　电梯维修仪器

3.1　电梯维修常用仪表及工具

3.1.1　万用表

1. 指针式万用表

指针式万用表型号很多，代表型号有 MF47、50、210、93、94、500 等。下面以 MF47 型万用表为例进行介绍，其外形如图 3-1 所示。

图 3-1　MF47 型万用表的外形

1）表盘

如图 3-1 所示，表盘的第一条刻度线为电阻挡的读数，右端为"0"，左端为"∞"（无穷大），并且刻度是不均匀的，读数时应该从右向左读，即表针越靠近左端阻值越大。第二条刻度线下面有三排刻度数，上面两排刻度数为交/直流电压及电流的读数，第三排刻度数为交流电压读数，是为了提高小电压读数的精度而设置的。刻度线的左端为"0"，右端为最大读数。如果挡位开关位置不同，即使表针摆到同一位置，其所指示的电压、电流的数值也不相同。第三条刻度线是测量晶体管放大倍数（h_{FE}）的。第四、五条刻度线分别是测量电容和电感的读数线。第六条刻度线为音频电平（dB）的读数线。

MF47 型万用表设有反光镜片，可减小视觉误差。

2）转换开关的读数

（1）测量电阻：转换开关拨至×1Ω～×10kΩ挡位。

（2）测交流电压：转换开关拨至 10～1000V 挡位。

（3）测直流电压：转换开关拨至 0.25～1000V 挡位。若测高电压，则将表笔插入 2500V 插孔即可。

（4）测直流电流：转换开关拨至 0.25～500mA 挡位。若测量大电流，应把"正"（红）表笔插入"10A"孔内，此时负（黑）表笔还应插在原来的位置。

（5）测晶体管放大倍数：转换开关先调至 ADJ 并调零，使指针指向右边零位，再将转换开关拨至 hFE 挡，将三极管插入 NPN 或 PNP 插座，读取刻度线数值即可。

（6）测电容和电感：使用电阻挡的任何一个挡位均可。

（7）音频电平 dB 的测量。应该使用交流电压挡。

3）万用表的使用

（1）在使用万用表之前，应先注意表针是否指在"∞"（无穷大）的位置，若表针不正对此位置，应用螺钉旋具调整机械调零旋钮，使表针正好处在无穷大的位置。

> **注意：** 此调零旋钮只能调半圈；否则，有可能损坏，以致无法调整。

（2）在测量前，应首先明确测试的物理量，并将转换开关拨至相应的挡位上，同时还要考虑好表笔的接法，然后再进行测试，以免因误操作而造成万用表的损坏。

（3）将红表笔插入"+"孔内，黑表笔插入"-"或"*"孔内。若需测大电流、高电压，可以将红表笔分别插入 2500V 或 10A 插孔。

4）测电阻

在使用电阻不同量程之前，都应先将正、负表笔对接，调整"调零电位器Ω"，让表针正好指在零位，然后再进行测量；否则，测得的阻值误差太大。

> **注意：** 每换一次挡，都要进行一次调零。

电阻值的读法：将开关所指的数与表盘上的读数相乘，就是被测电阻的阻值。如用×100Ω挡测量一只电阻，表针指在"10"的位置，那么这只电阻的阻值是 10×100Ω=1000Ω=1kΩ；若表针指在"1"的位置，其电阻值为100Ω；若指在"100"的位置，则为 10kΩ，以此类推。

5）测电压

测量电压时，应将万用表调到电压挡，并将两表笔并联在电路中进行测量，测量交流电压时，表笔可以不分正、负极；测量直流电压时，红表笔接电源的正极，黑表笔接电源的负极，若接反，表笔会向相反的方向摆动。若测量前不能估测出被测电路电压的大小，应用较大的量程去试测，若表针摆动很小，再将转换开关拨到较小量程的位置；若表针迅速摆到零位，应该马上把表笔从电路中移开，加大量程后再去测量。

注意：测量电压时，应一边观察表针的摆动情况，一边用表笔试着进行测量，以防电压太高把表针打弯或把万用表烧毁。

6）测直流电流

将表笔串联在电路中进行测量（将电路断开），红表笔接电路的正极，黑表笔接电路中的负极。测量时应该先用高挡位，若表针摆动很小，再换低挡位。若需测量大电流，应该用扩展挡。

注意：万用表的电流挡是最容易被烧毁的，在测量时千万要注意。

7）测量晶体管放大倍数（h_{FE}）

先把转换开关转到 ADJ 挡（无 ADJ 挡位其他型号表可用×1kΩ挡）调零，再把转换开关转到 hFE 挡进行测量。将晶体管的 b、c、e 三个极分别插入万用表上的 b、c、e 三个插孔内，PNP 型晶体管插 PNP 位置，NPN 型晶体管插入 NPN 位置，读取刻度线的数值即可。

8）测量穿透电流

按照"测量晶体管放大倍数（h_{FE}）"的方法将晶体管插入对应的孔内，但晶体管的"b"极不插入，这时表针将有一个很小的摆动，依据表针摆动的大小来估测"穿透电流"的大小，表针摆动幅度越大，穿透电流越大；否则，就越小。

由于万用表 CUF、LUH 刻度线及 dB 刻度线应用得很少，在此不再赘述，具体应用可参见使用说明。

9）指针式万用表常见故障检测

（1）磁电式表头故障。

a．摆动表头，指针摆幅很大且没有阻尼作用。故障为可动线圈断路、游丝脱焊。

b．指示不稳定。此故障为表头接线端松动或动圈引出线、游丝、分流电阻等脱焊或接触不良。

c．零点变化大，通电检查误差大。此故障可能是轴承与轴承配合不妥当，轴尖磨损比较严重，致使误差增加，游丝严重变形，游丝太脏而粘圈，游丝弹性疲劳，磁间隙中有异物等。

（2）直流电流挡故障。

a．测量时，指针无偏转。故障多为表头回路断路，使电流等于零；表头分流电阻短路，从而使绝大部分电流流不过表头；接线端脱焊，从而使表头中无电流流过。

b．部分量程不通或误差大。故障是由于分流电阻断路、短路或变值所引起的。×1Ω挡常出现此故障。

c．测量误差大，原因是分流电阻变值（阻值变大，导致正误差；阻值变小，导致负误差）。

d．指示无规律，量程难以控制。原因多为量程转换开关位置窜动（调整位置，安装正确后即可解决）。

（3）直流电压挡故障。

a．指针不偏转，示值始终为零。分压附加电阻断线或表笔断线。

b．误差大。其原因是附加电阻的阻值增加引起示值的正误差，阻值减小引起示值的负误差。

c．正误差超出范围并随着电压量程变大而严重。表内电压电路元器件受潮而漏电，电路元器件或其他元器件漏电，印制电路板受污、受潮、击穿、电击炭化等引起漏电。修理时，刮去烧焦的纤维板，清除粉尘，用酒精清洗电路板后烘干处理。严重时，应用小刀割铜箔与铜箔之间的电路板，从而使绝缘效果良好。

d．不通电时指针有偏转，小量程时更为明显。其故障是由于受潮和污染严重，使电压测量电路与内置电池形成漏电回路造成的。处理方法同上。

（4）交流电压、电流挡故障。

a．交流挡时，指针不偏转、示值为零或很小。此故障原因多为整流元器件短路或断路，或者引脚脱焊。检查整流元器件，若有损坏，更换；有虚焊时，应重焊。

b．使用交流挡时，示值减少一半。此故障是由整流电路故障引起的，即全波整流电路局部失效而变成半波整流电路使输出电压降低。更换整流元器件，故障即可排除。

c．使用交流电压挡时，指示值超出范围。故障原因为串联电阻阻值变化超过元器件允许误差。当串联电阻阻值降低、绝缘电阻降低、转换开关漏电时，将导致指示值偏高。相反，当串联电阻阻值增加时，将使指示值偏低而超出范围。应采用更换元器件、烘干和修复转换开关的办法排除故障。

d．使用交流电流挡时，指示值超出范围。故障原因为分流电阻阻值变化或电流互感器发生匝间短路。更换元器件或调整修复元器件排除故障。

e．使用交流挡时，指针抖动。故障原因为表头的轴尖配合太松，修理时指针安装不紧，转动部分质量改变等，由于其固有频率刚好与外加交流电频率相同，从而引起共振。尤其是当电路中的旁路电容变质失效而无滤波作用时更为明显。排除故障的办法是修复表头或更换旁路电容。

（5）电阻挡故障。

a．常见故障是各挡位电阻损坏（原因多为使用不当，用电阻挡误测电压造成），使用前，用手捏两表笔，一般情况下若表针摆动，则对应挡电阻烧坏，应予以更换。

b．×1Ω挡两表笔短接之后，调节调零电位器不能使指针偏转到零位。此故障多是由于万用表内置电池电压不足，或者电极触簧受电池漏液腐蚀生锈造成的。此类故障在仪表长期不更换电池情况下出现最多。若电池电压正常，接触良好，调节调零电位器指针偏转不稳定，无法调到欧姆零位，则多是由于调零电位器损坏造成的。

c．×1Ω挡可以调零，其他量程挡调不到零，或者只是×10kΩ、×100kΩ挡调不到零。故障原因是分流电阻阻值变小，或者高阻量程的内置电池电压不足。更换电阻元件或叠层电池，故障就可排除。

d．×1Ω、×10Ω、×100Ω挡测量误差大。×100Ω挡调零不顺利，即使调到零，但经几次测量后，零位调节又变为不正常。出现这种故障，是由于量程转换开关触点上有黑色污垢，使接触电阻增加且不稳定造成的。清理各挡开关触点直至露出银白色为止，保证其接触良好，可排除故障。

e．表笔短路，表头指示不稳定。故障原因多为线路中有假焊点、电池接触不良或表笔引线内部断线。修复时应从最容易排除的故障开始，即先保证电池接触良好，表笔正常，如表头指示仍然不稳定,就需要寻找线路中假焊点加以修复。

f. 在某一量程挡测量电阻时严重失准,而其余各挡正常。这种故障往往是由于量程开关所指的表箱内对应电阻已经烧毁或断线所致。

g. 指针不偏转,电阻示值总是无穷大。故障原因多数是表笔断线,转换开关接触不良,电池电极与引出簧片之间接触不良,电池日久失效已无电压,以及调零电位器断路。找到具体原因之后进行针对性修复,或者更换内置电池,故障即可排除。

10)指针式万用表的选用

万用表的型号很多,而不同型号之间功能也存在差异。

(1)用于检测无线电等弱电子设备时,在选用万用表时一定要注意以下3个方面:

a. 万用表的灵敏度不能低于20kΩ/V;否则,在测试直流电压时,万用表对电路的影响太大,而且测试数据也不准确。

b. 需要上门修理时,应选外形稍小一些的万用表。若不上门修理,可选择 MF47 型或 MF50 型万用表。

c. 频率特性选择(俗称是否抗峰值):用直流电压挡测高频电路(如彩色电视机的行输出电路电压),看是否显示标称值,若是,则频率特性高;若指示值偏高,则频率特性差(不抗峰值),此表不能用于高频电路的检测。

(2)检测电力设备时,如检测电动机、空调、冰箱等,选用的万用表一定要有交流电流测试挡。

(3)检查表头的阻尼平衡。首先进行机械调零,将表在水平、垂直方向来回晃动,指针不应该有明显的摆动。将表水平旋转与竖直放置时,表针偏转不应该超过一小格。将表旋转 360° 时,指针应该始终在零附近均匀摆动。若符合上述要求,就说明表头在平衡和阻尼方面达到了标准。

2. 数字式万用表结构及使用

数字式万用表是利用模拟/数字转换原理,将被测量模拟电量参数转换成数字电量参数,并以数字形式显示的一种仪表。相比指针式万用表,它具有精度高、速度快、输入阻抗高、对电路的影响小、读数方便准确等优点。数字式万用表外形如图3-2所示。

3. 数字式万用表的使用

首先打开电源,将黑表笔插入"COM"插孔,红表笔插入"V·Ω"插孔。

1)电阻测量

将转换开关调节到Ω挡,将表笔测量端接于电阻两端,即可显示相应示值,若显示最大值"1"(溢出符号),必须向高电阻值挡位调整,直到显示为有效值为止。

为了保证测量准确性,在路测量电阻时,最好断开电阻的一端,以免在测量电阻时会在电路中形成回路,影响测量结果。

注意:不允许在通电的情况下进行在线测量,测量前必须先切断电源,并将大容量电容放电。

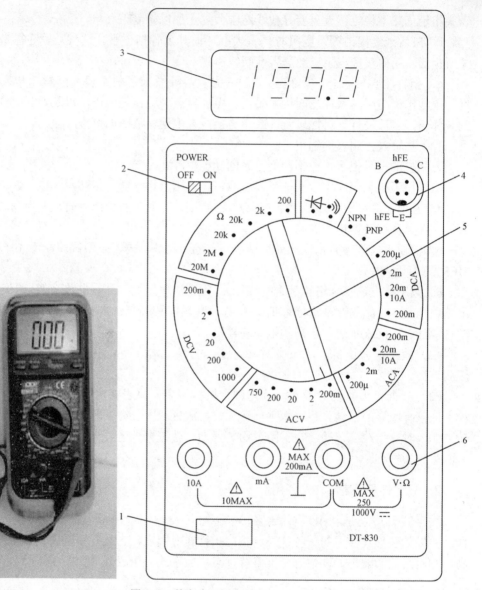

图 3-2　数字式万用表外形

1—铭牌；2—电源开关；3—LCD 显示器；
4—hFE 插孔；5—量程选择开关；6—输入插孔

2）"DCV"——直流电压测量

表笔测试端必须与测试端可靠接触（并联测量）。原则上由高电压挡位逐渐往低电压挡位调节测量，直到此挡位示值的 1/3～2/3 为止。此时的示值才是一个比较准确的值。

> **注意：** 严禁以小电压挡位测量大电压。不允许在通电状态下调整转换开关。

3）"ACV"——交流电压测量

表笔测试端必须与测试端可靠接触（并联测量）。原则上由高电压挡位逐渐往低电压挡位调节测量，直到此挡位示值的 1/3～2/3 为止。此时的示值才是一个比较准确的值。

注意：严禁以小电压挡位测量大电压。不允许在通电状态下调整转换开关。

4）二极管测量

将转换开关调至二极管挡位，黑表笔接二极管负极，红表笔接二极管正极，即可测量出正向压降值。

5）晶体管电流放大系数 h_{EF} 的测量

将转换开关调至"hFE"挡，依据被测晶体管选择"PNP"或"NPN"位置，将晶体管正确地插入测试插座即可测量到晶体管的 h_{FE} 值。

6）开路检测

将转换开关调至有蜂鸣器符号的挡位，表笔测试端可靠地接触测试点。若测量值为 $20\pm10\Omega$，蜂鸣器就会响起来，表示线路是通的；若不响，则表示线路不通。

注意：不允许在被测量电路通电的情况下进行检测。

7）"DCA"——直流电流测量

电流高于 200mA 时，红表笔插入 10A 插孔。表笔测试端必须与测试端可靠接触（串联测量）。原则上由高电流挡位逐渐往低电流挡位调节测量，直到此挡位示值的 1/3～2/3 为止。此时的示值才是一个比较准确的值。

注意：严禁以小电流挡位测量大电流。不允许在被测电路通电状态下调整转换开关。

8）"ACA"——交流电流测量

电流低于 200mA 时，红表笔插入 mA 插孔。表笔测试端必须与测试端可靠接触（串联测量）。原则上由高电流挡位逐渐往低电流挡位调节测量，直到此挡位示值的 1/3～2/3 为止。此时的示值才是一个比较准确的值。

注意：严禁以小电流挡位测量大电流。不允许在被测电路通电状态下调整转换开关。

9）数字式万用表常见故障及其检修

（1）仪表无显示。首先检查电池电压是否正常（一般用的是 9V 电池，新的也要测量）。其次检查熔丝是否正常，若不正常，则予以更换；检查稳压块是否正常，若不正常，则予以更换；限流电阻是否开路，若开路，则予以更换。然后检查线路板上的线路是否有腐蚀或短路、断路故障现象（特别是主电源电路线），若有，则应清洗电路板，并及时做好干燥和焊接工作。若一切正常，测量显示集成块电源输入的两脚，测试电压是否正常，若正常，则此集成块损坏，必须更换；若不正常，则检查其他电路有没有短路点，若有，则要及时处理；若没有或处理好后，还不正常，那么此集成块内部有短路，则必须更换。

（2）电阻挡无法测量。首先从外观上检查电路板，在电阻挡回路中有没有连接电阻烧坏，若有，则必须更换；若没有，则要对每一个连接的元器件进行测量，有坏的及时更换；若外围都正常，则测量集成块是否损坏，若损坏，则必须更换。

（3）电压挡在测量高压时示值不允许，或者测量稍长时间示值不允许甚至不稳定。此类故障多数是由于某一个或几个元器件工作功率不足引起的。若在停止测量的几秒内，检查时会发现这些元器件发烫，这是由于功率不足而产生了热效应造成的，同时形成了元器件的变值，则必须更换此元器件。

（4）电流挡无法测量：多数是由于操作不当引起的，检查限流电阻和分压电阻是否烧坏，若烧坏，则应予以更换；检查到放大器的连线是否损坏，若损坏，则应重新连接好；若还是不正常，则更换放大器。

（5）示值不稳，有跳字故障现象。检查整体电路板是否受潮或有漏电故障现象，若有，则必须清洁电路板并做好干燥处理；输入回路中有无接触不良或虚焊故障现象（包括测试笔），若有，则必须重新焊接；检查有无电阻变质或刚测试后有无元器件发生不正常的烫手故障现象，这种故障现象是由于其功率降低引起的，若有此故障现象，则应更换该元器件。

（6）示值不允许。这种故障现象主要是测量通路中的电阻值或电容失效引起的，应更换此电容或电阻：检查此通路中的电阻阻值（包括热反应中的阻值），若阻值变值或热反应变值，则更换此电阻；检查 A/D 转换器的基准电压回路中的电阻、电容是否损坏，若损坏，则予以更换。

3.1.2　兆欧表

兆欧表又叫摇表，也称为绝缘电阻测试仪或绝缘电阻表，是一种测量高电阻的仪表，在电梯维修过程中，主要测量电动机的绝缘电阻和绝缘材料的漏电阻。兆欧表的使用方法如图 3-3 所示。

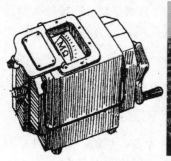

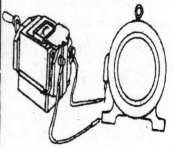

测量线路的绝缘电阻　　　　测量电动机的绝缘电阻　　　　测量电缆绝缘电阻

图 3-3　兆欧表的使用方法

绝缘电阻测试仪有指针式和数字式两种。在此仅介绍常见的指针式绝缘电阻表。表盘上采用对数刻度，读数单位是兆欧，是一种测量高电阻的仪表。绝缘电阻表以其测试时所发生的直流电压高低和绝缘电阻测量范围大小来分类。常用的绝缘电阻表有两种：5050（ZC-3）型，直流电压为 500V，测量范围为 0～500MΩ；1010（ZC11-4）型，直流电压为 1100V，测量范围为 0～1000MΩ。选用绝缘电阻表时要依据电器的工作电压来选择，500V 以下的电器应选用 500V 的绝缘电阻表。

使用绝缘电阻表测量绝缘电阻时，须先切断电源，然后用绝缘良好的单股线把两表线

（或端钮）连接起来，做一次开路试验和短路试验。在两个测量表线开路时摇动手柄，表针应指向无穷大；若把两个测量表线迅速短路一下，表针应摆向零线。若不是这样，就说明表线连接不良或仪表内部有故障，应排除故障后再测量。

测量绝缘电阻时，要把被测电器上的有关开关接通，使电器上所有元器件都与绝缘电阻表连接。若某些元器件或局部电路不和绝缘电阻表相通，则这个元器件或局部电路就没被测量到。绝缘电阻表有三个接线柱，即接地柱 E、电路柱 L、保护环柱 G。其接线方法依据被测对象而定。测量设备对地绝缘时，被测电路接于 L 柱上，将接地柱 E 接于地线上。测量电动机与电器设备对外壳的绝缘时，将绕组引线接于 L 柱上，外壳接于 E 柱上。测量电动机的相间绝缘时，L 和 E 柱分别接于被测的两相绕组引线上。测量电缆芯线的绝缘电阻时，将芯线接于 L 柱上，电缆外皮接于 E 柱上，绝缘包扎物接于 G 柱上。

读数时，绝缘电阻表手把的摇动速度为 120r/min 左右。

注意： 由于绝缘材料的漏电或击穿故障往往在加上较高的工作电压时才能表现出来，因此一般不能用万用表的电阻挡来测量绝缘电阻。

绝缘电阻表使用注意事项：

（1）绝缘电阻表接线柱至被测物体间的测量导线，不能使用双股并行导线或胶合导线，应使用绝缘良好的导线。

（2）绝缘电阻表的量程要与被测绝缘电阻值相适应，绝缘电阻表的电压值要接近或略大于被测设备的额定电压。

（3）用绝缘电阻表测量设备绝缘电阻时，必须先切断电源。对于有较大容量的电容器，必须先放电后再进行摇测。

（4）测量绝缘电阻时，应使绝缘电阻表手把的摇动速度在 120r/min 左右，一般以绝缘电阻表摇动一分钟时测出的读数为准，读数时要继续摇动手柄。

（5）由于绝缘电阻表输出端钮上有直流高压，因此使用时应注意安全，不要用手触及端钮。摇动手把，发电机在发电状态下，应断开测量导线，以防电器储存的电能对表放电。

（6）若测量中表针指示到零，应立即停摇。若继续摇动手柄，则有可能损坏绝缘电阻表。

3.1.3 其他测量仪表

1. 钳形电流表

钳形电流表主要用于测量电路电流，主要由钳头、旋转开关、显示器部分等组成，其结构及使用方法如图 3-4 所示。

2. 转速表

转速表主要用于测量电梯电动机主轴的转速，常用的有机械式和数显式两种。机械式转速表如图 3-5 所示。数显式转速表外形及使用方法如图 3-6 所示。

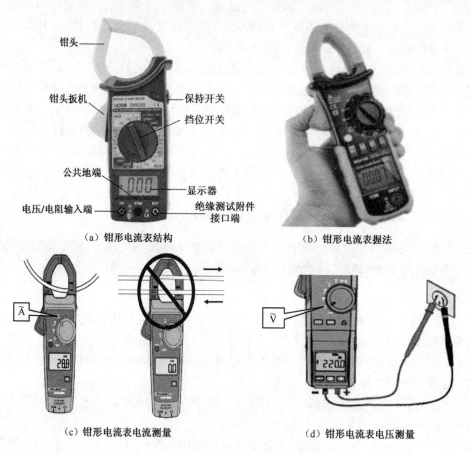

钳头

钳头扳机

保持开关

挡位开关

公共地端

显示器

电压/电阻输入端

绝缘测试附件
接口端

（a）钳形电流表结构

（b）钳形电流表握法

（c）钳形电流表电流测量

（d）钳形电流表电压测量

图 3-4　钳形电流表的外形结构及使用方法

图 3-5　机械式转速表

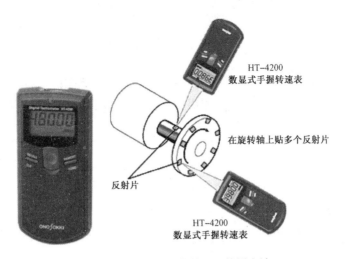

图 3-6 数显式转速表外形及使用方法

3.1.4 电梯常用维修工具

电梯常用维修工具如表 3-1 所示。

表 3-1 电梯常用维修工具

序号	名称	规格	序号	名称	规格
1	套筒扳手	—	23	十字螺钉旋具	4in
2	活动扳手	10in、12in	24	什锦锉	
3	管子钳	30mm	25	锉刀	板、圆、半圆
4	管子铰扳	$\frac{1}{2}$in、2in	26	手锤	$1\frac{1}{2}$磅、4磅
5	管子台虎钳	2in	27	木锤	—
6	尖嘴钳	6in	28	电钻	5～38mm
7	偏嘴钳	6in	29	电烙铁	75W
8	剥线钳	—	30	电工刀	
9	吊线锤	10～15kg	31	手电筒	
10	C 型轧头	2in、4in	32	手灯	
11	扁凿	—	33	板牙	M8、M10、M12、M16
12	角尺	4in、12in	34	板牙架	M8、M10、M12、M16
13	厚薄规		35	油枪	
14	钢卷尺	2m、30m	36	喷灯	
15	钢板尺	300mm、1000mm	37	挡圈钳	
16	油压千斤顶	5T	38	蜂鸣器	
17	手拉葫芦	3T	39	试电笔	
18	拉力器	—	40	内圆角	
19	对讲机	—	41	外圆角	
20	角向磨光机	—	42	力矩扳手	
21	钢锯		43	水平尺	
22	螺钉旋具	2in、6in、12in			

说明：以上工具供参考，可依据实际情况选用或增减。

3.2 电梯专用服务器使用方法

TT 是电梯的专用服务器，主要用于调试人员的现场调试操作，若维修人员熟悉并能充分利用它，将会缩短故障排查时间。下面以 XO21VF 型号的电梯为例，来说明 TT 在此类电梯中的使用方法。

XO21VF 使用模块化控制系统。它由三个子系统组成，这些子系统包括操作控制子系统（OCSS）、运行控制命令子系统（LMCSS）、驱动控制子系统（DBSS）。每个子系统（也叫服务系统）已经智能化并能按设计好的要求完成专门的功能。此外，每个服务系统靠串行传输线传送参数，交换信息。

3.2.1 操作控制子系统（OCSS）

OCSS 是一个具有管理操作功能的服务系统，负责此系统的 PC 板是 RCBⅡ。OCSS 的功能是负责指令、召唤、层楼显示、地震、消防运行目的层、开关门方向等信息的处理。几乎所有输入、输出信号（如指令、召唤、层楼显示、停电自拯救、地震、消防、方向灯、蜂鸣器、厅外铃、停止开关等）都靠一个远站（RS5）与 OCSS 串行传输，此系统靠一小组电线传输。

在 OCSS 和远站（RS）之间，靠 4 根电线通信，包括两根电源线（DC30V、HL2）和两根信号线（L1、L2）。OCSS 有三组不同的串行信号线，分别是 C/C（连接轿厢）、C/H（连接厅外）、G/H（连接群控）。

1. TT 简介

（1）TT 的前面板由一个显示屏和 16 个按键组成，显示屏有两行，如图 3-7 所示。

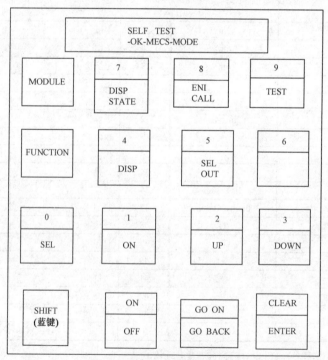

图 3-7 TT 按键排列示意图

（2）SHIFT 键（蓝键）功能：按住 SHIFT 键，然后再按相应的键。例如，若按下 GO ON/GO BACK 键，将会出现 GO ON（往下翻页）功能；若按住 SHIFT 键，然后按 GO ON/GO BACK 键，将会出现 GO BACK（往上翻页）功能。

（3）当按下 SHIFT 键后，显示屏第一个字符的位置将会有指针闪烁。

TT 的前面板中各按键的功能如表 3-2 所示。

表 3-2　TT 的前面板中各按键的功能

按　键	功　能	按　键	功　能	按　键	功　能
0	0	SHIFT+5	十六进制 B	9	9
1	1	6	6	SHIFT+9	十六进制 F
2	2	SHIFT+6	十六进制 C	CLEAR	清除最后一位所输入的数字
3	3	7	7	BLUE/ENTER	确定输入的数值（相当于计算机的回车键
4	4	SHIFT+7	十六进制 D	SET	返回三级菜单
SHIFT+4	十六进制 A	8	8	FUNCTION	返回二级菜单
5	5	SHIFT+8	十六进制 E	MODULE	返回主菜单
GO ON	向下翻页	SHIFT+GO ON/GO BACK	向上翻页		

2. TT 连接

TT 连接在 RCB 上的 P1 端口，这样的连接可以进入 OCSS 和有限地进入 MCSS、DBSS、DCSS。但是，当 TT 连接到 MCSS 时，则不能进入到 OCSS。

（1）将 TT 插入板子。

（2）TT 将会执行自检，当正确地执行了自检，则显示：

```
SELF    TEST
-OK-MECS-MODE
```

3. 进入 OCSS 菜单

（1）连接上 TT，按 MODULE 键（M 键）将会产生一个 TT 主菜单：

```
1=OCSS    2=MCSS
3=DCSS    4=DBSS
```

（2）按 1 键选择 OCSS 的功能菜单，屏幕显示：

```
1=MONITOR（查看）
2=TEST（检验）
```

（3）按相应的数字键选择所需的选项，然后继续进入相应的项。

在进入 TT 菜单项目时，M 键和 1 键总是最开始按的两个键。例如：M-1-1-2 就意味着应该先按 M 键，然后按两次 1 键，最后按 2 键，到达 I/O（输入/输出）查看功能。

4．相应的查看功能

1）M-1-1-1　查看轿厢情况

（1）按键次序：MODULE-OCSS-MONITOR（查看）-CAR MONITOR（查看轿厢），如图 3-8 所示。

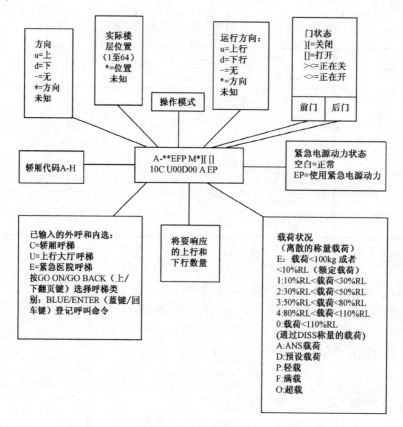

图 3-8　查看轿厢

（2）此功能用来查看轿厢的状态，会显示轿厢位置、操作模式、运动方向和门状态等信息。可以输入呼梯指令，未决定的呼梯信息及轿厢载荷和轿厢运行模式等更多信息同样会显示。

例如，当厅、轿门都关闭而电梯却无法行驶时，可以通过查看门信号的状态来确定是否"确实"关闭了。若显示"><"，则说明没有关闭好。

2）M-1-1-2　查看 RCB II 板子的输入/输出

（1）按键次序：MODULE-OCSS-MONITOR（查看）-I/O MONITOR（输入/输出查看），如图 3-9 所示。

（2）此功能显示和 TT 相连接的轿厢的输入状态。用 GO ON 或 GO BACK 键查看三个输入的连续组。若一个输入是大写字母，则被激活；若为小写字母，表示未被激活。

注意：激活和未激活并不代表施加到输入的电压。

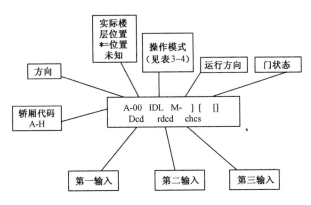

图 3-9　连接状态显示

3）M-1-1-3　查看群控中各个电梯的状况

（1）按键次序：MODULE-OCSS-MONITOR（查看）-I/O GROUP MONITORING（群梯查看），如图 3-10 所示。

（2）此功能显示所有群控中的轿厢信息，第一行总是包括与 TT 相连轿厢的状态信息，第二行显示其他电梯的状态。

（3）用 GO ON 或 GO BACK 键查看其他的轿厢。

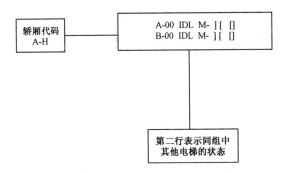

图 3-10　查看群控中的轿厢信息

在查看项目中，"M-1-1-4"查看 ICSS，"M-1-1-5"查看任务，"M-1-1-6"查看随机存储器，"M-1-2-1"检验 RS 模块。

5. 查看事件记录

1）M-1-2-2-1　事件（故障）记录

（1）按键次序：MODULE-OCSS-TEST（检验）-LOG（记录）-EVENT LOG（事件记录），如图 3-11 所示。

（2）OCSS 登记几种事件并存储它们出现的时间和日期。此功能将显示已发生的 29 个事件。

（3）RCB-Ⅱ OCSS 事件（事故）记录表如表 3-3 所示。

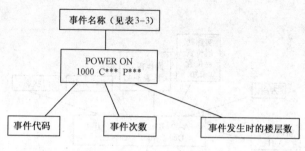

图 3-11　事件记录

表 3-3　RCB-Ⅱ OCSS 事件（故障）记录表

事件代码	事件名称	说　明
1000	POWER ON	RCB-Ⅱ接通电源的时间，此事件总是显示且不可改变
1001	POWER FAILURE	最后一次 RCB-Ⅱ断开电源的时间，此事件总是显示且不可改变
1002	NUMBER OF RUNS	轿厢运行开始的次数
1100	HARDWARE RESET	计数器复位次数
1101	SOFTWARE RESET	软件经过一段设定的时间间隔而没有执行完某些任务，导致板子复位
1102	ILLEGAL INTERRUP	OCSS 没有设定处理非法的中断发生，这不会引起板子的复位
1103	RING COMM RESET	在设定时间间隔之内，没有接收环形信息，所以环形通信通过复位重新初始化
1200	MCSS MSG CHCKSUM	在非法的检验和情况下接收 MCSS 信息，这大概不会伴随 MSG SIO ERR 事件发生，这个事件表示信息的字节总是不可靠或报废。当 MC-ICO 参数被确定用来处理一定长度的信息而 MCSS 却发送了不同长度的信息时，记录此事件
1201	MCSS MSG TIMEOUT	在 MCSS 向 OCSS 传输数据时，检测到超时或此事件中断。若中断环节或 MCSS 未能够在正当的时间间隔内传送信息，将发生此事件
1202	MCSS MSG SIO ERR	在 MCSS 向 OCSS 传输数据的过程中奇偶校验、成帧或超限故障发生。环节若是有阻断、干扰或 OCSS 没有足够快地读出此环节将发生此事件
1400	RSL C LOST SYNCH	表明轿厢串行环节上在数据传输中丢失同步
1401	RSL H LOST SYNCH	表明厅外串行环节上在数据传输中丢失同步
1402	RSL G LOST SYNCH	表明群组串行环节上在数据传输中丢失同步
1403	RSL C PARITY ERR	表明轿厢串行环节上在数据传输中检测到奇偶检验故障
1404	RSL H PARITY ERR	表明厅外串行环节上在数据传输中检测到奇偶检验故障
1405	RSL G PARITY ERR	表明群组串行环节上在数据传输中检测到奇偶检验故障
1500	RNG1 MSG CHCKSUM	在非法的检验和情况下接收环形 1 信息。这一般不会伴随 MSG SIO ERR 事件发生，而这个事件是因为信息的字节总是不可靠或报废时发生的
1501	RNG1 MSG TIMEOUT	在环形 1 上数据传输过程中检测到超时或中断故障。若中断环或子系统在环形上未能够在正常的时间间隔内传输信息将会发生此事件
1502	RNG1 MSG SIO ERR	在环形 1 的传输上奇偶校验、成帧或超限故障发生。若环节中断、干扰或 OCSS 没有足够快地读此环将发生此事件
1503	RNG2 MSG CHCKSUM	在非法的检验和情况下接收环形 2 信息。这一般不会伴随 MSG SIO ERR 事件发生，而这个事件是因为信息的字节总是不可靠或报废时发生的
1504	RNG2 MSG TIMEOUT	在环形 2 上数据传输过程中检测到超时或者中断故障。若中断环或子系统在环形上未能够在正常的时间间隔内传输信息将会发生此事件

续表

事件代码	事件名称	说　明
1505	RNG2 MSG SIO ERR	在环形 2 的传输上奇偶校验、成帧或超限故障发生。若环节中断、干扰或者 OCSS 没有足够快地读出此环将发生此事件
1700	CAR WAS NAV	表明轿厢进入 NAV 操作模式，这可能是由于 MCSS 不可用或 OCSS 没有正确的设定而产生的
1701	EPO SHUTDOWN	紧急电源操作期间轿厢停止
1702	FRONT DTC	表明轿厢经历了一个打开前门的问题后进入门时间关闭保护
1703	FRONT DTO	表明轿厢经历了一个打开前门的问题后进入门时间开启保护
1704	DELAYED CAR PROT	当要求它时轿厢没有离开楼层，轿厢被完全地阻止运行
1705	RCBⅡ BATTERY	RCB-Ⅱ没提供足够的电压来支持电源故障 RAM。更换 RCB-Ⅱ电池
1706	EQO SENSOR FAIL	表明地震操作的安全检查并道传感器返回不正确的状态
1707	REAR DTC	表明轿厢经历了一个打开后门的问题后进入门时间关闭保护
1708	REAR DTO	表明轿厢经历了一个打开后门的问题后进入门时间开启保护
1800	EFO-P MISMATCH	EFO-P 和 EFO-CK 无效或者不匹配，或者允许的掩码不允许在 EFO 楼层开门。为了安全起见，在轿厢运行前，EFO-P 和 EFO-CK 参数必须有匹配值。EFO-P/EFO-CK 位置在允许的掩码内必须还要具有规定的轿厢进入
1801	ASL-P MISMATCH	ASL-P 和 ASL-CK 无效或者不匹配，或者允许的掩码不允许在 ASL 楼层开门。为了安全起见，在轿厢运行前，ASL-P 和 ASL-CK 参数必须有匹配值。ASL-P/ASL-CK 位置在允许的掩码内必须还具有规定的轿厢进入
1802	EFS MISMATCH	EFS 和 EFS-CK 无效或不匹配。为了安全起见，在轿厢运行之前，EFS 和 EFS-CK 必须包含匹配值
1803	ASL-P MISMATCH	ASL.P 和 ASL.CK 无效或者不匹配，或者允许的掩码不允许在 ASL2 楼层开门。为了安全起见，在轿厢运行前，ASL.P 和 ASL.CK 参数必须有匹配值。ASL.P/ASL.CK 位置在允许的掩码内必须还有规定的轿厢进入
1806	EQO	对于 EQO 或 EQO RSL，其地震输入信号是不兼容的
1807	INS	当装置参数中有一个在范围以外时，规定无效的参数作为事件的名称。当修改范围以外参数时，装置参数将自动重新检测。若所有参数都在范围以内，事件将被清除
1808	RANDOM CALL	此轿厢被设定用来产生随机外呼和（或）随机内选

（4）按 UP/DOWN 键在事件/楼层和发生的时间/日期的说明屏幕之间转换，如图 3-12 所示。

（5）用 GO ON/GO BACK 键从一个事件移动到下一个事件。

（6）按 ENTER 键清除一个事件，按 SEL OUT 键删除所有事件。

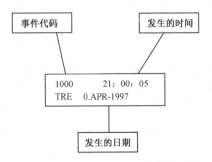

图 3-12　事件/楼层和发生的时间/日期

2）M-1-2-2-2　电梯的操作模式记录

（1）按键次序：MODULE-OCSS-TEST（检验）-LOG（记录）-OPMODE LOG（操作方式记录），如图3-13所示。

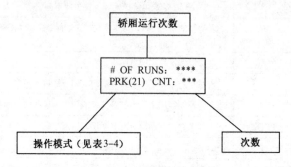

图 3-13　操作模式记录

（2）OCSS 登记几种改变了的操作方式并存储它们的时间和日期。

（3）RCB-Ⅱ OCSS 操作模式记录如表3-4所示。

表 3-4　RCB-Ⅱ OCSS 操作模式记录

编　号	符　号	说　明
00	NAV	轿厢不可用，发生了故障
01	EPC	紧急救援电源运行
02	COR	轿厢正运行，一般指电梯到一层寻址
03	EFS	EFS 阶段Ⅱ，即消防运行
04	EFO	SES 阶段Ⅰ，即消防运行
05	EQO	地震
06	EPR	紧急电源返回
07	EPW	紧急电源等待
08	OLD	超载
09	ISC	独立服务
10	ATT	司机
11	DTC	门延时保护关闭，即门试图打开而三次未成功后处于的保护状态
12	DTO	门延时保护打开，即门试图关闭而三次未成功后处于的保护状态
13	CTL	轿厢即将平层
14	CHC	取消大厅呼梯，3100 电梯板子上有此功能的扳把
15	LNS	直驶
16	MIT	适当引入的交通
17	DCP	延时轿厢保护
18	ANS	防犯罪
19	NOR	正常，即自动状态
20	ARD	此模式这种配置不支持

编　号	符　号	说　明
21	PRK	停车
22	IDL	空闲，即自动状态时没有呼梯信号
23	PKS	停车关门，即锁梯
24	GCB	此模式这种配置不支持
25	EHS	紧急医院服务
26	ROT	暴动
27	INI	初始化运行
28	INS	检修
29	ESB	急停按钮
30	DHB	门保持按钮
31	ACP	防犯罪保护
32	WCO	野梯
33	DBF	驱动器制动失败
34	SAB	安息日操作
35	EFP	SES 阶段 II 电源中断
36	CRL	读卡机禁闭
37	CRO	读卡机
38	CES	此模式这种配置不支持
39	DOS	开门按钮
40	WCS	此模式这种配置不支持
41	REC	此模式这种配置不支持
42	OHT	此模式这种配置不支持
43	ARE	电池自动救援服务
44	EPD	此模式这种配置不支持
45	GAP	此模式这种配置不支持
46	HBP	大厅按钮保护
47	OOS	此模式这种配置不支持
48	SCX	往返轿厢
49	EMT	紧急医疗技师召回
50	EMK	紧急医疗技师
51	EPT	紧急电源转移
52	SCO	此模式这种配置不支持
53	---	此模式这种配置不支持
54	---	此模式这种配置不支持
55	---	此模式这种配置不支持
56	---	此模式这种配置不支持

续表

编　号	符　号	说　明
57	---	此模式这种配置不支持
58	---	此模式这种配置不支持
59	---	此模式这种配置不支持
60	---	此模式这种配置不支持
61	---	此模式这种配置不支持
62	---	此模式这种配置不支持
63	---	此模式这种配置不支持
64	CHN	疏导
65	EPO	此模式这种配置不支持
66	ERO	此模式这种配置不支持
67	CBP	此模式这种配置不支持
68	DDO	此模式这种配置不支持
69	MTO	此模式这种配置不支持
70	PFO	此模式这种配置不支持
71	CDO	此模式这种配置不支持
72	SRO	单独的起步板
73	DLF	门锁失败

（4）按 UP/DOWN 键在改变操作模式的次数和发生的时间/日期的说明屏幕之间转换，如图 3-14 所示。

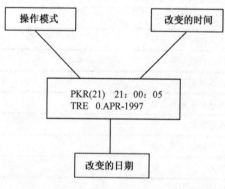

图 3-14　切换显示

（5）用 GO ON/GO BACK 键从一种模式移动到下一种模式。

（6）按 ENTER 键清除一个事件，按 SEL OUT 键删除所有事件。

在查看事件记录项目中，不经常用到的项目有"M-1-2-2-3 CPU 占用时间记录"和"M-1-2-2-4 环数据字节记录"，此项目为工程保留项。

6．M-1-2-2-5 所登记的呼梯记录

（1）按键次序：MODULE-OCSS-TEST（检验）-LOG（记录）-CALL LOG（呼梯记录），如图 3-15 所示。

图 3-15 呼梯记录

（2）此功能显示当时群梯中所登记的轿内和大厅呼梯的信息。用 GO ON/GO BACK 查看最近 10 次最大累计数。

（3）按 ENTER 键清除此屏幕上的所有计算结果，可显示：

TO CLEAR HCS（CCS）
PRESS ENTER

7．运行自我测试

1）M-1-2-3-1 运行自我测试

（1）按键次序：MODULE-OCSS-TEST（检验）-SELF TESTS（自我测试）-RUN SELF TESTS（运行自我测试），如图 3-16 所示。

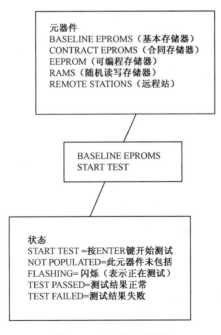

图 3-16 运行自我测试

（2）此功能将获得 RCB 元器件测试结果。包含在此次测试中的元器件有 EPROM、EEPROM（可编程存储器）、RAM。

（3）各个远程串行连接的测试结果如图 3-17 所示。

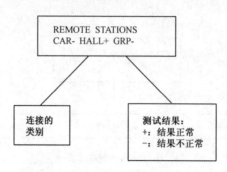

图 3-17　远程串行连接的测试结果

2）M-1-2-3-2　远程（RS5）站自我测试

（1）按键次序：MODULE-OCSS-TEST（检验）-SELF TESTS（自我测试）-2 CAR RESULTS（2 键轿厢测试结果）；3 HALL RESULTS（3 键大厅测试结果）；4 GROUP RESULTS（4 键群梯测试结果）。

（2）此功能将获得轿厢/大厅/群控连接的远程站的测试结果。若没有错误出现，则显示：

> RSL-C　No　errors

（3）按 GO ON 键回到自我测试菜单。

（4）若有错误出现，则测试结果如图 3-18 所示。

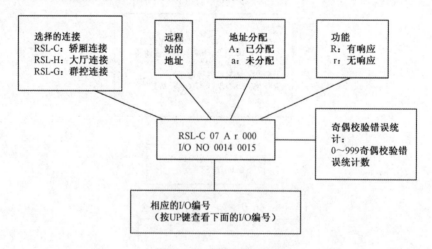

图 3-18　群梯测试结果

8．M-1-2-4　部件编号

（1）按键次序：MODULE-OCSS-TEST（检验）-PART NUMBERS（部件编号）。

（2）此功能将显示 OCSS 的 EPROM、合同 EPROM 和合同 EEPROM 的软件版本。

（3）用 GO ON/GO BACK 键在 EPROM、合同 EPROM 和合同 EEPROM 之间移动。

VERS=JAA30351AAA

0.APR-SI　21：05

M-1-3 及 M-1-4 内容里均为有关电梯功能的设置，不要轻易改动。

9．M-1-5-1　清零随机存储器

（1）按键次序：MODULE-OCSS-CLEAR（清除）-1 CLEAR PF RAM；2 CLEAR SAC RAM。

（2）此功能清除随机存储器数据。

（3）按 ENTER 键清除所有楼层的存取码。

a．清除电源失败随机存储器，如图 3-19 所示。

b．清除轿厢救援存取码随机存储器，如图 3-20 所示。

图 3-19　清除电源失败随机存储器　　　图 3-20　清除轿厢救援存取码随机存储器

10．M-1-7-1　显示时间和日期

（1）按键次序：MODULE-OCSS-CLOCK（时钟）-DISPLAYTIME（显示时间），如图 3-21 所示。

（2）此功能显示系统时钟时间。

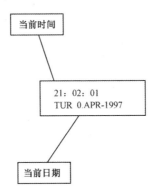

图 3-21　显示系统时钟时间

11．M-1-7-2　设置时间和日期

（1）按键次序：MODULE-OCSS-CLOCK（时钟）-SETUPTIME（设置时间），如图 3-22 所示。

（2）此功能显示系统时钟时间。

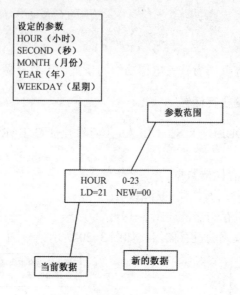

图 3-22　设置时间和日期

（3）按 GO ON/GO BACK 键显示上/下一个参数。输入新的数据，然后按蓝键+回车键登记新的数据。

12．M-1-7-3　同步时间和日期

（1）按键次序：MODULE-OCSS-CLOCK（时钟）-SYNCH　CLOCKS（同步时间）。

（2）此功能使环路通信中某些 RCB-Ⅱ板子上的时钟同步。

同步化完成后屏幕显示：

> SYNCHRONIZATION
> 　COMLETE！！！

3.2.2　运行控制命令子系统（LMCSS）

LMCSS 是一个具有管理运行功能的服务系统，其构成框图如图 3-23 所示。

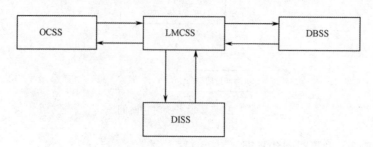

图 3-23　LMCSS 构成框图

LMCSS 一方面接收从 OCSS 来的服务层楼运行命令，另一方面查看电梯的安全装置，计算距离并传输恰当的速度模式（速度和加速度）给 DBSS。

当 LMCSS 登记到轿厢已经到达要服务的目的楼层时，它给出一个安全确认信息（速度检测、门区等）并响应来自 OCSS 的开、关门方向，然后将开、关门方向信号传给 DISS。

当断电时，LMCSS 能依靠锂电池来维持其内部的信息数据，如轿厢位置等，因此当再上电时，LMCSS 不需要再执行校正运行去重新建立预选已存在的信息。

1. LMCSS 功能

1）运行控制功能

（1）运行逻辑状态控制的管理，依据情况选择运行方式。运行方式有正常运行方式、检修运行方式——开慢车、重新初始化（校正）运行方式、再平层运行方式、营救运行方式（返平层运行方式）、学习慢车运行方式。

（2）运行驱动状态控制的管理，利用每一种运行方式去控制并完成轿厢的运行。

（3）计算速度、加速度并将它们传输给 DBSS。

（4）将抱闸控制传输出给 DBSS。

（5）计算减速距离及减速起始点。

（6）将轿厢状态（轿厢）情况传输给 OCSS。

2）位置检测功能

（1）依据 PVT 产生的脉冲，计算电梯的速度、方向及当前位置。

（2）依据每层的平层插板来检测电梯绝对位置，并修正当前轿厢位置。

（3）计算在运行方向上可能停靠的楼层。

（4）检测在顶层、底层强迫减速的位置（NTSD）1LS/2LS 和顶层、底层紧急停止的距离（ETSD）SS1/SS2。

3）安全管理功能

（1）紧急停止（依据安全电路查看）。

（2）开、关门的安全管理。

（3）管理减速距离及在顶层、底层的减速点。

（4）每一运行速度的安全管理。

（5）计算在顶层、底层强迫减速的位置（NTSD）1LS/2LS 和顶层、底层紧急停止的距离（ETSD）SS1/SS2。

4）保养和安装时检修参数输入功能

（1）由服务工具（TT）去查看电梯运行参数。

（2）由 TT 去建立电梯运行的参数。

（3）保养时的故障和失控记录。

（4）依据安装时的学习运行，自动建立有关每层楼高度参数的功能。

2. 进入 LMCSS 功能菜单

（1）当 TT 连接好，按 MODULE 键将会使 TT 主菜单屏幕显示：

直接连接：

> MCSS=2　DCSS=3
> DBSS=4

间接连接：

> 1=OCSS　2=MCSS
> 3=DCSS　4=DBSS

（2）按 2 键来选择 MCSS 安装和维护功能菜单，此时将会显示：

> MONITOR=1 TEST=2
> SETUP=3 CALIBR=4

注意： 若 TT 是间接连接的，出现的信息是 "SERVICE TOOL ONLINE TO MCSS"，而不是 LMCSS 功能菜单。若要进入 LMCSS 功能菜单，则从板子上断开 TT，重新连接，然后再按 MODULE-2 键。

（3）按数字键选择所需的选项，进入即可。

3．LMCSS 功能选项

1）M-2-1-1　查看系统状态

（1）此功能用来查看系统状态：轿厢运行状态、最近的楼层、门状态、运动控制模式、运动逻辑状态、运动驱动状态、运行曲线发生器状态，如图 3-24 所示。

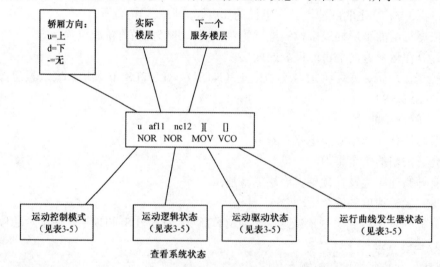

图 3-24　查看系统状态

（2）按 SET 键退出此功能，返回 MCSS 查看菜单，如表 3-5 所示。

表 3-5　系统状态

运动控制模式		运动驱动状态		运动逻辑状态		运行曲线发生器状态	
NRD	没准备好	INA	未激活	SHD	停止	IDL	空闲
NOR	正常	PRU	准备运行	MGS	电动发电机停止	AJI	加速度开始
REC	恢复（到最近楼层）	LBK	打开抱闸	STB	备用	ACO	加速度保持

续表

运动控制模式		运动驱动状态		运动逻辑状态		运行曲线发生器状态	
INI	初始化	WMO	等待移动	IST	检修停止	AJO	加速度下降
RLV	再平层	MOV	正在移动	IRU	检修运行	VCO	速度保持
INS	检修	TRA	定时斜坡减速	LST	学习运行停止	DJI	减速度开始
LRN	学习	TRF	定时斜坡减速到楼层	LRU	学习运行开始	DCO	减速度保持
EST	紧急停车	STP	停车	NOR	正常运行	DJO	减速度下降
SES	专门紧急服务	RES	重启	RLV	再平层	FST	终点停止
ACC	通道操作			RIN	（重新）初始化运行	FXG	固定增益位置控制
				REC	恢复运行	FIN	结束

2）M-2-1-3　查看离散输入

此功能用来查看系统状态：运动驱动状态、运动逻辑状态、轿厢运行方向、最近楼层、门状态、离散输入状态，如图 3-25 所示。离散输入缩写如表 3-6 所示。

按 GO ON/GO BACK 键滚动输入。

注意：当输入以大写字母显示时，逻辑状态为高，即信号有效；当输入以小写字母显示时，逻辑状态为低，即信号无效。

按 SET 键退出此功能，返回 MCSS 查看菜单。

图 3-25　查看离散输入

表 3-6　离散输入缩写

SAF	安全链输入	DFC	门完全关闭
INS	检修开关	IES	轿内急停
ID1	内部门区 1	ODZ	外部门区
ID2	内部门区 2	DBP	门旁路
NTB	NTSD 底部开关	1LS	NTSD 底部开关
NTT	NTSD 顶部开关	2LS	NTSD 顶部开关
SC	SC 继电器吸合	ETS	ETS 继电器吸合
DBD	驱动和制动断开	GDS	GDS 继电器吸合
GSM	门开关查看	EES	EES 继电器吸合

续表

LAC	低 AC 电源（J2 继电器）	AUD	AUD 继电器吸合
DZ	DZ 继电器吸合	ADZ	ADZ 继电器吸合
PF	电源故障	PVU	PVU 上行
EEP	EEPROM 写保护开关	BTS	电池测试
SVT	服务器波特率控制	IDZ	门区逻辑选择
COD	编码开关：US 码	DLF	门锁故障继电器吸合
ETP	ETP 继电器吸合	LSP	LSP 继电器吸合
UCM	UCM 继电器吸合	U	U 继电器吸合
D	D 继电器吸合	MUP	手动上行

3）M-2-1-4　查看离散输出

此功能用来查看系统状态：运动驱动状态、运动逻辑状态、轿厢运行方向、最近楼层、门状态、离散输出状态，如图 3-26 所示。

用 GO ON/GO BACK 键滚动输入。

注意：当输出以大写字母显示时，逻辑状态为高，即信号有效；当输出以小写字母显示时，逻辑状态为低，即信号无效。

按 SET 键退出此功能，返回 MCSS 查看菜单。

离散输出缩写：DZ——门区继电器；ADZ——备用门区继电器；EES——电子急停继电器；BTST——板载电池测试；LSP——LSP 继电器；UCM——UCM 继电器；UCMX——UCMX 继电器。

4）M-2-1-5　查看来自其他子系统的串行通信字节

其他子系统的串行通信字节能够被传输和模拟，通过参考发送子系统的内部接口控制文件（ICD）。此功能很少用。

5）M-2-1-6　查看楼层表

此功能用来查看楼层表数据和每层的传感器信息，如图 3-27 所示。

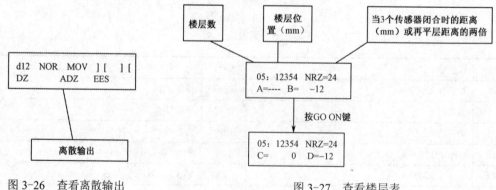

图 3-26　查看离散输出　　　　图 3-27　查看楼层表

（1）A、B、C、D 所显示的值表示电梯在每层的 4 个离散位置，当电梯上行运动时：A=ID1 闭合时的位置；B=ID2 闭合时的位置；C=ID1 断开时的位置；D=ID2 断开时的位置。

（2）按 GO ON 键查看下一楼层的信息。

（3）按蓝键+ON 键显示 NTSD 开关的位置，如图 3-28 所示。

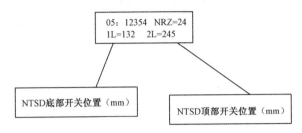

图 3-28　显示 NTSD 开关的位置

（4）按蓝键+OFF 键返回门区传感器显示屏幕。

（5）按 SET 键退出此功能，返回 MCSS 查看菜单。

6）M-2-2-1　电池检查

此功能用来检查板载 RAM 电池的状态。当选择此测试时，会显示：

> BATTERY　TESTING
>
> PLEASE WAIT：5s

（1）当电池测试完成时，若电池有足够的电压，将会显示：

> BATTERY TESTING
>
> 　OK

（2）若电池没有足够的电压，将会显示：

> BATTERY　TESTING
>
> ！LOW　VOLTAGE！

电池没有足够的电压应当更换电池。

（3）按 SET 键退出此功能，返回 MCSS 测试菜单。

7）M-2-2-2　事件记录

此功能用来显示有关何时、多少事件已经发生，从事件记录（EEPROM）的最近一次重启，如图 3-29 所示。

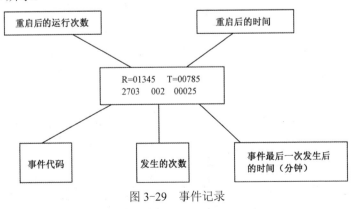

图 3-29　事件记录

显示的事件代码及其含义如表 3-7 所示。

表 3-7　事件代码及其含义

系统执行的事件		2106	门区读卡机次序错误—停车
2000	板子运行错误	2107	门区读卡机次序错误—恢复运行
2001	电源重启计数	2108	1LS/NTB 输入错误
2002	电源故障	2109	2LS/NTT 输入错误
2003	快慢任务的分派任务故障	服务器通信事件	
2004	被零除	2200	服务器超时错误
2005	轿厢不可用	2201	服务器奇偶错误
2006	快速任务超出限度	2202	服务器通信缓冲器超限错误
2007	假的软件中断	2203	服务器成帧错误
2008	溢出错误	2204	服务器一般通信错误
2009	假的硬件中断	OCSS 通信错误	
2800	（绝对的）超速	2300	OCSS 超时错误
2801	（速度）跟踪错误	2301	OCSS 奇偶错误
2802	PVT 方向错误	2302	OCSS 通信缓冲器超限错误
2803	NTSD 超速	2303	OCSS 成帧错误
2804	轿厢非启动超时（DDP 计时器）	2304	OCSS 一般通信错误
2805	U/D 继电器输入错误	DCSS 通信事件	
2806	DBP、DZ 或 ADZ 输入错误	2400	DCSS 超时错误
2807	ETSC 继电器输入错误	2401	DCSS 奇偶错误
2808	SC 继电器输入错误	2402	DCSS 通信缓冲器超限错误
2809	DFC 输入错误	2403	DCSS 成帧错误
2810	DBD 输入错误	2404	DCSS 一般通信错误
2811	ESS 输入操作	2410	DCSS#1 超时错误
2812	SAF 输入操作	2411	DCSS#1 求校验和错误
2813	门打开—紧急停车	2412	DCSS#2 超时错误
2814	DZ/ADZ 继电器输入错误	2413	DCSS#2 求校验和错误
2815	EES 检测错误	2414	LWSS#1 超时错误
2816	EES 继电器输入错误	2415	LWSS#2 求校验和错误
位置事件		2416	多降落的无用的地址激活
2100	大的位置滑动错误	2417	多降落的无效的地址激活
2101	门区读卡机错误	2418	多降落的同步错误
2102	位置检测错误	DBSS 通信事件	
2103	无效的楼层计数	2500	DBSS 超时错误
2104	无效的位置	2501	DBSS 奇偶错误
2105	门区读卡机次序错误	2502	DBSS 通信缓冲器超限错误

续表

DBSS 通信事件		2709	门区外的再平层
2503	DBSS 成帧错误	2710	没准备移动超时
2504	DBSS 求校验和错误	2817	以国家版本为基础的编码设定
2505	DBSS 通信错误	2818	板载门区错误
运行曲线发生器事件		2819	手动减速超时
2600	过冲错误	2900	MCSS 分支错误
2601	运行曲线任务超限	2901	非法移动
2602	固定增益位置控制超时	2902	轿厢移动超出通道区域
2609	软件方向限制到达	2903	AUD 继电器输入错误
运动逻辑状态事件		2904	安全链打开
2700	DBSS 没准备运行—制动器断开	2905	门链打开
2701	DBSS 没准备运行—超时	2906	ETP 继电器输入错误
2702	DBSS 提起/落下制动器超时	2907	B44 低速保护错误
2703	DBSS 驱动故障	2908	B44 LSP 继电器输入错误
2704	DBSS 停车信息	2909	B44 门锁查看故障
2705	DBSS 转矩限制信息	2910	MCSS-OCSS ICD 匹配错误
2706	再平层运行次数	2911	UCM（X）继电器输入错误
DCSS 通信事件		2912	EEPROM 允许写错误
2707	恢复运行次数	2913	INA 继电器输入错误
2708	重新初始化运行次数		

（1）按 GO ON/GO BACK 键滚动事件代码。没发生的事件不会显示。

用 ON/OFF 键滚动显示的第一行，会在重启后的运行次数/重启后的时间和一个 16 个字符的事件说明之间变动。

用 UP/DOWN 键滚动显示的第二行，会在事件发生的次数/距离最近一次事件的时间和一个停车原因的说明之间变动。

按回车键清除所选事件发生的次数/距离最近一次事件的时间。

按 SET OUT 键（蓝键+5 键），重启或清除所有事件的次数和时间。

（2）按 SET 键，退出此功能，返回 MCSS 测试菜单。

8）M-2-2-3　自检

此功能用来检测 EPROM、RAM、EEPROM 的求校验和，并且进行与 OCSS、DBSS、DCSS、TT 的串行通道的检测，如图 3-30 所示。当进入此菜单时，测试自动开始。当每个测试完成时，状态会由"？"变成"+"或"−"。

按 SET 键，退出此功能，返回 MCSS 测试菜单。

9）M-2-2-4　识别目前安装的 EPROM 或 EEPROM 的软件号

EPROM 或 EEPROM 的软件号如图 3-31 所示。

按 SET 键，退出此功能，返回 MCSS 测试菜单。

10）M-2-2-5

当 TT 直接连接时，此功能用来启动/取消为了测试目的的某种安全功能。OCSS 子系统必须断开，为了启动/断开安全功能，禁止使用此功能。

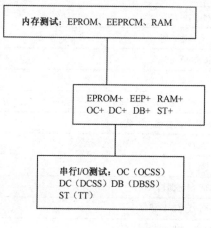

图 3-30　自检

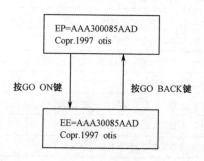

图 3-31　EPROM 或 EEPROM 的软件号

11）M-2-2-5　CPU 利用情况

此功能用来显示 CPU 的利用情况。CPU 的利用情况是以最近 1100ms 内 CPU 所用时间的平均百分比计算的。

12）M-2-3

此项内容里均为安装调试的参数，不能轻易改动。

13）M-2-4-1

执行学习运行，此功能用来执行自学习运行，为了使系统学习到实际的井道开关和楼层位置。

14）M-2-4-2　第一速度传感器测试

此功能用来测试第一速度传感器，并比较实际的速度和指定的速度。

15）M-2-4-3　自动负载称重传感器

此功能用来自动校准负载称重传感器。

16）M-2-4-4　手动设置负载称重传感器

此功能用来手动校准负载称重传感器。

4. MCB 板显示的数字故障记录

MCB Ⅱ板 LED 灯的指示：板子上的灯提供两种信息显示。轿厢不运行时，两种信息每 2s 交替显示，如图 3-32 所示；轿厢运行时，只显示图 3-32（b）所示的信息。

故障代码及其说明如表 3-8 所示。

TT 键次序：M-2-2-2，使用 GO ON 键看下一个记录，此时板子上的 LED 也有故障代码显示，参见表 3-8。

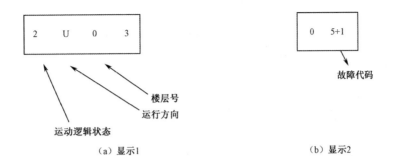

图 3-32 信息显示

表 3-8 故障代码及其说明

故障代码		说 明
板子	TT 显示	
00	2000	板运行故障
	2900	线路错误
01	2001	电源接通，复位计数
	2901	SAF 非法的运行
02	2002	电源故障
	2902	SAF 进入区域故障
03	2003	任务故障
	2903	AUD 继电器输入故障
04	2004	除以零
	2904	安全链断开
05	2005	轿厢不可用
	2905	门链开路
06	2006	快的任务超限
	2906	ETP 继电器输入故障
07	2007	软件乱真阻断
	2907	B44 低速保护
08	2008	溢出故障
	2908	B44 LSD 继电器输入故障
09	2009	硬件乱真阻断
	2909	B44 门锁监测故障
10	2010	大的正向滑移故障
	2710	没有设备运行超时
	2910	MCSS-OCSS ICD 不匹配
11	2101	门区读出装置故障
	2911	UCM（X）继电器输入故障

续表

故障代码		说　明
板子	TT 显示	
12	2102	位置检测故障
	2912	EEPROM 写入允许故障
13	2103	失效的楼层计数
	2913	INA 继电器输入故障
14	2104	失效的原始位置
15	2105	门区读出装置顺序故障
16	2106	门区读出装置顺序故障——停止运行
17	2107	门区读出装置顺序故障——恢复
18	2108	1LS/NTB 输入故障
19	2109	2LS/NTT 输入故障
24	2204	服务工具通信故障
34	2304	OCSS 通信故障
44	2404	DCSS 通信故障
55	2505	DBSS 通信故障
60	2600	过冲故障——超调
61	2601	给定曲线任务超越
62	2602	固定的增益位置控制超时
69	2609	软件方向限位
70	2700	DBSS 没有设备运行——制动器跌落
71	2701	DBSS 没有设备运行——超时
72	2702	DBSS 吸合/释放制动器超时
73	2703	DBSS 驱动故障
74	2704	DBSS 停车和停止运转
75	2705	DBSS 转矩极限
76	2706	再平层运行
77	2707	救援运行
78	2708	重新恢复初始位置运行
79	2709	门区再平层
80	2800	运行时超速
81	2801	速度跟踪故障
82	2802	PVT 方向故障
83	2803	NTSD 超速
84	2804	轿厢不启动超时
85	2805	U/D 继电器输入故障
86	2806	DBP/DZ 或 ADZ 故障

续表

故障代码		说　明
板子	TT 显示	
87	2807	ETSC 输入故障
88	2808	SC 输入故障
89	2809	DFC 输入故障
90	2810	DBD 输入故障
91	2811	ESS 输入故障
92	2812	SAF 输入故障
93	2813	门开启——紧急停车
94	2814	DZ/ADZ 继电器故障
95	2815	EES 检测故障
96	2816	EES 继电器输入故障
97	2817	电路板开关设置故障
98	2818	DZ 故障

3.2.3　驱动控制子系统（DBSS）

驱动控制子系统也称变频器系统，这里介绍如何使用 TT 查找 OVF 故障及其处理方法。

1．使用方法

首先将 TT 插入变频器接口，顺次按键 M-4-2-1，TT 将有表 3-9 左列所示的显示，处理方法参照表 3-9 右列所示。

表 3-9　OVF 故障及其处理

故 障 显 示	可 能 的 原 因	处 理 方 法
GATE SUPPLY FAULT	硬件检测到对隔离双栅极晶体管门驱动电路供电单元没电	（1）检查驱动器的接地端子； （2）更换内部通信板； （3）更换驱动单元
INVERTER OCT	驱动器曳引机端电流过大，这通常表示隔离双栅极晶体管设备有问题	（1）检查驱动参数； （2）检查制动器操作； （3）检查曳引机接线； （4）检查曳引机接地； （5）更换驱动器
D CURRENT FDBK Q CURRENT FDBK	当驱动器得电将要运行时励磁电流发生了故障，当驱动器电流感应冲突时发生此故障	（1）检查驱动参数； （2）检测并紧固曳引机接线； （3）检查驱动器总线上的熔断器（F1）； （4）检查驱动器的"encoder pulses、motor rpm、duty speed parameters"参数
CURRENT FDBK SUM	若变频器的三相输出电流不等于零并且超过了参数"inv io limit"的设定值，这个故障就会发生	（1）检查驱动参数； （2）检查微处理器板连接； （3）检查内部通信板的连接； （4）更换内部通信板； （5）更换驱动器

续表

故 障 显 示	可 能 的 原 因	处 理 方 法
OVERTEMP	驱动器或曳引机温度保护开关动作；也可能是内部通信板通道读到这些温度检测设备发生了故障	（1）机房温度是否太高； （2）驱动器风扇是否工作； （3）检查控制器风扇； （4）检查电动机热保护开关； （5）检查控制器158端子是否有DC30V电压； （6）更换内部线路板
MOTOR OVERLOAD	曳引机"时间-电流"曲线特性超过驱动器额定电流的设定值和驱动器能维持这个电流多长时间	（1）检查驱动器参数：DRIVE RATED I RMS 和 MTR OVL TMR； （2）检查电动机接线； （3）检查电动机抱闸是否打开； （4）检查LMCSS参数： ACCELRA NORMAL JERK NORMAL % OF OVERBALANCE； （5）验证"% OF OVERBALANCE"； （6）检查旋编信号是否丢失； （7）检查曳引机三相接线
CURRENT MEAN	这表示驱动器空闲时三相变频器电流的平均值，验证驱动器参数"I OFF MEAN LIM"	（1）检查驱动器参数； （2）更换驱动器； （3）更换内部线路板
CURRENT VARIANCE	驱动器空闲时三相电流反馈信号中的一个与其他两个不同	（1）检查驱动器参数； （2）检查曳引机接地线； （3）驱动器微处理板是否有故障； （4）更换内部线路板； （5）更换驱动器
DC LINK OVT	直流回路电压超过过压动作点	（1）验证驱动器参数"BUS OVT、DC LINK OVT、AC LINE VOLTAGE、BUS FSCALE、BRK REG FRQ"； （2）测量交流线电压并和驱动器参数"LINE-LINE"（TT 4131）、"AC LINE VOLT"（TT 4311）相比较； （3）检查制动电阻连接； （4）检查制动电阻值； （5）更换内部线路板； （6）更换驱动器
DC LINK UVT	直流回路电压超过欠压动作点	（1）交流线电压过低； （2）检查驱动器参数DC LINK UVT； （3）更换线路板
PVT TRACKING ERROR	旋编故障	（1）检查旋编和驱动器的接线； （2）检查旋编电压是否合适； （3）更换旋编
BRAKE STATE	处理器检测到抱闸信号的错误状态	（1）检查LB到驱动器的触点； （2）检查驱动器参数"PVT THRESHOLD MIN""PVT THRESHOLD MAX"； （3）检查旋编信号是否丢失； （4）这个故障可能和其他非抱闸继电器操作的原因有关系，检查驱动器和LMCSS的故障记录
SFTY CHAIN STATE	安全回路有问题	（1）检查安全回路； （2）检查U、D接触器到驱动器的触点； （3）更换内部线路板
UDX PICK NO UDX PICK NC UDX NOT PICK NO UDX NOT PICK NC	UDX继电器两对触点没在驱动器所要求的位置	（1）若安全链有问题将会出现此故障； （2）内部线路板上的UDX继电器有问题

续表

故 障 显 示	可能的原因	处 理 方 法
MTR THERMAL CNTCT	曳引机热保护接点改变了状态	（1）曳引机过热，检查机房温度； （2）曳引机是否有鼓风机，鼓风机工作是否正常； （3）检查控制柜 158 或 195 端子的 DC 30V 电压； （4）更换电路板
BRAKE DROPPED	制动器问题	（1）检查制动器操作； （2）检查 BSR 继电器； （3）检查驱动器参数 "DELAY BRK LFTD"
CNVTR PHASE IMBAL	交流线电压不平衡	（1）主回路熔丝断； （2）测量三相电压； （3）检查变频器参数； （4）驱动器上的输入滤波器损坏，更换驱动器
CNVTR AC UVT	三相电压低	（1）测量三相电压，看是否为合格电压的 10%； （2）检查驱动器参数 "AC LINE UVT"
PLL UNLOCKED	锁相回路相误差过大	（1）可能由于交流电欠压或不平衡造成； （2）检查驱动器参数； （3）检查三相电压

2．变频器参数的输入方法

有时三相电压过高或过低时变频器会出现保护（变频器故障记录会显示 CNVTR AC OVT 或 CNVTR AC UVT），此时没有快慢车，只有将电压调整合适时才能使电梯恢复运行。

（1）把 TT 和 DBSS 板连接上，进入电压参数所在的菜单，按 M-4-3-1-1 和 GO ON 键，直到找到 AC Line Voltage，即交流线电压。

（2）当写保护开关扳到下边时，显示为：

AC Line Voltage

380. 00）WRT。PRT！

（WRT PRT=with write protect）

注意：当发生故障时可能是 380 之外的数字。

当写保护开关扳到上边时，显示变为：

AC Line Voltage

380. 0000）＊＊．＊＊＊＊＊

（3）当用 TT 输入数据时，数字将出现在下面一行的最左边。

（4）若要输入一个完整的数值（即小数点右边没数字），只需输入相应数字，然后按蓝键和 ENTER 键即可。

第4章 电梯安装维修人员安全操作要求与电梯常见故障维修方法

 4.1 电梯安装维修人员安全操作要求

4.1.1 对电梯安装维修人员的要求

电梯安装维修人员必须经专业技术培训和考核，取得国家相关部门颁发的特种设备的作业人员资格证书后，方可从事相应工作。

电梯安装维修人员必须熟悉和掌握起重、电工、钳工、电梯驾驶方面的理论知识和实际操作技术，熟悉高空作业、电焊、气焊、防火等安全知识。

非电梯安装维修人员严禁操纵电梯，不得单独进行电梯的安装、维修、保养等操作。

对违反安全操作规程的人员，应依据其违反规程的性质及后果，追究其经济上、行政上直至法律上的责任。

4.1.2 电梯安装维修人员操作规程

（1）电梯安装维修人员接到任务单后，应依据任务单要求和实际情况，采取切实可行的安全措施后，方可进入工地施工。

（2）施工现场必须保持清洁畅通，材料和物件必须堆放整齐、稳固。

（3）施工操作时必须正确使用劳动防护用品。

（4）电梯层门在维修或安装前，必须在层门处设置安全护栏，并挂上醒目的标志，写明"严禁入内，谨防坠落"等通告。在未放置护栏之前，必须有专人看管，不许有人进入。

（5）进出轿厢前，必须看清轿厢的具体位置，方可用正确的方法进出。轿厢未停妥，不允许进出。严禁电梯层门一打开就进去，以防踏空坠落。

（6）在运转的曳引轮两旁清洗钢丝绳，清洗时必须开慢车进行，并注意电梯轿厢的运行方向。

（7）修理拆装曳引机组、轿厢、对重、导轨和调换钢丝绳时，必须由工地负责人统一指挥，严禁冒险或违章操作。

（8）在施工中禁止站在电梯内外门之间，如轿门地坎和层门地坎之间、分隔井道用的工字钢（槽钢）和轿顶之间等进行操作或去触动按钮或手柄开关，以防轿厢移动发生意外。

（9）电梯在调试过程中，严禁载客。

（10）施工过程中若需离开轿厢，必须切断电源，关上内外门并挂上"禁止使用"的警告牌。

4.1.3 安全用电知识

（1）电梯安装维修工必须严格遵守电工安全操作规程。

（2）进入机房检修时必须先切断电源，并挂上"有人工作，切勿合闸"的警告牌。

（3）在机房通车、清理发电机、整流器和控制屏开关时，不能使用金属工具去清理，应该用绝缘工具进行操作。

（4）施工中若需用临时线操纵电梯时必须做到：①所使用的按钮装置应有急停开关和电源开关；②所设置的临时控制线应保持完好，不能有接头，并能承受足够的拉力和具有足够的长度；③用临时线操纵轿厢上下运行，必须注意安全。

4.1.4 井道安全作业要点

（1）进入井道施工必须戴好安全帽，蹬高作业应系好安全带；工具应放入工具袋内，大工具要用保险绳扎好，妥善处理。

（2）搭设脚手架应做到以下5条：

① 施工负责人应向脚手架架设单位人员详细交代脚手架安全技术要求；脚手架搭好后应严格验收，对不符合安全要求的脚手架应严禁使用。

② 脚手架上若需增加跳板，必须用18#以上铁丝将跳板两头与脚手架扎牢。跳板厚度应在50mm以上。

③ 在施工过程中，施工者应经常检查脚手架使用情况，发现有隐患，应立即停工。

④ 脚手架上不允许堆放工件或杂物，以防坠落伤人。

⑤ 拆卸脚手架时，必须掌握由上向下的原则，若需拆除部分脚手架，对存在部分必须进行加固。

（3）井道作业施工人员必须相互呼应，密切配合，井道内必须用36V低压照明灯，并有足够的亮度。

（4）上轿顶进行维修、保养、调试时必须遵守以下要求：

① 轿厢内应有检修人员或有熟练操作技能的电梯驾驶员配合，并听从轿顶上检修人员的指挥；检修人员应集中思想，密切注意周围环境的变化，下达正确的口令；当电梯驾驶员离开轿厢时，必须切断电源，关闭内外门，并挂好"有人工作，禁止使用"的警告牌。

② 应尽量多使用轿顶检修操纵箱，轿厢内人员必须集中思想，注意配合。

③ 电梯即将到达最高层站前要注意观察，随时准备采取紧急措施。严禁将手、脚及身体其他部位伸到正在运行的电梯井道内。

（5）电梯安装维修工在机器、金属结构安装修理过程中必须严格遵守机修工和钳工安全操作规程。

（6）使用常用工具通用设备，必须严格遵守常用工具通用设备的安全操作要点。

4.1.5　吊装作业要点

（1）所使用的吊装工具与设备，应严格仔细地检查，确认完好，符合相应电梯质量要求，方可使用。

（2）吊装前，应准确选择好吊挂手拉链条葫芦的位置，使其能安全地承受吊装的最大负荷。吊装时，施工人员应站在安全位置上进行操作。

（3）井道和施工场地的吊装区域下面和地坑内不得有人操作和行走。

（4）吊装机器应使机器底座处于水平位置并平稳起吊。

（5）放置对重块，尽量用手拉链条葫芦等设备吊装，当用人力搬装时应注意配合，防止对重块坠落伤人。

（6）电梯安装维修工在吊装、起重设备和材料时，必须严格遵守高空作业和起重工安全操作规程。

 ## 4.2　电梯常见故障及其维修方法

4.2.1　电梯的故障及其判断

电梯的故障可以分为机械故障和电气故障。遇到故障时，首先应确定故障属于哪个系统，是机械系统还是电气系统，然后再确定故障是属于哪个系统的哪一部分，接着再判断故障出自哪个元器件或哪个动作部件的触点上。

判断故障出自哪个系统普遍采用的方法是先置电梯于"检修"工作状态，在轿厢平层位置（在机房、轿顶或轿厢操作）点动电梯慢上或慢下来确定。为了确保安全，首先要确认所有层门必须全部关好并在检修运行中不得再打开。因为电梯在检修状态下上行或下行，电气控制电路是最简单的点动电路，按钮按下多长时间，电梯运行多长时间，不按按钮电梯不会动作，需要运行多少距离可随意控制，速度又很慢（轿厢运行速度小于 0.63m/s），所以较安全，便于检修人员操作和查找故障所属部位。电梯在检修运行过程中，检修人员可细微观察有无异常声音、异常气味，某些指示信号是否正常等。电梯点动运行只要正常，就可以确认：主要机械系统没问题，电气系统中的主拖动回路没有问题，故障一般出自电气系统的控制电路中；反之，不能点动电梯运行，故障一般出自电梯的机械系统或主拖动电路。

1. 主拖动系统故障

（1）点动运行中若确认主拖动电路有故障，就可以从构成主拖动电路的各个环节去分析故障所在部位。运用电流流过每一个闭合回路的思路，查找电流在回路中被阻断或分流的部位，电流被阻断的部位就是故障所在部位。当然，应首先确认供电电源本身正常；否则，无电流或电流大小不适合，电梯运行就会发生故障。构成电梯主回路的基本环节大致相同：从外线供电开始，三相电源经空气开关、上行或下行交流接触器、变频器、运行接触器，最后到电动机绕组构成三相交流电流回路。不同类型的电梯，调速方法不同，调速器的形式也不同。主回路故障是电梯常见故障。

（2）由于主拖动系统是间断不连续的动作，因此电梯运行几年后，会有接触器触点氧化、弹簧片疲劳、接触不良、接点脱落、粘连、逆变模块及变频模块击穿或烧断、电动机轴承磨损等故障发生。这是快速查找故障的思路之一。另外，任何机械动作部件都是有一定寿命的，如继电器、微动开关、行程开关、按钮等都是检修的重点。还有经常运行的部件，如轿厢的随行电缆，经常进行弯曲动作，有断线故障的可能。

2. 机械系统故障

1）连接件松动引起的故障

电梯在长期断续运行过程中，会因为震动等原因而造成紧固件松动或松脱，使机械发生位移、脱落或失去原有精度，从而造成磨损，碰坏电梯机件而造成故障。

2）自然磨损引起的故障

机械部件在运转过程中，会产生磨损，磨损到一定程度必须更换新的部件，所以要注意磨损是造成机械故障的主要原因。平时日常维修中要及时地调整、维护、保养，电梯才能长时间正常运行。

3）润滑系统引起的故障

润滑的作用是减小摩擦力、减少磨损，延长机械寿命，同时还起到冷却、防锈、减振、缓冲等作用。若润滑油太少，质量差，品种不对或润滑不当，会造成机械部件的过热、烧伤、抱轴或损坏。

4）机械疲劳造成的故障

某些机械部件经常不断地长时间受到弯曲、剪切等应力，会产生机械疲劳故障现象，机械强度塑性减小。若某些零部件受力超过强度极限，产生断裂，造成机械事故或故障。

从上面分析可知，只要做好日常维护保养工作，定期润滑有关部件及检查有关紧固件情况，调整机件的工作间隙，就可以大大减少机械系统的故障。

3. 电气控制系统的故障

1）自动开、关门机构及门连锁电路的故障

关好所有层门、轿门是电梯运行的首要条件，当门连锁系统出现故障时电梯就不能运行。此种故障多是由包括自动门锁在内的各种电子元器件触点接触不良或调整不当造成的。

2）电子元器件绝缘引起的故障

电子元器件绝缘在长期运行后会出现老化、失效、击穿等情况，这会造成电路的断路或短路，引起电梯故障。

3）继电器、接触器、开关等元器件触点断路或短路引起的故障

触点的断路或短路都会使电梯的控制电路失效，使电梯出现故障。

4）电磁干扰引起的故障

由于微型计算机广泛应用到电梯的控制部分，因此电梯运行中会遇到各种干扰，如电源电压、电流、频率的波动，变频器自身产生的高频干扰，负载的变化等。在这些干扰的作用下，电梯会产生错误和故障。电梯电磁干扰主要有以下几种形式。

（1）电源噪声：主要从电源和电源进线（包括地线）侵入系统。电源噪声会造成微型计算机丢失信息，产生错误或误动作。

（2）从输入公共地线侵入的噪声。当输入线与自身系统或其他系统存在着公共地线时，就会侵入此噪声，此噪声极易使系统产生错误和误动作。

（3）静电噪声：它是由摩擦引起的，由于其电压可高达数万伏，会造成电子元器件的损坏。

（4）电子元器件损坏或位置调整不当引起的故障：电梯的电气系统，特别是控制电路，结构复杂，当发生事故时，要迅速排除故障，单凭经验是不够的，这就要求维修人员必须掌握电气控制电路的工作原理及控制环节的工作过程，明确各电子元器件之间的相互关系及其作用，了解各电子元器件的安装位置。只有这样，才能准确地判断故障的发生点，并迅速予以排除。在这个基础上，若把别人和自己的实际工作经验加以总结和应用，对迅速排除故障、减少损失是有益的。

4.2.2　电气故障查找方法及电路板的维修

当电梯控制电路发生故障时，首先需要询问操作者或报告故障的人员故障发生时的故障现象情况，查询在故障发生前是否作过一些调整或更换元器件工作；其次要观察每一个零件工作是否正常，控制电路的各种信号指示是否正确，电子元器件外观颜色是否改变等；再次要听电路工作时是否有异常声响；最后用鼻子闻电路元器件是否有异常气味。

1. 电气故障查找方法

1）程序检查法

电梯是按一定程序运行的，由于它每次运行都要经过选层、定向、关门、启动、运行、换速、平层、开门的循环过程，因此需要对每一个过程的控制电路分别进行检查，以此来确认故障具体出现在哪个控制环节上。

2）电阻测量法

电阻测量法就是在断电情况下，用万用表电阻挡测量每一个电路的阻值是否正常，通过测量它们的电阻值大小是否符合规定要求来判断好坏。

3）电压测量法

在通电情况下测量各个元器件两端的电位差，看是否符合正常值来确定故障所在。

4）瞬间短路法

当怀疑某个或某些触点有开路性故障时，可以用导线把此触点短接，来判断此元器件是否损坏。

5）断路法

断路法主要用于并联逻辑关系的故障点。可把其中某电路断开，若恢复正常，则检查此电路。

6）代换法

对于电路板的故障，只能采取用相同的板子代换来快速修复故障。

7）经验排故法

为了能够做到迅速排除故障，在维修后应不断总结自己和别人的实践经验，来快速排除故障，减少修复时间。

2. 电梯电路板维修

电梯电路板包括门机板、编码板、I/O板、主控板、外召唤通信板及显示板等。

1）模块组成

电梯电路板的模块组成如图4-1所示。

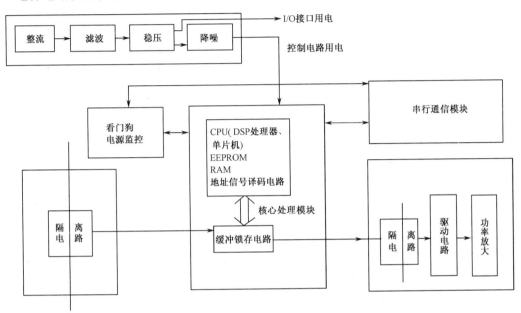

图4-1 电梯电路板的模块组成

（1）电源模块：一般包括整流电路、稳压电路、滤波电路、电源监控电路。

（2）核心处理模块：包含CPU（DSP处理器、单片机）、EEPROM、RAM、地址信号译码电路、振荡电路、复位电路、看门狗电路。

（3）信号输入模块：包含降压电路、信号隔离电路（一般情况用光电耦合器和微型变压器）、缓冲锁存电路。

（4）信号输出模块：包含缓冲锁存电路、信号隔离电路（一般情况用光电耦合器和微型变压器）、功率放大电路。

（5）串行通信模块：在电梯中使用的串行通信技术主要是RS-232、RS-485或CAN总线。其中，RS-232用于与调试器、计算机连接，内部通信一般采用RS-485或CAN总线技术。

电梯的各种电路板，在正常使用的情况下，核心元器件损坏的概率较小。因为处理器、EPROM、RAM、晶振等都是在5V或更低电压条件下工作，纯属开关量信号。故障一般在I/O接口部分和电源部分，如输入部分的光电耦合器、光电耦合器的限流电阻，输出部分的功率放大三极管，可控硅及驱动电路等。电源部分主要会出现无电压、电压偏低、电源波动太大等故障现象。

2）维修方法

在维修电路板前，首先要详细询问故障发生时的现象，同时必须清楚相关原理和接口的作用，这样才能缩短判断故障所需的时间。同时，对于不懂不会的地方千万不能蛮干，以避免故障进一步扩大。

（1）检查电路板是否开始基本的初始化操作。判断主板是否已经进行初始化操作的最简单方法就是检查输出继电器是否吸合、LED 显示是否正常、有无报错声响等，若有报警声、有数字或字符显示，基本可判断核心处理模块正常。

若不正常，首先检查主板外部输入电压是否正常、电流是否正常。在确认电源正常后，可依次检查 CPU 的电压是否正常（一般为 5V）、复位电路是否复位、振荡电路是否起振。

其中要特别注意主板的核心电压，它是指输入电源经过整流电路、稳压电路、滤波电路、电源监控电路后 CPU 等核心模块直接使用的电压，要求精度比较高。

（2）输入信号后无反应的维修方法：首先确认电源是否正常，确定 CPU 是否正常工作。遇到这种故障，一般先检查输入电路接口部分有无松脱，检查保护二极管、限流电阻是否被击穿，光电耦合器、隔离变压器是否正常。对有光电耦合器的电路，锁存电路损坏的可能性很小。所以可以以光电耦合器原件为分界线，判断故障出现在光电耦合器前端还是后端。

（3）无输出信号的维修方法：先确认电源是否正常，确定 CPU 工作是否正常，检查相对应的输入信号正常后，再依次检查输出接口的功率放大接口电路、功率元器件驱动电路、信号隔离电路（光电耦合器或变压器）、信号锁存电路等。

（4）通信不正常：从原理上来说，CAN 总线的一个通信节点出错不会影响整个通信网络。但实际应用中，由于程序设计加上硬件设计不完善等原因，一个节点出错也可能导致整个通信不正常，如出现不能正常呼梯、显示混乱等奇怪的故障现象。所以，对通信不正常的故障现象要具体原因具体对待，对此种故障通常采用代换法，对电路板上能代换的元器件尽量代换以节省维修时间。

第5章 电梯机械部分构成

5.1 轿厢与轿门机构

5.1.1 轿厢

轿厢是用来运送乘客或货物的电梯组件,由轿厢架和轿厢体两大部分组成,其结构示意图如图5-1所示。

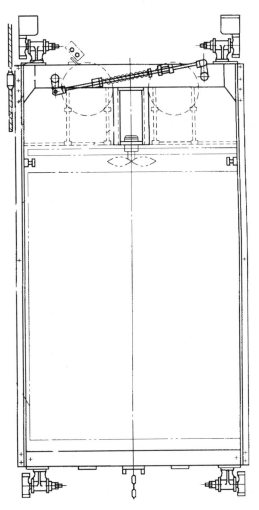

图5-1 轿厢结构示意图

1. 轿厢架

轿厢架由上梁、立梁、下梁组成。上梁、下梁一般可用槽钢焊接或用厚钢板压制而成。立梁用角钢制成。轿厢架把轿厢的负荷（自重和载重）传递到曳引钢丝绳。当安全钳动作或电梯蹲底撞击缓冲器时，轿厢架要承受由此产生的反作用力，因此它要有足够的强度。

2. 轿厢体

轿厢体是形成轿厢空间的封闭围壁，除必要的出入口和通风孔外不得有其他开口。轿厢体由阻燃、不产生有害气体及烟雾的材料组成。为了乘客的安全和舒适，轿厢入口和内部的净高度不得小于 2m。为防止乘客过多而引起超载，轿厢的有效面积必须予以限制。

一般电梯的轿厢由轿底、轿壁、轿顶、轿门等机件组成。

1）轿底

轿底用槽钢和角钢按设计要求的尺寸焊接成框架，然后在框架上铺设一层 3～4mm 厚的钢板而成。

客梯的轿底需要有一个用槽钢和角钢焊接成的轿底框，这个轿底框通过螺栓与轿厢架的立梁连接，由轿顶和轿壁紧固成一体的轿底放置在轿底框的四块弹性橡胶上。由于这四块弹性橡胶的作用，轿厢能随载荷的变化而上下移动。在轿底装设一套检测装置，就可以检测电梯的载荷情况。该装置把载荷情况转变为电信号送到电气控制系统，就可以避免电梯在超载的情况下运行，减少事故发生。检测开关在超载（超过额定载荷的 10%）时动作，使电梯门不能关闭，使电梯也不能启动，同时发出声响和灯光信号（有些电梯无灯光信号），所以也称为超载开关。杠杆式称重超载装置结构示意图如图 5-2 所示。

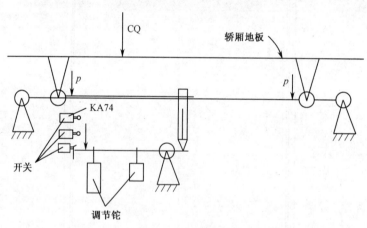

图 5-2　杠杆式称重超载装置结构示意图

2）轿壁

轿壁多采用薄钢板制成，壁板的两头分别焊一根角钢做堵头。轿壁间及轿壁与轿顶、轿底多采用螺钉紧固成一体。为了提高壁板的机械强度，减小电梯在运行过程中的噪声，在壁板的背面点焊有用薄板压成的加强筋。观光电梯轿壁使用的是厚度不小于 10mm 的夹层玻璃。

3）轿顶

轿顶的结构与轿壁相仿。轿顶装有照明灯、电风扇等。

由于检修人员经常上轿顶保养和检修电梯，为了确保电梯设备和维修人员的安全，电梯轿顶应能承受三名带一般常用工具的检修人员的重量。

4）轿厢内其他装置

轿厢内装置还有操纵箱（轿内的操纵装置）、通风装置、照明系统、停电应急照明系统、报警系统和通信装置等。

5.1.2　轿门

轿门也称为轿厢门。轿门按结构形式分为封闭式轿门和网孔式轿门两种，按开门方向分为左开门、右开门和中开门三种。客梯的轿门均采用封闭式轿门。轿门外形如图 5-3 所示。

图 5-3　轿门外形

轿门除了用钢板制作外，还可以用夹层玻璃制作，封闭式轿门的结构形式与轿壁相似。由于轿门常处于频繁的开、关过程中，因此在客梯的背面常做消声处理，以减小开、关门过程中由于振动所引起的噪声。多数电梯的轿门背面除做消声处理外，都装有防夹伤人的装置；这种装置在关门过程中，能防止动力驱动的自动门门扇撞击乘用人员。常用的防撞人装置有安全触板式、光电式、红外线光幕式等形式。

1. 安全触板式

在自动轿门的边沿，装有活动的在轿门关闭的运行方向上超前伸出一定距离的安全触板。当超前伸出轿门的触板与乘客或障碍物接触时，通过与安全触板相连的连杆机构使装在轿门上的微动开关动作，立即切断电梯的关门电路并接通开门电路，使轿门立即开启。安全触板结构如图 5-4 所示。

2. 光电式

在轿门水平位置的一侧装设发光头，另一侧装设接收头，当光线被人或物遮挡时，接收头一侧的光电管产生信号电流，经放大后推动继电器工作，切断关门电路，同时接通开门电路。一般在距轿厢地坎高 0.5m 和 1.5m 处，水平安装有两对光电装置。光电装置常因尘埃的附着或位置的偏移错位，会造成门关不上；因此，它经常与安全触板组合使用。

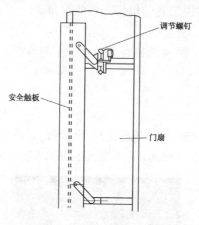

图 5-4　安全触板结构

3. 红外线光幕式

在轿门门口两侧对应安装红外线发射装置和接收装置。发射装置在整个轿门水平发射 40～90 道或更多道红外线，在轿门口处形成一个光幕门。当人或物将光线遮住时，轿门便自动打开。此装置灵敏、可靠、无噪声、控制范围大，是较理想的防撞人装置。但它也会受强光干扰或尘埃附着的影响而反应不灵敏或产生误动作，因此也经常与安全触板组合使用。电梯安全光幕示意图如图 5-5 所示。

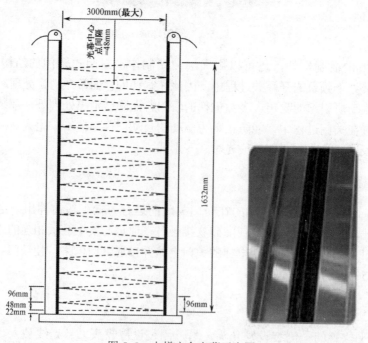

图 5-5　电梯安全光幕示意图

5.1.3　层门

层门也叫厅门。层门应为无孔封闭门。层门主要由门框、门扇、吊门滚轮等组成。门框由门导轨、左右立柱（或门套）、门踏板等机件组成。中开封闭式层门示意图如图 5-6 所示。

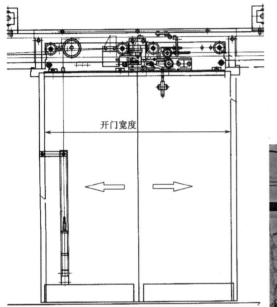

图 5-6　中开封闭式层门示意图

层门关闭后，客梯的门扇之间及门扇与门框之间的间隙应小于 6mm。中开封闭式层门外形如图 5-7 所示。

图 5-7　中开封闭式层门外形

电梯的每个层门都应装设层门锁闭装置、证实层门关闭好的电气装置、紧急开锁装置和层门自动关闭装置等安全防护装置，确保电梯在正常运行时不能打开层门。若某层门开着，则在正常情况下，应不能启动电梯或不能保持电梯继续运行。

5.1.4 轿门和层门的开、关门机构

电梯轿门、层门的开启和关闭，通常为自动开、关的方式。自动开、关门机构有三种：直流调压调速驱动及连杆传动；交流调频调速驱动及同步齿形带传动；永磁同步电动机驱动。

1. 直流调压调速驱动及连杆传动开、关门机构

直流调压调速驱动及连杆传动开、关门机构结构示意图如图 5-8 所示。直流电动机调压调速性能好，换向简单方便，一般通过皮带轮减速及连杆机构传动来实现自动开、关门。

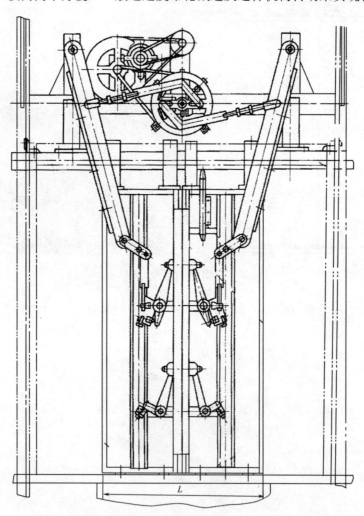

图 5-8　直流调压调速驱动及连杆传动开、关门机构结构示意图

2. 交流调频调速驱动及同步齿形带传动开、关门机构

这种开、关门机构利用变频技术对交流电动机进行调速，利用同步齿形带进行直接传动，可以提高开、关门机构的传动精确度和运行可靠性等。交流调频调速驱动及同步齿形带传动开、关门机构的结构示意图如图 5-9 所示。

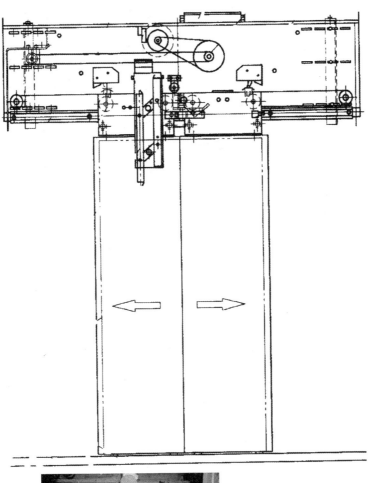

图 5-9　交流调频调速驱动及同步齿形带传动开、关门机构结构示意图

3．永磁同步电动机驱动的开、关门机构

这种开、关门机构使用永磁同步电动机直接驱动，其机械结构因安装方式不同而不同，特别适合无机房电梯的小型化要求，是近几年的发展目标。其结构图如图 5-10 所示。

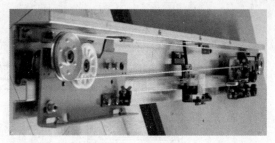

图 5-10　永磁同步电动机驱动的开、关门机构结构图

5.1.5　门锁装置及紧急开锁装置

1．门锁装置

门锁装置一般位于层门内侧，是确保层门不被随便打开的重要安全保护设施。层门关闭后，将层门锁紧，同时接通门连锁电路，此时电梯方能启动运行。在电梯运行过程中所有层门都被门锁锁住，一般人员无法将层门撬开。只有电梯进入开锁区并停站时，层门才能被安装在轿门上的刀片带动而开启。只有在紧急情况下或需进入井道检修时，专业维修人员方能用特制的钥匙从层门外打开层门。

门锁装置分手动和自动两种。手动门锁已经被淘汰。自动门锁只装在层门上，又称层门门锁，多采用钩子锁的结构形式。按 GB 7588—2003 的要求，层门门锁不能出现重力开锁的情况，也就是当用来保持门锁锁紧的永久磁铁或弹簧失效时，其重力也不能导致开锁。自动门锁如图 5-11 所示。

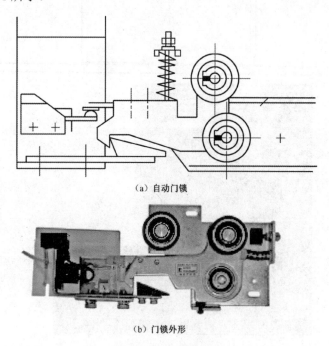

（a）自动门锁

（b）门锁外形

图 5-11　自动门锁

门锁的电连锁开关是证实层门闭合的电气装置。当两电气触点刚接通时，锁紧部件之

间的啮合深度要求至少为 7mm；否则，必须调整。

2．紧急开锁装置

紧急开锁装置是供专职人员在紧急情况下需要进入电梯井道进行抢修或进行日常检修维护保障工作时，从层门外用三角钥匙开启层门的机件。这种机件每层层门都应该设置，并且均应能用相应的三角钥匙有效打开，而且在紧急开锁之后，当层门闭合时，锁闭装置不应保持开锁位置。这种三角钥匙只能由一个负责人持有，且应带有书面说明，详细讲述其使用方法，以防止开锁后因未能有效重新锁上而引起事故。开锁三角孔示意图如图 5-12 所示。三角锁和钥匙外形如图 5-13 所示。

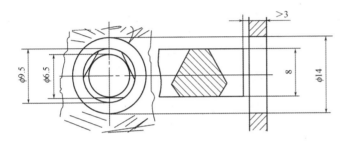　

图 5-12　开锁三角孔示意图　　　　　图 5-13　三角锁（左）和钥匙（右）外形

5.2　电梯的曳引系统

5.2.1　常用曳引机结构

1．有齿轮曳引机

有齿轮曳引机由曳引轮、减速箱和制动轮组成，用于低速和中速电梯。蜗轮蜗杆曳引机结构图如图 5-14 所示。

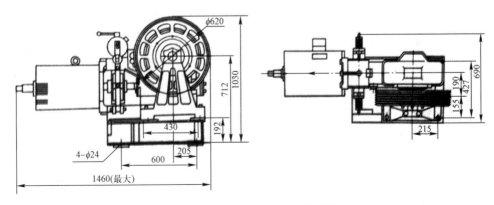

图 5-14　蜗轮蜗杆曳引机结构图

有齿轮曳引机广泛用在运行速度不大于 2m/s 的各种交流调速货梯、客梯、杂物电梯中。这种曳引机主要由曳引电动机、蜗杆、蜗轮、制动器、曳引绳轮、机座等组成。蜗轮蜗杆曳引机同其他驱动形式的曳引机相比，可以使曳引机的总高度降低（永磁同步曳引机除外），便于将电动机、制动器、减速器装在一个共同的底盘上，使装配工作容易进行。另外，由于它采用蜗轮蜗杆传动，其优点是运行平稳，噪声和振动小；但其缺点是由于齿面滑动速度大，因此润滑困难，效率低，同时齿面易于磨损。有齿轮曳引机外形和安装位置如图 5-15 所示。

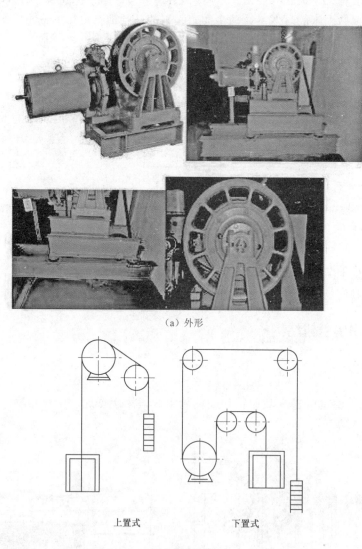

（a）外形

上置式　　　　　下置式

（b）安装位置

图 5-15　有齿轮曳引机外形和安装位置

2．蜗轮蜗杆传动机构

1）蜗轮轴支承方式

蜗轮副的蜗杆位于蜗轮上面的称为上置式，位于蜗轮下面的称为下置式。上置式的优点是箱体比较容易密封，容易检查；不足之处是蜗杆润滑比较差。

2）常用的蜗轮蜗杆齿形

常用的有圆柱形和圆弧回转面两种。

3）蜗轮蜗杆材料的选择

选择材料时要充分考虑到蜗轮蜗杆传动的特点，蜗杆要选择硬度高、刚性好的材料，蜗轮应选择耐磨和减磨性能好的材料。

4）热平衡问题

由于蜗杆传动的摩擦损失功率较大，损失的功率大部分转化为热量，使油温升高。过高的油温会大大降低润滑油的黏度，使齿面之间的油膜破坏，导致工作面直接接触，产生齿面胶合故障现象。为了避免这一故障的发生，设计的蜗轮箱体应满足以下条件：从蜗轮箱散发出的热量大于或等于动力损耗的热量。

3．有齿轮曳引机电梯工作原理简述

有齿轮曳引机的曳引电动机是通过联轴器与蜗杆相连的，蜗轮与曳引轮同装在一根轴上。由于蜗杆与蜗轮间有啮合关系，曳引电动机能够通过蜗杆驱动蜗轮和绳轮做正反向运行。电梯的轿厢和对重装置分别连接在曳引钢丝绳的两端，曳引钢丝绳挂在曳引轮上，当曳引轮转动时，通过曳引绳和曳引轮之间的摩擦力驱动轿厢和对重装置上下运行。

最近几年，广大科研人员又开发了行星齿轮曳引机和斜齿轮曳引机，这两种曳引机克服了蜗轮蜗杆曳引机效率低的缺点，同时提高了有齿轮曳引机的速度和转矩。

4．有齿轮曳引机的防振和消声

1）产生振动和噪声的原因

对于一般的电梯制造厂，曳引机都是在厂内组装并使各方面的性能指标合格后才允许出厂的。产生振动和噪声的原因大致如下：

（1）制造厂组装调试时没有加一定的负载，所以在电梯安装工地上安装后一加负载就产生了振动和噪声。

（2）装配不符合要求，减速箱及曳引轮轴座与曳引机底盘间的紧固螺栓拧紧不匀，引起箱体扭力变形，造成蜗轮副啮合不好。

（3）蜗杆轴端的推力轴承存在缺陷。

（4）制造不良，即蜗杆的螺旋角不正确及蜗杆偏心和蜗轮偏心，或者有节径误差、动平衡不良及间隙不符合要求，都会产生振动和噪声。

2）曳引机的防振和消声

（1）曳引机在制造厂组装调试时，应适当加载，发现质量问题时应及时解决。

（2）保证蜗轮蜗杆的制造精度，通过加工，特别是组装时对轮齿进行修齿加工和对蜗杆进行研磨加工，可以达到减小振动和噪声的目的。有条件的制造厂，应推广蜗轮蜗杆配对研磨加工，配对出厂。

（3）在曳引机和机座承重梁之间或砼墩之间放置隔振橡胶垫。

（4）在厂内进行严格的动平衡测试，不符合技术要求的要及时修正。

各类电梯曳引机在出厂前都必须经过严格的动平衡检验，以及各种振动和性能测试。

5. 无齿轮曳引机

无齿轮曳引机即无减速器曳引机，由曳引轮和制动轮组成，它与电动机直接连接，广泛用于中高速电梯上。这种曳引机的曳引轮紧固在曳引电动机轴上，没有机械减速机构，整机结构比较简单。其曳引电动机是专门为电梯设计和制造的，非常适合电梯运行工作的特点，常用具有良好调速性能的交流变频电动机。无齿轮曳引机的结构和尺寸如图 5-16 所示。

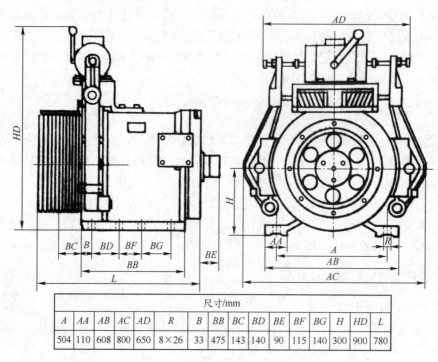

尺寸/mm															
A	AA	AB	AC	AD	R	B	BB	BC	BD	BE	BF	BG	H	HD	L
504	110	608	800	650	8×26	33	475	143	140	90	115	140	300	900	780

图 5-16 无齿轮曳引机的结构和尺寸

无齿轮曳引机制动时所需的制动转矩要比有齿轮曳引机大得多，因此无齿轮曳引机的制动器比较大，其曳引轮轴及其轴承的受力要比有齿轮曳引机大得多，相应的轴也显得粗大。由于无齿轮曳引机没有减速器，因此磨损比较低，使用寿命比较长。现在新施工的电梯几乎全部采用无齿轮曳引机。

6. 永磁同步曳引机

具有低速大转矩特性的无齿轮永磁同步曳引机以其节能、体积小、低速运行平稳、噪声低、免维护等优点，越来越引起电梯行业的广泛关注。无齿轮永磁同步曳引机主要由永磁同步电动机、曳引轮及制动系统组成。永磁同步电动机采用高性能永磁材料和特殊的电动机结构，具有节能、环保、低速、大转矩等特性。其曳引轮与制动轮同轴固定连接，采用双点支撑，曳引机的制动系统由制动器、制动轮、制动臂和制动瓦等组成。

1）永磁同步曳引机的组成

永磁同步曳引机包括机座、定子、转子、制动器等。永磁体固定在转子的内壁上，转子通过键安装于轴上，轴安装在后机座上的双侧密封深沟球轴承和前机座上的调心滚子轴承上，锥形轴上通过键固定曳引轮，并用压盖及螺栓锁紧曳引轮。轴后端安装旋转编码器，压板把定子压装在后机座的定子支撑上。前机座通过止口定位在后机座上，前机座两侧开有使制动器上的摩擦块穿过的孔。常见永磁同步曳引机外形如图5-17所示。

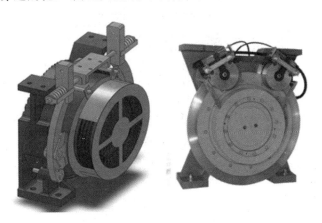

图5-17　常见永磁同步曳引机外形

2）永磁同步曳引机的优势

与传统的蜗轮蜗杆传动的曳引机相比，永磁同步无齿轮曳引机具有如下优点：

（1）永磁同步无齿轮曳引机采用直接驱动方式，没有蜗轮蜗杆传动副。永磁同步电动机没有异步电动机所需的定子线圈，而制作永磁同步电动机的主要材料是高能量密度的高剩磁感应和高矫顽力的钕铁硼，其气隙磁通密度一般达到0.75T以上，所以可以做到体积小和重量轻。

（2）传动效率高。由于采用了永磁同步电动机直接驱动，其传动效率可以提高20%～30%。

（3）由于永磁同步无齿轮曳引机不存在异步电动机在高速运行时轴承所发生的噪声及蜗轮蜗杆副接触传动时所发生的噪声，因此整机噪声可降低5～10dB。

（4）能耗低。从永磁同步电动机工作原理可知，其励磁是由永磁铁来实现的，不需要定子额外提供励磁电流，因而电动机的功率因数可以达到很高（理论上可以达到1）。同时，永磁同步电动机的转子无电流通过，不存在转子耗损问题，其耗损一般比异步电动机降低45%～60%。由于没有效率低、高能耗蜗轮蜗杆传动副，使能耗进一步降低。

（5）由于永磁同步无齿轮曳引机不存在齿廓磨损问题和不需要定期更换润滑油，因此其使用寿命长且基本不用维修。在近期若能尽快解决生产永磁同步电动机的成本问题，永磁同步无齿轮曳引机将完全代替由蜗轮蜗杆传动副异步电动机组成的曳引机。当然，将来超导电力拖动技术和磁悬浮驱动技术也会在电梯上应用。

3）永磁同步伺服电动机结构

永磁同步伺服电动机由转子和定子两大部分组成，其结构如图5-18所示。在转子上装有特殊形状的永久磁铁，用以产生恒定磁场。永磁材料可以采用铁氧体或钕铁硼。由于转子上没有励磁绕组，因此不会发热。电动机内部的发热只取决于定子上绕组流过的电流。电动机定子铁芯上绕有三相电枢绕组接于变频电源上。从结构上看，永磁同步伺服电动机的定子铁芯直接暴露于外界环境中，创造了良好的散热条件，也容易使电动机实现小型化和轻量化。一般交流伺服电动机的外壳设计成多个翅片，以强化散热。

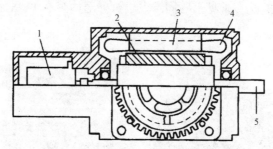

图 5-18　永磁同步伺服电动机的结构

1—检测器（旋转变压器）；2—永久磁铁；3—铁芯；4—三相绕组；5—输出轴

7. 无机房电梯专用的曳引机

随着经济的高速发展，住宅电梯也随之迅速发展，电梯市场上出现了无机房住宅电梯和随之而来的专用无齿轮曳引机，其外形如图 5-19 所示。

无机房电梯专用的曳引机具有以下优点：

（1）无机房限制：可上置或下置，也可侧置或内置。

（2）无齿轮限制：没有齿轮噪声问题、齿轮振动问题、齿轮效率问题和齿轮磨损问题，也不用考虑润滑问题。

图 5-19　国产无机房专用永磁同步无齿轮曳引机外形

（3）无速度、高度限制：无机房电梯曳引机大致分为三类，即永磁同步电动机驱动的超小型同步无齿轮曳引机，内置式行星齿轮和内置交流伺服电动机的超小型曳引机，以及交流变频电动机直接驱动的超小型无齿轮曳引机。这三类无机房电梯专用的曳引机均各有优点和不足之处，但它们都是电梯的技术创新，突破了传统机房的限制，也是未来曳引机的发展方向。

5.2.2　制动系统

为了提高电梯的可靠性和平层准确度，电梯上必须设有制动器。当电梯的动力电源失电或控制电路电源失电时，制动器应自动动作，停止电梯运行。电磁式直流制动器如图 5-20

所示。这种制动器主要由直流抱闸线圈、电磁铁芯、闸瓦、闸瓦架、制动轮（盘）、抱闸弹簧等构成。电动机通电时制动器松闸，电梯失电或停止运行时制动器抱闸。

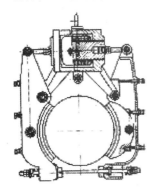

图 5-20　电磁式直流制动器

制动器必须设有两组独立的制动机构，即两个铁芯、两组制动臂、两个制动弹簧；若一组制动机构失去作用，另一组应能有效地停止电梯运行。有齿轮曳引机采用带制动轮（盘）的联轴器，它一般安装在电动机与减速器之间。无齿轮曳引机的制动轮（盘）与曳引轮是铸成一体的，并直接安装在曳引电动机轴上。

电磁式制动器的参数如表 5-1 所示。

表 5-1　电磁式制动器的参数

曳引机类型	电梯额定载质量/kg	制动轮直径/mm	闸　瓦	
			宽度/mm	圆弧角度/（°）
有齿轮曳引机	100～200	150	65	88
	500	200	90	88
	750～3000	300	140	88
无齿轮曳引机	1000～1500	840	200	88

制动器不仅是电梯机械系统的主要安全设施之一，而且它直接影响着电梯的乘坐舒适感和平层准确度。电梯在运行过程中，依据电梯的乘坐舒适感和平层准确度，可以适当调整制动器在电梯启动时松闸和平层停靠时抱闸的时间，以及制动力矩的大小等。

为了减小制动器抱闸、松闸时产生的噪声，制动器线圈内两块铁芯之间的间隙不宜过大。闸瓦与制动轮之间的间隙也应越小越好，一般以松闸后闸瓦不碰擦运转着的制动轮为宜。

5.2.3 曳引钢丝绳

1. 曳引钢丝绳结构

电梯用曳引钢丝绳是按国家标准生产的电梯专用钢丝绳，其断面结构如图 5-21 所示。钢丝绳直径有 8mm、10mm、11mm、13mm、16mm、19mm、22mm 等七种规格，采用纤维绳做芯子。钢丝绳型号 8×19S 表示这种钢丝绳有 8 股，每股有 3 层钢丝，最里层只有 1 根钢丝，外面两层都是 9 根钢丝，用"1+9+9"表示；6×19S 表示的意思与此相似。

图 5-21　曳引钢丝绳断面结构

曳引钢丝绳是电梯中的重要构件。在电梯运行时曳引钢丝绳弯曲次数频繁，并且由于电梯经常处在无制动状态下，因此曳引钢丝绳不但承受着交变弯曲应力，还承受着不容忽视的动载荷。使用情况的特殊性以及安全方面的要求，决定了电梯用的曳引钢丝绳必须具有较高的安全系数，并能很好地抵消在工作时所产生的振动和冲击。在一般情况下，电梯曳引钢丝绳不需要另外润滑，因为润滑以后会降低钢丝绳与曳引轮之间的摩擦系数，影响电梯正常的曳引能力。因此，国家对曳引钢丝绳的规格和强度有统一的标准。

2. 曳引钢丝绳绕法及曳引传动线速度与载荷力的关系

电梯曳引钢丝绳的绕法有多种，这些绕法可以看成不同的传动比（速比）。传动比也称为曳引比，指的是电梯运行时曳引轮的线速度与轿厢升降速度之比。

1）常见的几种绕法

曳引钢丝绳绕法示意图如图 5-22 所示。

（1）1:1 绕法：曳引轮的线速度与轿厢升降速度之比为 1:1，1:1 绕法也称为曳引比1:1。

（2）2:1 绕法：曳引轮的线速度与轿厢升降速度之比为 2:1，2:1 绕法也称为曳引比2:1。

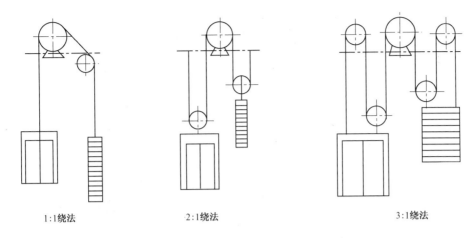

1:1绕法　　　　　　　　2:1绕法　　　　　　　　　　3:1绕法

图 5-22　曳引钢丝绳绕法示意图

（3）3:1 绕法：曳引轮的线速度与轿厢升降速度之比为 3:1，3:1 绕法也称为曳引比 3:1。

2）曳引传动的线速度与载荷力的关系

（1）当曳引比为 1:1 时，曳引轮的线速度等于轿厢运行速度，轿厢侧曳引绳载荷力等于轿厢总重力。

（2）当曳引比为 2:1 时，曳引轮的线速度等于轿厢运行速度的 2 倍，轿厢侧曳引绳载荷力等于轿厢总重力的 1/2。

（3）当曳引比为 3:1 时，曳引轮的线速度等于轿厢运行速度的 3 倍，轿厢侧曳引绳载荷力等于轿厢总重力的 1/3。

3. 绳头组合

绳头组合又叫曳引绳锥套。在曳引系统中，曳引绳锥套是曳引钢丝绳连接轿厢和对重装置的，或者曳引钢丝绳连接曳引机承重梁和绳头板大梁的一种过渡机件。

1）组成

（1）曳引机承重梁是固定、支撑曳引机的机件，是由工字钢或两根槽钢材料做成的，梁的两端分别固定在对应井道墙壁的机房地板上。

（2）绳头板大梁一般由槽钢做成，按背靠背的形式放置在机房内预定的位置上，梁的一端固定在曳引机承重梁上，另一端固定在对应井道墙壁的机房地板上。

（3）绳头板是曳引绳锥套连接轿厢、对重装置或曳引机承重梁、绳头板大梁的过渡机件。绳头板用钢板制成。绳头板上有固定曳引绳锥套的孔，每台电梯的绳头板上钻孔的数量与曳引钢丝绳的根数相等，这些孔按国标规定的形式排列。每台电梯需要两块绳头板。

2）分类

曳引绳锥套按用途可分为用于曳引钢丝绳直径为 $\phi13mm$ 的和用于曳引钢丝绳直径为 $\phi16mm$ 的两种。若按结构形式，则可分为组合式、非组合式、自锁楔式三种，如图 5-23 所示。常见绳头组合外形如图 5-24 所示。

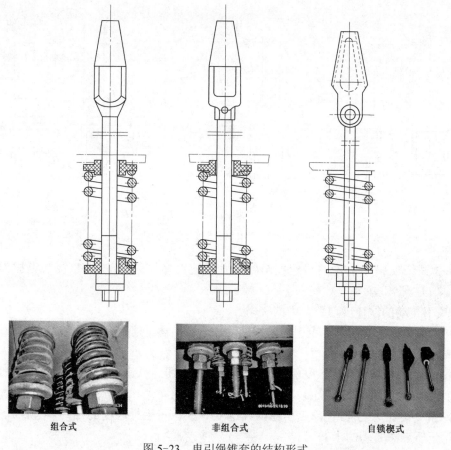

| 组合式 | 非组合式 | 自锁楔式 |

图 5-23　曳引绳锥套的结构形式

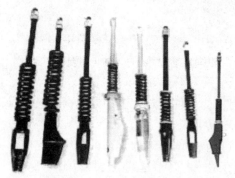

图 5-24　常见绳头组合外形

组合式曳引绳锥套的锥套和拉杆是两个独立的零件，它们之间用铆钉铆合在一起。非组合式曳引绳锥套的锥套和拉杆是一体的。

4. 钢丝绳的存放、安装与维修保养

1）存放

（1）在装卸钢丝绳时，应按照木轴表面的吊装标志进行吊装，以免造成木轴和包装损坏或刮伤钢丝绳表面。

（2）钢丝绳应置于干燥通风处，切勿淋雨或与酸、碱接触。

2）安装

（1）在安装和定尺切割钢丝绳时，应将绳轴平放在支架上，按照轮圆侧面标志的滚动方向进行顺时针放绳，以避免钢丝绳上劲产生内应力。

（2）安装施工时应避免钢丝绳表面被硬物磨损、刮伤及沾上杂物；否则，会对曳引轮及钢丝绳造成损伤。

（3）在安装钢丝绳时，应尽量缩短自由悬垂时间；否则，钢丝绳会由于自身重力作用产生自由旋转，甚至破坏钢丝绳的捻制参数，造成钢丝绳的局部松弛，使得钢丝绳在工作时绳芯代替钢丝股受力，使绳芯首先遭受破坏，进而严重降低钢丝绳的使用寿命。

（4）安装钢丝绳时，应在充分消除钢丝绳的内应力后，再固定钢丝绳两端，以避免钢丝绳在运行中局部受力集中而产生旋转或变形，出现电梯运行不平稳现象，致使曳引轮和钢丝绳的使用寿命缩短。

（5）安装钢丝绳后，必须仔细调整并使钢丝绳的张力一致。在使用中应随时检查钢丝绳张力并及时调整。

（6）钢丝绳作为电梯中极重要的安全部件，各电梯公司设计、制造的电梯依据其规范配置了不同技术要求的钢丝绳，在更换时必须选用与原设计曳引轮相匹配的钢丝绳。在更换曳引轮时必须选用符合原设计要求的产品，以免造成不必要的损失。

（7）在旧梯改造更换钢丝绳时，应同时更换曳引轮，或者对曳引轮槽进行加工处理；否则，会由于曳引轮原有轮槽与钢丝绳绳径的不吻合，造成曳引轮与钢丝绳之间的相互磨损及打滑故障现象。在更换钢丝绳时，每一部电梯所用钢丝绳必须同时更换。

3）维修与保养

（1）由于钢丝绳是由多根钢丝组成的（如 8×19S 结构钢丝绳由 152 根钢丝组成），在工作状态下，钢丝绳的弯曲所产生的钢丝相对滑移会产生很大的摩擦力，钢丝绳专用润滑油脂能在保证钢丝绳与曳引轮摩擦力的前提下减小钢丝之间的摩擦力，有效延长钢丝绳的使用寿命。

（2）一般公司出厂的钢丝绳均已经过特殊的喷涂工艺初始润滑，所有钢丝表面都覆盖着润滑层，若在安装后对钢丝绳表面进行了清理，则须及时对钢丝绳进行润滑。

（3）要定期对钢丝绳表面进行清理维护（如半年或运行 10 万次后，视使用环境、频率而增减）。在清理维护中不应用清洗剂一类的液体对钢丝绳进行清洗；否则，会影响绳芯中的油脂含量及油脂成分，进而影响到钢丝绳的正常使用。

（4）在清理维护钢丝绳时，应使用毛刷、棉纱、压缩空气等对钢丝绳的表面进行清理。在钢丝绳清理干净后，要用钢丝绳专用润滑油脂及时对钢丝绳表面进行适量涂油处理。

（5）过量的润滑会使钢丝绳与曳引轮之间的摩擦力得不到保证，钢丝绳表面油脂应薄而均匀（依据各公司对油脂要求，涂量不一）。

注意：电梯用钢丝绳不可在无油的状态下使用，不经润滑的钢丝绳会严重影响钢丝绳和曳引轮的寿命。

5. 钢丝绳的选用及故障处理

1）在选用钢丝绳时，应选用资质认证齐全、设备工艺完善、产品质量可靠的厂家生产的产品。

2）若在电梯运行中钢丝绳与曳引轮之间出现磨损、打滑现象，则应核对以下情况：

（1）是否选用了与原设计相符的曳引轮及钢丝绳；

（2）复核电梯曳引条件；

（3）复核曳引轮绳槽形状及包角；

（4）钢丝绳油脂是否适中；

（5）钢丝绳张力是否调整一致；

（6）钢丝绳在运行中是否有变形现象；

（7）钢丝绳在井道中是否颤动；

（8）导轨和导靴安装是否准确；

（9）配重是否合适。

> 注意：
> （1）钢丝绳使用寿命依据绳轮材质、绳槽形状、绕绳方式及使用环境等决定。
> （2）对于复杂绕线方式或无机房、无齿轮传动的电梯，应配用专门设计的钢丝绳。

5.2.4 补偿链

由于轿厢经常处于升降状态，轿厢侧和对重侧的曳引钢丝绳重量比会发生变化，为了修正这个变化，减轻曳引电动机负载，通常将轿厢与对重用补偿链连接起来。几种常见的补偿链如图 5-25 所示。

图 5-25 几种常见的补偿链

5.2.5　电梯曳引机常见故障及其处理

1．不开闸故障

电磁线圈没有通电或电压不对，应注意检查制动器接线及其电压值。制动臂双侧弹簧压力过大，应调整弹簧压力，按曳引机额定转矩的两倍确定。制动器线圈损坏（开路），可用万用表测量；制动器开闸间隙小，可调节电磁铁的行程。

2．开闸和闭闸时双侧制动臂不同步

制动臂双侧弹簧压力不均，开闸慢的一侧弹簧压力大于开闸快的一侧，压力大的一侧应减小弹簧压力，在保证制动力足够的前提下尽可能使双侧压力相等。另外，两侧制动臂开闸行程不合适，应调节制动瓦的开闸间隙。

3．制动器声音过大

开闸时制动瓦和制动轮间隙不合适，当开闸间隙过大时，声音加大。对此，应检查制动体顶杆与制动臂顶杆螺栓是否留有 1～1.5mm 的缓冲间隙。

4．闭闸后的制动力矩不够

双侧闸臂压紧弹簧压力不够，应重新调整和校验。制动体动铁芯顶杆与制动臂顶杆螺栓间没有留有自由活动间隙，双侧顶杆与制动臂顶死，造成制动臂不能充分回位，可调整制动臂顶杆螺栓。制动轮和制动瓦间有油等杂物，使摩擦力减小，应注意清除油污等杂物。

5．运行时摩擦制动瓦闸带运行不稳

制动瓦和制动轮间隙过小，可按照相关标准（详见电梯随机附带的调试说明）重新调整间隙。故障原因：制动瓦上下不平行，造成上下间隙差过大，上部制动瓦已打开但下部制动瓦还有摩擦或相反情况。制动瓦下端定位螺栓调整不当，开闸时制动瓦上部内侧弹簧释放弹簧力使制动瓦上部与制动轮发生摩擦。

6．制动体线圈过热

一个原因是线圈电压过高，检查线圈电压，其最大值应小于额定值的 7%。另一个原因是制动体的持续运行率过大，必要时在控制系统中增加经济电阻，降低运行时线圈电压。

7．电动机过热

查看变频器电流是否明显大于电动机额定值，环境温度是否过高，以及风机是否损坏（对于有风机电动机）。

8．电动机电流过大

电动机电流明显高于额定值。检查发现，编码器安装位置发生窜动，重新固定编码器后进行初始值自学习（通过变频驱动器进行）。电动机过载，应查找造成电动机过载的原因。

9．电动机异常抖动、飞车，噪声过大

故障原因是控制系统问题。

10．曳引轮磨损异常

故障原因：曳引轮与钢丝绳不匹配；曳引条件设计不合理，比压不够；钢丝绳张力不均等。

11．曳引机有轻微振动

原因：曳引机机架不平整或刚度不够。

5.3　电梯的引导与对重

5.3.1　引导系统

电梯的引导系统包括轿厢引导系统和对重引导系统两种。这两种系统均由导轨、导轨架和导靴三种机件组成。

1．导轨

每台电梯均具备用于轿厢和对重装置的两组导轨。导轨是电梯的轿厢和对重装置在井道做上下垂直运行的重要机件，其作用类似火车的铁轨。

国内电梯产品使用的导轨分为 T 形导轨和空心导轨两种。导轨外形及安装图如图 5-26 所示。

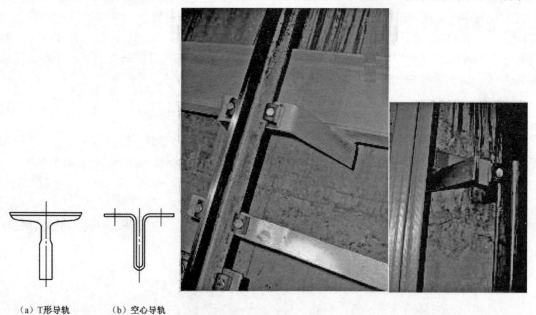

（a）T形导轨　　（b）空心导轨

图 5-26　导轨外形及安装图

2．导轨架

导轨架是固定导轨的机件，固定在电梯外道内的墙壁上。每根导轨上至少应设置两个导轨架。

导轨架在井道墙壁上的固定方式有多种，其中常用的是埋入式、焊接式、预埋螺栓和胀管螺栓固定式。

轿厢导轨架结构示意图如图 5-27 所示。对重导轨架结构如图 5-28 所示。

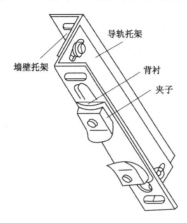

图 5-27　轿厢导轨架结构示意图

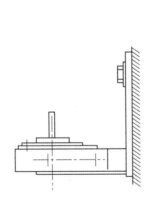

图 5-28　对重导轨架结构

导轨及其附件应能保证轿厢与对重（平衡重）间的导向，并将导轨的变形限制在一定的范围内。不应出现由于导轨变形而导致安全隐患的发生，以确保电梯安全运行。

3．导靴

导靴是确保轿厢和对重沿着导轨上下运行的装置，安装在轿厢架和对重架上，也是保持轿门、层门、地坎、井道壁及操作系统各部件之间的恒定位置关系的装置。电梯产品中常用的导靴有滑动导靴和滚轮导靴两种。

1）滑动导靴

滑动导靴有刚性滑动导靴和弹性滑动导靴两种。滑动导靴结构简单，主要应用于额定载重量2000kg以上、运行速度不高的电梯上。滑动导靴外形及实际安装图如图5-29所示。

（a）滑动导靴的外形

（b）实际安装图

图5-29 滑动导靴外形及实际安装图

2）滚轮导靴

刚性滑动导靴和弹性滑动导靴的靴衬无论是铁的还是尼龙衬套的，在电梯运行过程中，靴衬与导轨之间摩擦力都很大。这个摩擦力不但增加曳引机的负荷，而且是轿厢运行时引起振动和噪声的原因之一。在近几年的电梯产品中，为减小导轨与导靴之间的摩擦力，节约能量，提高乘坐的舒适感，均采用滚轮导靴。

滚轮导靴主要由两个侧面导轮和一个端面导轮构成，其外形如图5-30所示。三个滚轮从三个方面卡住导轨，使轿厢沿着导轨上下运行。当轿厢运行时，三个滚轮同时滚动，保持轿厢在平衡状态下运行。为了延长滚轮的使用寿命，减小滚轮与导轨工作面之间在做滚动摩擦运行时所产生的噪声，滚轮外缘一般由耐磨塑料制作，使用中不像滑动导靴那样需要润滑。

图5-30 滚动导靴外形

5.3.2　对重装置

对重装置在井道内通过曳引绳经曳引轮与轿厢连接。其作用是在电梯运行过程中，通过对重导靴在对重导轨上滑行，起平衡轿厢的作用。对重装置由对重架和对重铁块两部分组成，其外形如图 5-31 所示。

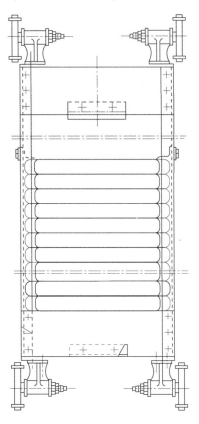

图 5-31　对重装置外形

1．对重架

对重架用槽钢和钢板焊接而成。依据使用场合不同，对重架的结构形式也不同。对于不同曳引方式，对重架可分为用于 2:1 吊索法的有轮对重架和用于 1:1 吊索法的无轮对重架两种。依据不同的对重导轨，又可分为用于 T 形导轨、采用弹簧滑动导靴的对重架，以及用于空心导轨、采用刚性滑动导靴的对重架两种。

依据电梯的额定载重量不同，对重架所用的型钢和钢板的规格要求也不同。在实际使用中，当以不同规格的型钢做对重架直梁时，必须配合对应的对重铁块。

2．对重铁块

对重铁块一般用铸铁做成。在小型货梯中，也有采用钢板夹水泥的对重块。对重块一般有 50kg、75kg、100kg、125kg 等几种，分别适用于额定载重量为 500kg、1000kg、

2000kg、3000kg 和 5000kg 等几种电梯。当对重铁块放入对重架后，需用压板固定好，防止电梯在运行过程中窜动而产生意外和噪声。

为了使对重装置能对轿厢起最佳的平衡作用，必须正确计算对重装置的总重量。对重装置的总重量与电梯轿厢本身的净重和轿厢的额定载重量有关，这在出厂时由厂家设计好，不允许随便改动。

5.4　机械保护装置

电梯的安全保护装置有机械保护和安全防护两大类。电梯的机械安全保护装置除已述及的制动器、层门、轿门、安全触板和门锁外，还有上下行超速保护装置、缓冲器、机械防护装置等。安全防护有机械设备的防护，如曳引轮、滑轮、链轮等机械运动部件防护，以及各种护栏、罩、盖等安全防护装置。

5.4.1　轿厢下行超速保护装置

为了确保乘用人员和电梯设备的安全，防止轿厢或对重装置意外坠落，在电梯中使用限速装置和安全钳作为安全保护设施。

1. 限速器

限速器是限制电梯运行速度的装置，一般安装在机房内。当轿厢下行超速时，通过电气触点使电梯停止运行；当下行超速电气触点动作仍不能使电梯停止，且速度达到一定值后，限速器机械动作，拉动安全钳夹住导轨将轿厢制停。当断绳造成轿厢（或对重）坠落时，也由限速器的机械动作拉动安全钳，使轿厢制停在导轨上。安全钳和限速器动作后，必须将轿厢（或对重）提起，并经专业人员调整后方可恢复使用。限速器和安全钳示意图如图 5-32 所示。

常见限速器外形和限速器开关外形分别如图 5-33 和图 5-34 所示。

限速器装置由限速器、钢丝绳、张紧装置三部分构成。限速器一般安装在机房内。张紧装置位于井道地坑，用压板固定在导轨上。限速器与张紧装置之间用钢丝绳连接，钢丝绳两端分别绕过限速器和张紧装置的绳轮，与固定在轿厢架梁上的安全钳绳头连接。限速器绳围绕限速器轮和张紧装置形成一个封闭的环路。

2. 限速器结构和工作原理

限速器的两端通过绳头连接架安装在轿厢架上，操纵安全钳的杠杆系统。张紧轮的重量使限速器绳保持张紧，并在限速器轮槽和限速器绳之间形成一定的摩擦力。轿厢运行时，同步地带动限速器绳运动，从而带动限速器轮转动，所以限速器能直接检测轿厢的运行速度。

限速器包括三部分：反映电梯运行速度的转动部分；当电梯达到极限速度时将限速器绳夹紧的机械自锁部分；钢丝绳下部张紧装置。按照检测超速的原理，限速器分为惯性式和离心式两种，目前绝大部分电梯采用离心式限速器。按操纵安全钳的结构又分成刚性夹绳（配用瞬时式安全钳，适用于速度不大于 0.63m/s 的电梯）和弹性可滑移夹绳（配用渐进式安全钳，适用于速度大于 0.63m/s 的电梯）两种。按结构形式分，有刚性甩锤式、弹性甩锤式和甩球式三种限速器。按电梯的速度不同，限速器的结构也有所不同。下面介绍几种典型的限速器。

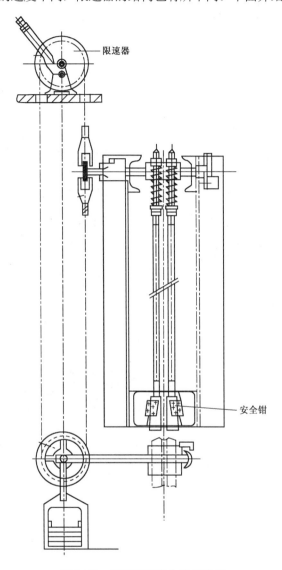

图 5-32　限速器和安全钳示意图

　　图 5-35 所示是刚性甩锤式限速器。甩锤装在限速器绳轮上。当电梯运行时，轿厢通过钢丝绳带动限速器绳轮转动，甩锤的离心力随轿厢运行速度的增大而增大。当运行速度达到额定速度的115%以上时，甩锤的突出部位与锤罩的突出部位相扣，推动绳轮、锤罩、拨叉、压绳舌往前移动一个角度后，将钢丝绳紧紧卡在绳轮槽和压绳舌之间，使钢丝绳停止移动，从而把安全钳的楔块提起来，将轿厢卡在导轨上。由于压绳舌卡住钢丝绳时对绳索的损伤较大，因此刚性甩锤式限速器一般用在速度小于 1m/s 的低速电梯上。

　　图 5-36 所示是弹性甩锤式限速器，其工作原理与刚性甩锤式限速器相似。当梯速达到

额定速度的115%时，甩锤机构通过连杆推动卡爪动作，卡爪把钢丝绳卡住，从而使安全钳动作，将轿厢卡在导轨上。它还设有超速开关，当轿厢运行速度达到超速开关动作速度时，通过杠杆系统使开关动作，即在电梯运行速度达到额定速度的115%时，切断电梯的控制电路。它的绳钳在压紧绳索前与钢丝绳有一段同步运行过程，使钢丝绳在被完全压紧前有一段滑移而得到缓冲，所以对保护钢丝绳有利。甩球式限速器和弹性甩锤式限速器广泛应用在快速电梯上。

图 5-33　常见限速器外形

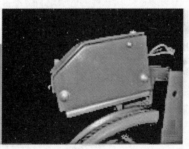

图 5-34　限速器开关外形

图 5-35　刚性甩锤式限速器　　　　图 5-36　弹性甩锤式限速器

3．双向限速器原理

双向限速器是适应增加上行超速保护装置的要求而产生的全新电梯部件，可防止电梯超速坠落、蹲底，也可防止电梯超速冲顶，属于把原有下行制动安全钳系统与增加上行超速保护装置合二为一的新技术产品。双向限速器外形如图5-37所示。

双向限速器在加速转动中，双面双甩块操纵杠杆击打电气开关和弹性压绳重锤，在电梯轿厢运行时带动限速器运转，使限速器的槽轮双面的双甩块在相同的转速下产生离心力，在电梯下行

图5-37　双向限速器外形

或上行时达到或超过一定的速度后，两对甩块分别由不同拉力的弹簧和传动杆对甩块进行控制，使限速器的电气开关和制动的压绳重锤先后张开动作，而弹簧成为限速器动作的最重要的控制部件。因此，即使产生一般的故障也不可随意调节弹簧。

4．限速器的故障

限速器的故障主要有以下几方面。

（1）在初期安装时，由于有歪斜等故障，使精密制造的限速器长期侧重磨损，从而使主轴和主轴的轴承受到损伤。

（2）工作环境恶劣，使得限速器的连杆、定销轴、甩块轴承只能在槽轮的动作速度固定的小角度范围内运动。在其运动范围之外，当电梯达到或超过动作速度时，锈渍与污垢会影响限速器电气开关和压绳重锤的正常动作。

（3）随意对限速器的传动、转动部件加注油脂也是对限速器的一种伤害。

（4）限速器是电梯速度的监控部件，应定期进行动作速度校验，对可调部件调整后应加封记，确保其动作速度在安全规范规定的范围内。

5．限速器在选用时的注意事项

（1）限速器动作速度。

（2）限速器绳的预张紧力。

（3）限速器绳在绳轮中的附着力或限速器在动作时的张紧力。

（4）限速器动作的响应时间应尽量短。

6．安全钳

安全钳装置是在限速器的操纵下，使电梯轿厢紧急制停夹持在导轨上的一种安全装置。它和限速器配套使用，对轿厢超速提供了最后的综合保护作用。

依据国内外电梯安全标准化的规定，任何曳引电梯都必须设有安全钳装置，并且此安全钳装置必须由限速器来操纵，禁止使用电气、液压或气压装置来操作安全钳。当电梯地坑的下方具有供人通行的过道或空间时，则对重也应设有安全钳装置。一般情况下，对重安全钳也应由限速器来操纵，但是在电梯速度小于 1m/s 时，它可以借助于悬挂机构或借助一根安全绳来动作。

安全钳装置装设在轿厢架或对重架上，它由两部分组成，即制停机构和操纵机构。制

停机构称作安全钳，它的作用是使轿厢或对重制停，夹持在导轨上。操纵机构是一组连杆系统，限速器通过此连杆系统操纵安全钳起作用。

安全钳需要两组，对应地安装在两根导轨上。多数情况下，安全钳安装在轿厢架下梁的下面，也可以安装在轿厢架的上梁上。限速器绳两端的绳头与安全钳杠杆系统的驱动连杆相连接。电梯在正常运行时，轿厢的运动通过驱动连杆带动限速器绳和限速器运动，此时安全钳处于非动作状态，其制停部件与导轨之间保持一定的间隙。当轿厢超速达到限定值时，限速器动作使夹绳钳夹住限速器绳。于是，随着轿厢继续向下运动，限速器绳提起驱动连杆使杠杆系统联动，两侧的提升拉杆被同时提起，带动安全钳制动部件与导轨接触，两安全钳同时夹紧在导轨上，使轿厢停止运行。

另外，在安全钳卡住轿厢前会碰撞位于限速器和轿梁上面的电气开关，切断电梯的交、直流控制电源，使曳引电动机和制动电磁线失电，制动器制动，曳引机立刻停止运转。

安全钳依据动作方式可分为瞬时动作式安全钳和滑移动作式安全钳两种，其结构简图分别如图 5-38 和图5-39 所示。当与刚性甩锤式限速器配套时，安全钳采用瞬时动作式；当与弹性甩锤式或甩球式限速器配套时，则采用滑移动作式。常见安全钳外形如图 5-40 所示。

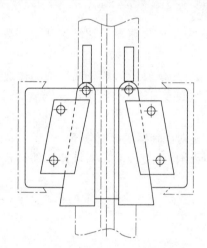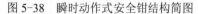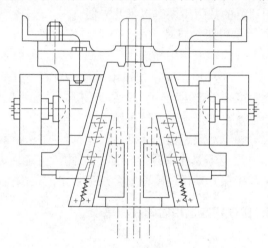

图 5-38 瞬时动作式安全钳结构简图　　　　图 5-39 滑移动作式安全钳结构简图

图 5-40 常见安全钳外形

1）瞬时动作式安全钳

瞬时动作式安全钳也称为刚性急停型安全钳，它的承载结构是刚性的。当轿厢或对重运行超速时，安全钳应能接受限速器的操纵，通过钢丝绳及安全钳传动机构，使位于安全嘴内的斜面楔块锁紧在安全嘴、盖板和导轨之间，产生很大的制停力，使轿厢或对重立即停止在导轨上。这种安全钳结构简单，但它的制停速度快，制停距离很短（一般在 30mm 以内），因此产生的冲击震动较大，只适用于速度较低的电梯中；否则，制停时减速度过大，将危及人体及物品的安全。

常见的瞬时动作式安全钳结构有楔型、滚子型和偏心型，它们又各分成单面作用和双面作用两种，其主要区别在于夹紧零件的方式。所有瞬时动作式安全钳，无论是楔型、滚子型还是偏心型，均利用自锁夹紧原理，即一旦夹紧零件（楔块、滚子或偏心）与导轨发生接触，就不需要任何外力而依靠自锁夹紧作用夹住导轨。由于夹紧零件是刚性支承的，因此夹紧力立即增大到使轿厢停住为止，而夹紧力的大小则决定于轿厢的速度和重量。

只要自锁夹紧设计合理，瞬时动作式安全钳动作可靠，则每次动作后只要慢慢地提起轿厢，安全钳装置即可松开并复位。但是，这种安全钳的夹紧力很大，在夹紧零件和导轨面之间产生很大的接触应力。所以，每次安全钳制停之后，要修平夹紧处的导轨表面。为了保证可靠的自锁夹紧，楔块压紧表面与导轨工作面之间必须有足够的摩擦系数。为此，楔块的压紧表面需做成齿形花纹，并且表面热处理硬度为 HRC40～45。

2）滑移动作式安全钳

滑移动作式安全钳与瞬时动作式安全钳的主要区别在安全嘴部分。滑移动作式安全钳的安全嘴上安装的是滚筒，滚筒内设有滚轴。当限速器卡住钢丝绳，停止运动的楔块与继续下落的滚筒内滚轴之间产生滚动摩擦。由于结构上的原因，轿厢要向下运行一定距离后才会将楔块卡死在导轨上，从而实现轿厢的制停。由于在制停过程中存在一定的滑移减速过程，从而避免了轿厢的剧烈冲击，导轨也受到一定的保护，因此一般用在快速、高速电梯上。

5.4.2 轿厢上行超速保护装置

轿厢上行超速保护装置是防止轿厢冲顶的安全保护装置，是对电梯安全保护系统的进一步完善。因为轿厢上行冲顶的危险是存在的，当对重侧的重量大于轿厢侧时，一旦制动器失效或曳引机齿轮、轴、键、销等发生折断，造成曳引轮与制动器脱开，或者由于曳引轮绳槽磨损严重，造成曳引绳在曳引轮上打滑，都可能造成轿厢冲顶事故的发生。因此，曳引驱动电梯应装设上行超速保护装置，此装置包括速度监控和减速部件，应能检测上行轿厢的失控速度。当轿厢速度大于等于电梯额定速度 115%时，应能使其速度下降至对重缓冲器的设计范围，或者使轿厢制停。同时，此装置应该作用于轿厢、对重、钢丝绳系统（悬托绳或补偿绳）或曳引轮上，并使电气安全装置动作，使控制电路失电，电动机停止运转，制动器动作。

目前，电梯常用双向限速器和双向安全钳作为限速控制装置。双向安全钳如图 5-41 所示。

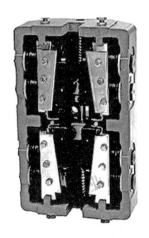

图 5-41 双向安全钳

1. 采用双向安全钳使轿厢制停或减速的方式

双向安全钳是上、下行超速保护装置公用一套弹性部件和钳体，并且上行制动力和下行制动力可以单独设定的安全钳。由于上行安全钳没有制动后轿厢地板倾斜不大于 5% 的要求，它可以成对配置，也可以单独配置。目前这种方式也是一种较为成熟的方式，在有齿轮曳引电梯中应用广泛。

2. 采用对重限速器和安全钳方式

作为上行超速保护装置的限速器和安全钳系统与对重下方有人能达到的空间应加的限速器和安全钳系统不同，上行超速保护装置的安全钳和限速器不要求将对重制停并保持静止状态，只要将对重减速到对重缓冲器能承受的设计范围内即可。因此，上行超速保护装置的限速器和安全钳系统的制动力比对重下方有人可到达空间的限速器安全钳制动力要求低。其安全钳可以成对配置，也可以单独配置。这就要求上行超速保护装置的限速器和安全钳系统必须有一个电气安全装置在其动作时也同时动作，使制动器失电抱闸，电动机停转。

3. 采用钢丝绳制动器方式

这种制动器一般安装在曳引轮和导向轮之间，通过夹绳器夹持悬挂着的曳引钢丝绳使轿厢减速。若电梯有补偿绳，夹绳器也可以作用在补偿绳上。夹绳器可以机械触发，也可以电气触发。触发的信号均可用限速器向机械动作或电气开关动作来实现。夹绳器如图 5-42所示。

图 5-42　夹绳器

4. 采用制动器方式

制动器方式适用于无齿轮曳引机驱动的电梯，要求制动器必须是安全型制动器。它将无齿轮曳引机制动器作为减速装置，一般由限速器的上行安全开关动作时实现触发单片机对应接口，从而使单片机发出制动指令。这种方式是无齿轮曳引机最为理想的上行超速保护方式，也是近几年无齿轮曳引机应用最广泛的一种方式。

这种轿厢上行超速保护装置一般由速度监控装置和减速装置两部分组成。安全制动器作为上行超速保护装置，必须直接作用于曳引轮或作用于最靠近曳引轮的曳引轮轴上。在无机房电梯永磁同步电动机上，通常就是利用直接作用在曳引轮上的制动器作为上行超速保护装置的。这种制动器机械结构设计冗余，符合安全制动器的要求，不必考虑其失效问题。同时，由于它直接作用在曳引轮上，曳引机主轴、轴承等机械部件的损坏不会影响其有效抱闸制停。当然，它不能保护由曳引条件被破坏、曳引轮和钢丝绳之间打滑等其他原因而引起的上行超速。

5.4.3　缓冲器

缓冲器的位置设在井道地坑的地面上。它是当轿厢或对重装置超越极限位置发生蹲底时，用来吸收或消耗轿厢或对重装置动能的制动装置。

在轿厢和对重装置下方的井道地坑地面上均设有缓冲器，分别称轿厢缓冲器和对重缓冲器。国家标准规定，同一台电梯的轿厢和对重缓冲器的结构规格必须是相同的。

轿厢缓冲器在保护轿厢蹲底的同时，也防止了对重的冲顶。同样，对重缓冲器在保护对重蹲底的同时，也防止了轿厢的冲顶。为此，轿厢的井道顶部间隙必须大于对重缓冲器的总压缩行程。同样，对重的井道顶部间隙也必须大于轿厢缓冲器的总压缩行程。国家标准对轿厢和对重的井道顶部间隙有相应的规定。缓冲器所保护的电梯速度是有限的，即不大于电梯限速器的动作速度。当超过此速度时，应由限速器操纵安全钳使轿厢制停。

缓冲器的原理是使运动物体的动能转化为一种无害的或安全的能量形式。在刚性碰撞的情况下，碰撞减速度和碰撞力趋于无限大。当轿厢或对重装置超越极限位置发生蹲底时，缓冲器将使运动着的轿厢或对重在一定的缓冲行程或时间内减速停止，吸收轿厢或对重装置的动能，从而实现缓冲吸振，控制碰撞减速度和碰撞力，以使其在安全范围之内，减少对电梯及乘客和物品的损害。

电梯中常见的缓冲器有弹簧缓冲器、油压缓冲器两种，如图 5-43 所示。

1．弹簧缓冲器

弹簧缓冲器如图 5-43（a）所示，它在受到轿厢或对重装置的冲击时，依靠弹簧的变形来吸收轿厢或对重装置的动能，使电梯下落时得到缓冲力。弹簧缓冲器在受力时会产生反作用力，反作用力使轿厢反弹并渐次进行直至这个力消失为止。弹簧缓冲器是一种储能式缓冲器，缓冲效果不很稳定。

当弹簧压缩到极限位置后，弹簧要释放缓冲过程中的弹性变形能，轿厢反弹上升产生撞击。撞击速度越高，反弹速度越大。因此，弹簧式缓冲器只适用于额定速度不大于 1m/s 的电梯。

弹簧缓冲器一般由缓冲橡胶、缓冲座、弹簧、弹簧座等组成。弹簧缓冲器设置在地坑中，轿厢下并排设置两个，对重下常设置一个。为了适应大吨位轿厢，压缩弹簧由组合弹簧叠合而成。对于行程高度较大的弹簧缓冲器，为了增强弹簧的稳定性，在弹簧下部设有导套或在弹簧中设导向杆，也可在满足行程的前提下加高弹簧座高度，缩短无效行程。

2．油压缓冲器

油压缓冲器是用油作为介质来吸收轿厢或对重装置动能的一种缓冲器，如图 5-43（b）

所示。这种缓冲器结构相对复杂，在它的液压缸内一般装有液压油。在柱塞受到压力时，由于液压缸内的油压增大，使油通过油孔立柱、油孔座和油嘴向柱塞流动，通过油嘴向柱塞喷流过程中的阻力来缓冲柱塞上的压力，起到缓冲作用，它是一种耗能式缓冲器。由于油压缓冲器的缓冲过程是缓慢、连续而且均匀的，因此效果比较好，被广泛应用。中高速电梯一般采用油压缓冲器。

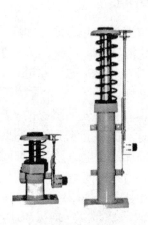

（a）弹簧缓冲器

（b）油压缓冲器

图 5-43　电梯中常见的缓冲器

油压缓冲器在制停期间的作用力近似为常数，从而使柱塞近似做匀减速运动。

油压缓冲器是利用液体流动的阻尼来缓解轿厢或对重的冲击的，具有良好的缓冲性能。在使用条件相同的情况下，油压缓冲器所需的行程比弹簧缓冲器减少一半。

5.4.4　防止人员被剪切和坠落的保护

在电梯事故中，人员被运动的轿厢剪切或坠入井道的事故所占的比例较大，而且这些事故后果都十分严重，所以防止人员被剪切和坠落的保护十分重要。

防止人员坠落和被剪切的保护主要由门、门锁和门的电气安全触点联合承担。

5.4.5　报警和救援装置

当电梯发生人员被困在轿厢内时，通过报警或通信装置应能将情况及时通知管理人员并通过救援装置将人员安全救出轿厢。

（1）报警装置。电梯必须安装应急照明和报警装置，并由应急电源供电。

（2）救援装置。电梯困人的救援以往主要采用自救的方法，即轿厢内的操纵人员从上部安全窗爬上轿顶将层门打开。随着电梯的发展，无人员操纵的电梯广泛使用，再采用自救的方法不但十分危险，而且几乎不可能。因此，现在电梯从设计上就确定了救援必须从外部进行。救援装置包括曳引机的紧急手动操作装置和层门的人工开锁装置。

5.4.6　停止开关和检修运行装置

（1）停止开关一般称急停开关，按要求在轿顶、地坑和滑轮间必须装设停止开关。

（2）检修运行装置是为便于检修和维护而设置的。

5.4.7　井道消防功能

发生火灾时，井道往往是烟气和火焰蔓延的通道，而且一般层门在 70℃ 以上时也不能正常工作。为了乘客的安全，在火灾发生时必须使所有电梯停止应答召唤信号，直接返回撤离层站，即具有火灾自动返基站功能。

消防用电梯或有消防员操作功能的电梯（一般称消防电梯），除具备火灾自动返基站功能外，还要供消防员灭火和抢救人员时使用。

消防电梯的布置应能在火灾时避免暴露于高温的火焰下，还能避免消防水流入井道。一般电梯层站宜与楼梯平台相邻并包含楼梯平台，层站外有防火门将层站隔离，层站内还有防火门将楼梯平台隔离。这样，在电梯不能使用时，消防员还可利用楼梯通道返回。

5.4.8　防机械伤害的保护

电梯很多运动部分在人接近时可能会发生撞击、挤压、绞碾等危险，在工作场地由于地面的高低差也可能会产生摔跌等危险，因此必须采取保护措施。

对于人在操作、维护中可以接近的旋转部件，尤其是传动轴上突出的锁销和螺钉，钢带、链条、皮带，齿轮、链轮，电动机的外伸轴，甩球式限速器等，必须有安全网罩或栅栏，以防无意中触及。曳引轮、盘车手轮、飞轮等光滑圆形部件可不加防护，但应部分或全部涂成黄色以示提醒。

对于轿顶和对重的反绳轮，必须安装防护罩。防护罩要能防止人员的肢体或衣服被绞入，还要能防止异物落入和钢丝绳脱出。

在地坑中对重运行的区域和装有多台电梯的井道中，不同电梯的运动部件之间均应设置隔障。

机房地面高度差大于 0.5m 时，在高处应设栏杆并安设梯子。

在轿顶边缘与井道壁的水平距离超过 0.32m 时，应在轿顶设护栏，护栏的安设应不影响人员安全、方便地通过入口进入轿顶。

5.4.9　电气安全保护

对电梯的电气装置和线路必须采取安全保护措施，以防止发生人员触电和设备损毁事故。按电梯电气安全保护标准的要求，电梯应采取以下电气安全保护措施。

（1）直接触电保护。绝缘是防止发生直接触电和电气短路的基本措施。

（2）间接触电防护。间接触电是指人在接触那些正常时不带电、故障时却带电的电气设备外露可导电部分（如金属外壳、金属线管、线槽等）而发生的触电。在电源中性点直接接地的供电系统中，防止间接触电最常用的防护措施是将故障时可能带电的电气设备外露可导电部分与供电变压器的中性点进行电气连接。

（3）电气故障防护。按规定交流电梯应有电源相序保护，直接与电源相连的电动机和照明电路应有短路保护，与电源直接相连的电动机还应有过载保护。

（4）电气安全装置。电气安全装置包括直接切断驱动主机电源接触器或中间继电器的安全触点；不直接切断上述接触器或中间继电器的安全触点和不满足安全触电要求的触点。当电梯电气设备出现故障，无电压或低电压，导线中断，绝缘损坏，元器件短路或断路，继电器和接触器不释放或不吸合，触头不断开或不闭合，断相错相时，电气安全装置应能防止出现电梯危险状态。

第6章 电梯电气控制系统

6.1 电梯电气控制系统构成

在电梯系统中分散布置着许多电气部件，分散布置的主要目的是为了方便操作、制造和安装。下面分别讲述电梯电气控制系统中组装的主要电气部件。

6.1.1 操纵箱控制器

操纵箱一般位于轿厢内，是供乘客控制电梯上下运行的操作控制中心。

操纵箱的电气部件与电梯的控制方式、停站层数有关。轿内按钮开关控制电梯的操纵箱如图 6-1 所示。

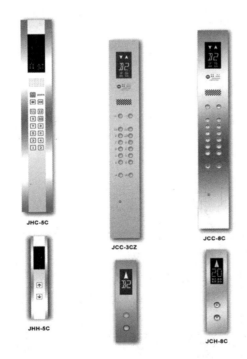

JHC-5C

JCC-3CZ

JCC-8C

JHH-5C

JCH-8C

图 6-1　轿内按钮开关控制电梯的操纵箱

操纵箱上装配的电气部件一般包括发送轿内指令任务、命令电梯启动和停靠层站的部件，如轿内控制电梯的手柄开关，轿内按钮开关，控制电梯工作状态的手指开关或钥匙开关，急停按钮开关，点动开、关门按钮开关，轿内照明灯开关，电风扇开关，蜂鸣器开关等。近年来，普遍采用的情况是把指层灯箱合并到轿内操纵箱和厅外召唤箱中去，而且采用数码管显示，既节能又耐用；指层灯箱内装置的电气部件，包括电梯上下运行方向灯和电梯所在层楼指示灯。

6.1.2　召唤按钮箱控制器

召唤按钮箱是设置在电梯停靠站层门外侧，给厅外乘用人员提供召唤电梯的装置。

目前生产的将召唤按钮和电梯位置及运行方向合为一体的召唤按钮箱被广泛应用，如图6-2所示。

图6-2　召唤按钮箱

6.1.3　轿顶检修箱控制器

轿顶检修箱位于轿厢顶部，便于检修人员安全、可靠、方便地检修电梯。检修箱装设的电气部件一般包括控制电梯慢上慢下的按钮，点动开、关门按钮，急停按钮，以及轿顶正常运行和检修运行的转换开关等，如图6-3所示。

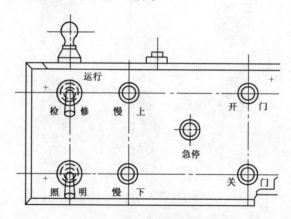

图6-3　轿顶检修箱示意图

6.1.4　换速平层装置

换速平层装置也称为井道信息装置。换速平层装置是一般低速或快速电梯实现到达预定停靠站时，提前一定距离把快速运行切换为平层前慢速运行，平层时自动停靠的控制装置。常用的换速平层装置有以下三种。

1. 干簧管换速平层装置

干簧管换速平层装置在 20 世纪七八十年代被广泛应用，因其与计算机技术兼容性差，已经被淘汰。

2. 双稳态开关换速平层装置

当以双稳态开关作为电梯的换速平层装置时，该装置就由轿顶上的双稳态开关和位于井道的圆柱形或方形磁铁组成。双稳态开关的外形如图 6-4 所示，其换速平层工作示意图如图 6-5 所示。

当电梯向上运行，而双稳态开关接近或路过圆柱或方形磁铁时，S 极动作接通，N 极复位断开；反之，当电梯向下运行时，S 极断开，N 极接通。以此输出电信号实现电梯到站，提前换速，平层停靠。

图 6-4　双稳态开关外形

图 6-5　双稳态开关换速平层工作示意图

3. 光电开关换速平层装置

随着电子控制、制造技术的发展，国内开始采用固定在轿顶上的光电开关和固定在井道轿厢导轨上的遮光板构成光电开关装置。此装置利用遮光板在路过光电开关的预定通道时隔断光电发射管与光电接收管之间的联系，由接收管实现对电梯的换速、平层停靠、开门控制功能。这种装置具有结构简单、反应速度快、安全可靠等优点。其外形如图 6-6 所示。

6.1.5　旋转编码器

随着计算机技术的发展，国内外许多公司开发出了利用曳引机上的旋转编码器发出信号，通过计算机精确计算，利用时间控制理论检测电梯的运行速度和运行方向，再通过变频器将实际速度与变频器内部的给定速度相比较，从而调节变频器的输出频率及电压，使电梯的实际速度跟随变频器内部的给定速度，达到调节电梯速度、选层和确定电梯运行方向的目的。旋转编码器外形和结构如图 6-7 所示。

图 6-6　光电换速开关外形

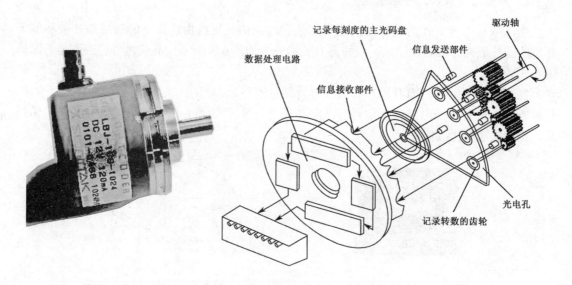

图 6-7　旋转编码器外形和结构

　　所谓数字选层器，实际上就是利用旋转编码器得到的脉冲数来计算楼层的装置。这在目前多数变频电梯中较为常见。其原理是：装在电动机尾端（或限速器轴上）的旋转编码器，跟着电动机同步旋转，电动机每转一圈，旋转编码器能发出一定数量的脉冲数（一般为600 或 1024 个）。

　　在电梯安装完成后，一般要进行一次楼层高度的写入工作，这个步骤就是预先把每个楼层的高度脉冲数和减速距离脉冲数存入计算机内。在以后的运行中，旋转编码器的运行脉冲数再与存入的数据进行对比，从而计算出电梯所在的位置。一般地，旋转编码器也能得到一个速度信号，这个信号要反馈给变频器，从而调节变频器的输出数据。

　　1．旋转编码器的原理

　　旋转编码器是集光、机、电技术于一体的速度位移传感器。当旋转编码器轴带动光栅盘旋转时，经发光部件发出的光被光栅盘狭缝切割成断续光线，并被接收部件接收而产生初始信号。此信号经后继电路处理后，输出脉冲或代码信号。

2. 旋转编码器的分类

1）增量式编码器

增量式编码器轴旋转时，有相应的相位输出。其旋转方向的判别和脉冲数量的增减，需借助后部的判向电路和计数器来实现。

计数起点可任意设定，并可实现多圈的无限累加和测量，还可以把每转发出一个脉冲的 Z 信号，作为参考机械零位。当脉冲已固定，而需要提高分辨率时，可利用带 90° 相位差的 A、B 两路信号，对原脉冲数进行倍频。

2）绝对值编码器

绝对值编码器轴旋转时，有与位置一一对应的代码（二进制、BCD 码等）输出，从代码大小的变更即可判别正反方向和位移所处的位置，而无须判向电路。它有一个绝对零位代码，当停电或关机后再开机重新测量时，仍可准确地读出停电或关机位置的代码，并准确地找到零位代码。一般情况下绝对值编码器的测量范围为 0°～360°，但特殊型号也可实现多圈测量。

3）正弦波编码器

正弦波编码器也属于增量式编码器，主要的区别在于输出信号是正弦波模拟量信号，而不是数字量信号。它的出现主要是为了满足电气领域的需要，用它来作为电动机的反馈检测部件。相对其他系统而言，人们需要提高动态特性时可以采用这种编码器。这种编码器对低速响应良好，特别适合于医用电梯和超高速电梯。

3. 旋转编码器的特点

旋转编码器具有体积小、重量轻、品种多、功能全、频响高、分辨能力高、力矩小、耗能低、性能稳定、使用寿命长等特点。

6.1.6 限位开关装置

为了确保司机、乘用人员和电梯设备的安全，在电梯的上端站和下端站处，设置了限制电梯运行区域的装置，称为限位开关装置。

如图 6-8 所示，限位开关装置的行程开关安装在上下滚轮组之间，当行程开关随轿厢上下运行撞到碰铁时，开关的常闭触点断开，常闭触点控制的电源接触器线圈失电，接触器控制的电梯主供电电路或控制电路失电，电磁抱闸抱死，电梯停转。

6.1.7 电梯控制柜

电梯控制柜是电梯电气控制系统完成各种主要任务，实现各种性能的控制中心。电梯控制柜由柜体和各种控制电气部件组成，其内部电气部件如图 6-9 所示，其控制系统图如图 6-10 所示。

电梯控制柜中装配的电气部件，其数量和规格主要与电梯的停层站数、额定载荷、速度、拖动方式和控制方式等参数有关，不同参数的电梯，采用的控制柜不同。现代新式电梯几乎全部采用微型计算机或单片机控制，也全部是组合式电路板，不允许随便拆卸和维修。

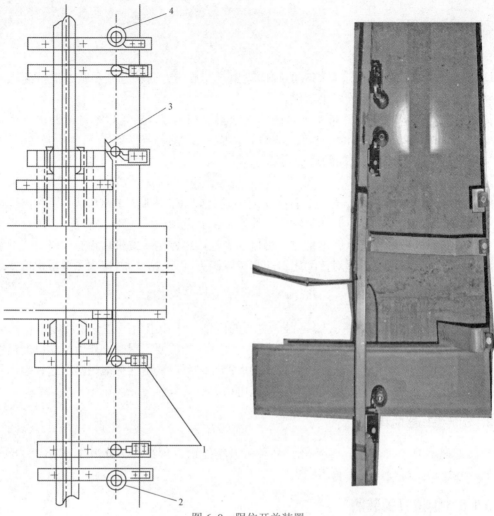

图 6-8　限位开关装置

1—行程开关；2—下滚轮组；3—碰铁；4—上滚轮组

（a）主电路控制板

（b）主控电路中的保险部分

（c）主控电路中的接触器部分

图 6-9　电梯控制柜内部电气部件

（d）电感元件 　　　　　　　　（e）电子元件接线端子

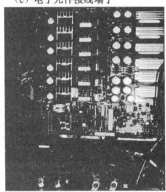

（f）电子电路控制板部分

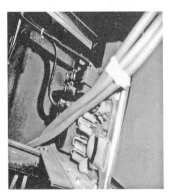

（g）开关电源部分

（h）数据线及信号线部分

图6-9　电梯控制柜内部电气部件（续）

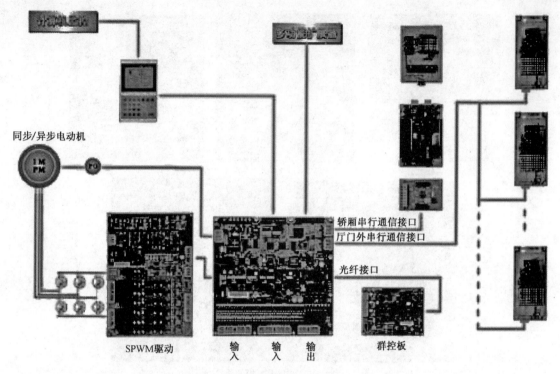

图 6-10　电梯控制柜控制系统图

6.2　电梯门机电气控制系统

电梯门机是用来控制驱动电梯层门和轿门的开闭动作的机电一体化伺服系统。

门机系统由电动机驱动机构和电气控制系统组成。广泛使用的自动门机采用电动机为动力源，通过减速机构和开门机构带动轿门做开闭运动。减速机构由两级三角带传动减速，第二级减速的带轮就是曲柄轮，它通过连杆和摇杆带动轿厢左右两扇门运动，曲柄轮顺、逆时针旋转 180°，能使左右两扇门同时开启或闭合。电梯门分轿门与层门两部分。轿门上有门机电动机、到位开关、门锁开关、安全光电传感器等；层门上有门锁开关信号，在轿门带动下开启和关闭。

先进的门机系统使用变频门机与旋转编码器等组成运动控制系统。变频器控制交流异步电动机驱动门机。控制器采用具有通信功能的 PLC 控制技术，为电梯智能控制技术的升级提供了广阔的空间。

6.2.1　直流门机系统的工作原理与常见故障

1. 直流门机系统的工作原理

直流门机系统的工作原理图如图 6-11 所示。

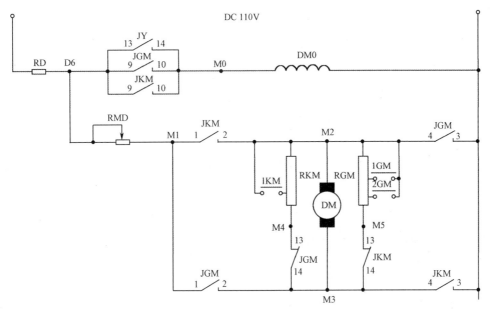

图 6-11　直流门机系统的工作原理图

1）开门

当 JKM 吸合时，电流一方面通过电动机 DM，另一方面通过开门电阻 RKM，从 M2→M3，使门机向开门方向旋转。因为此时 RKM 电阻值较大，通过 RKM 的分流较小，所以开门速度较快。当电梯门打开到 3/4 行程时，使开门减速限位开关 1KM 接通，短接了 RKM 的大部分电阻，使通过 RKM 的分流增大，从而使电动机转速降低，实现了开门的减速功能。当开门结束时，切断开门中断限位开关，使开门继电器释放，电梯停止开门。

2）关门

当 JGM 吸合时，电流一方面通过电动机 DM，另一方面通过关门电阻 RGM，从 M3→M2，使门机向关门方向旋转。因为此时 RGM 电阻值较大，通过 RGM 的分流较小，所以关门速度较快。当电梯门关闭到一半行程时，使关门一级减速限位开关 1GM 接通，短接了 RGM 的一部分电阻，使从 RGM 的分流增大一些，门机实现一级减速。电梯门继续关闭到 3/4 行程时，接通二级减速限位开关 2GM，短接 RGM 的大部分电阻，使从 RGM 的分流进一步增加，而电梯门机转速进一步降低，实现了关门的二级减速。当关门结束时，切断关门终端限位开关，使关门继电器释放，电梯停止关门。

通过调节开、关门电路中的总分压电阻 RMD，可以控制开、关门的总速度。

因为当 JY 吸合时，门机励磁绕组 DM0 一直有电，所以当 JKM 或 JGM 释放时，能使电动机立即进入能耗制动，门机立即停转。而且在电梯门关闭时，能提供一个制动力，保证在轿厢内不能轻易扒开电梯门。

2. 直流门机系统中常见的故障

1）电梯开门无减速，有撞击声

故障分析：门开启时打开不到开门减速限位开关。开门减速限位开关已坏，不能接通；开门减速电阻已烧断或中间的抱箍与电阻丝接触不良。

2）电梯关门无减速，关门速度快，有撞击声

故障分析：门关闭时打开不到关门减速限位开关。关门减速限位开关已坏，不能接通；关门减速电阻已烧断或中间的抱箍与电阻丝接触不良。

3）开门或关门时速度太慢

故障分析：开门或关门减速限位开关已坏，处在常接通状态。

4）门不能关只能开（JKM 与 JGM 动作正常）

故障分析：可能是关门终端限位开关已坏，始终处于断开状态。

5）门不能开只能关（JKM 与 JGM 动作正常）

故障分析：可能是开门终端限位开关已坏，始终处于断开状态。

6.2.2 常见的变频门机工作原理

常见的交流单速电动机变频变压调速驱动开、关门电路原理图如图 6-12 所示。

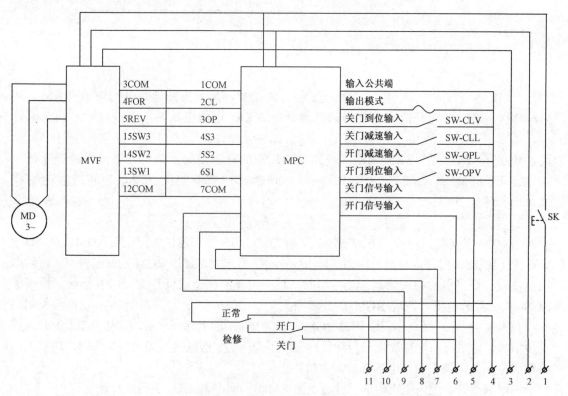

图 6-12 交流单速电动机变频变压调速驱动开、关门电路原理图

1. 交流单速变频变压门机特点

采用交流单速电动机作为动力源，通过交流变频变压调速装置和专用工业控制微型计算机所构成的驱动控制系统，在电梯实现自动开、关门过程中，对交流电动机的启动、运行、停止过程进行驱动速度调节和过程管理控制，实现电梯按预定要求开门和关门，使电梯

的自动开、关门机械结构更简单，而且具有开、关门速度易于调节、过程噪声低、节能效果好、可靠性高等优点。

2．工作原理

在图 6-12 中，MVF 为门机变频变压调速驱动装置，即俗称的变频器；MPC 为门开关过程管理控制专用微型计算机或单片机；MD 为三相 380V 交流单速门机。在工作过程中，MPC 将所采集到的开、关门信号，开、关门减速信号，开、关门到位信号等适时传送给门机变频变压调速驱动装置，控制开、关门电动机 MD 适时启动、加速、减速、到位停靠，实现电梯的开门和关门。微型计算机还能在门机的工作过程中依据门的阻力自动调整力矩的输出，使门的工作可靠性进一步提高。1、2 为交流 220V 电源输入端；3 为接地端；4 为输入信号公共端，在这里一般接+12V 电源；5、6 分别为按钮操纵箱送来的关门和开门信号端；7 为关门、开门到位信号公共端；8、9 分别为开门到位信号输出端和关门到位信号输出端，其信号送到主机的相应端口，8、9 端信号是电梯启动运行的必要条件；10、11 端信号是由安全触板或光幕门信号输入的安全保护信号。4FOR 和 5REV 为变频器正方向输入端，使开、关门电动机 MD 正、反向旋转；SW1、SW2、SW3 是多速段速度组合端。

目前广泛采用的电梯自动门机是变频门机配以齿形同步带传动的机构。这种机构克服了传统曲柄连杆机构结构复杂、传动节点多、调节困难等缺点，是当前最为先进的门机传动机构，也是今后电梯门机系统的发展方向。

6.2.3 几种典型变频门机工作原理

1．台达变频门机系统

1）台达门机控制驱动系统

台达门机专用变频器是依据电梯门机特点制造的，主要应用于电梯自动门及各种自动门的控制场合。台达门机专用系统一体化集成控制器的变频器 VFD004M21W-D 如图 6-13 所示。

2）电路原理

VFD004M21W-D 门机控制系统电气原理示意图如图 6-14 所示。开、关门机械挡块上安装一块永磁铁，由于永磁铁的作用，挡块在左右两个极限位置内移动。当挡块在不同的位置时，利用 4 个双稳态开关状态，相应输出 4 组不同的信号，此 4 组信号输入给

图 6-13 VFD004M21W-D

变频器，变频器由此判断门的当前位置，再给出对应的速度矢量驱动曲线，控制门机执行开门到位、开门减速、开门加速、关门加速、关门减速、关门到位等动作。

在图 6-14 中，FWD（关门启动）可以做到脉冲信号控制，REV（开门启动）也可以做到脉冲信号控制。开门到位输出信号和关门到位输出信号分别输出到 PLC 相应端口上，作为电梯启动或运行的必要条件。

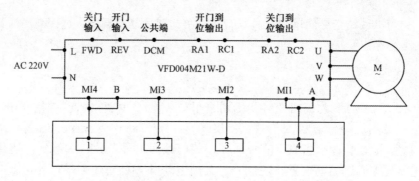

图 6-14　VFD004M21W-D 门机控制系统电气原理示意图

3）变频器参数设置

变频器在使用之前必须进行参数设定，VFD004M21W-D 变频器参数设置内容如下：

（1）00-0.---5：控制模式四，专为双稳态开关控制模式。

（2）00-1.---1：运转信号由外部端子输入。

（3）0.0.---1.7：电动机额定电流（A）。

（4）0.0.---0.68：电动机空载电流（A）。

（5）0.0.---6：电动机级数。

（6）时间设定：包括开门加速时间、开门减速时间、开门保持力矩（依据电动机而调整）、开门到位至保持转矩准位设定（依据电动机而调整）、开门力矩保持时间、关门加速时间、关门减速时间、关门保持力矩（依据电动机而调整）、关门到位至保持转矩准位设定（依据电动机而调整）、关门力矩保持时间。

（7）多段速设定：包括 MI1、MI2、MI3、MI4、B（MI5）、关门到位、开门到位。

2．申菱门机系统

1）系统构成

申菱门机变频调速系统的硬件部分采用日本松下公司的 VF-7F0.4kW 的变频器和 FP.C14 型可编程控制器，门机运行变速位置由双稳态开关控制。

此变频器内部接线如图 6-15 所示。

PLC 各输入/输出信号说明如下：

X0——力矩保持信号；Y0——开门信号输出；X1——光幕、触板信号；Y1——关门信号输出；X2——开门信号；Y2——开、关门变速信号；X3——关门信号；Y3——开、关门变速信号；X4——关门到位信号；Y4——关门到位输出；X5——开门到位信号；Y5——开门到位输出；X6——关门限位信号；X7——开门限位信号。运行频率及加减速由 Y0、Y2、Y3 信号控制。

2）开关端子功能简述

（1）切换开关：当切换开关置于调试状态时，系统对外部信号不响应，按下手动开、关门按钮时，门机按要求开门或关门；当切换开关置于系统状态时，系统由外部信号控制，手动开、关门按钮不起作用。

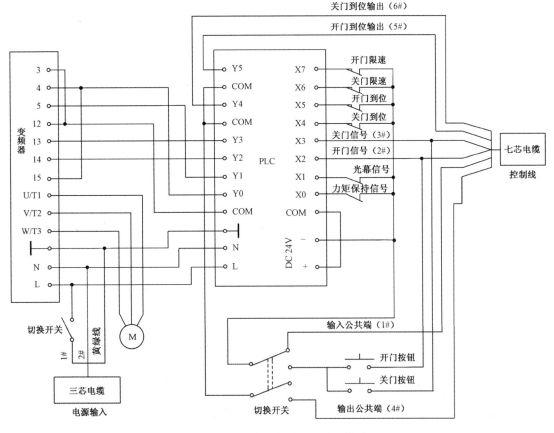

图 6-15　申菱门机变频器内部接线

（2）手动关门按钮：当切换开关置于调试状态时，按下此按钮，门机做关门运动，无论门机在何位置，停止按此按钮，门机立即停止关门运动；当切换开关置于系统状态时，此按钮不起作用。

（3）手动开门按钮：当切换开关置于调试状态时，按下此按钮，门机做开门运动，无论门机在何位置，停止按此按钮，门机立即停止开门运动；当切换开关置于系统状态时，此按钮不起作用。

（4）控制输入：控制输入部分包括门位置信号输入和外部控制信号输入。XK1～XK4均为门位置控制信号，开门、关门时 XK1～XK4 的具体时序图分别如图 6-16 和图 6-17所示。磁性开关位置如图 6-18 所示。

注意：开门起始区没有依据磁性开关的位置设定，而依据时间设定，程序中设定为1s。

（5）外部控制信号：在七芯电缆中，1#线为输入公共端；2#线为开门信号输入端；3#线为关门信号输入端。

（6）控制输出：在输出部分中，4#线为输出公共端；5#线为开门到位输出端；6#线为关门到位输出端。

（7）电源输入部分：三芯电缆为本控制器的电源输入电缆，黄绿线为电源接地端；1#线和2#线为电源输入端，其输入要求为单相交流 200～240V，并且电压稳定。

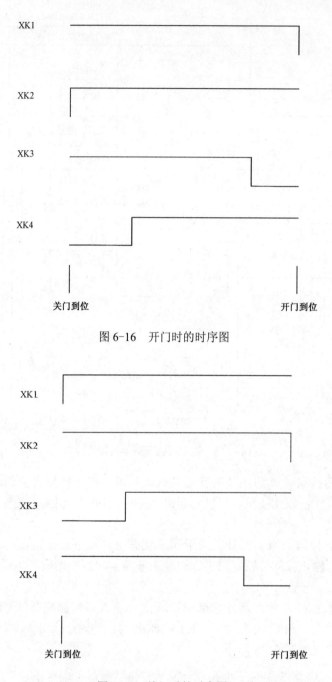

图 6-16　开门时的时序图

图 6-17　关门时的时序图

3）控制曲线及相关参数说明

（1）此变频器位置控制采用双稳态磁性开关，门机加、减速位置可依据磁性开关位置自行调整，以满足不同的用户要求。门机开门曲线由 P01、P02、P36、P37、P38 五个参数控制，门机关门曲线由 P32、P33、P34、P44 等参数控制。具体参数功能内容如下：

P01 ——开门加速时间（第一加速时间）。

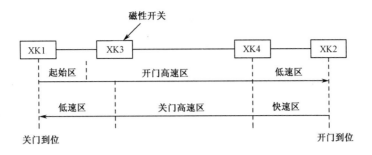

图 6-18　磁性开关位置图

P02——开门减速时间（第一减速时间）。

P30——开门快速频率（预设频率6）。

P31——开门高速频率（预设频率7）。

P32——开门低速频率（预设频率8）。

P33——关门快速频率（预设频率2）。

P34——关门高速频率（预设频率3）。

P35——关门低速频率（预设频率4）。

P36——开门到位力矩保持频率（预设频率5）。

P37——关门快速加速时间（第二加速时间）。

P40——关门快速减速时间（第二减速时间）。

P41——关门高速加速时间（第三加速时间）。

P42——关门高速减速时间（第三减速时间）。

P43——关门低速加速时间（第四加速时间）。

P44——关门低速减速时间（第四减速时间）。

开、关门运行曲线图如图6-19所示。

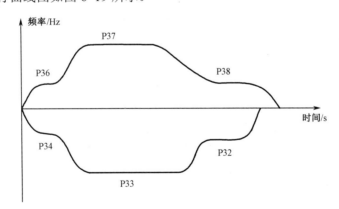

图 6-19　开、关门运行曲线图

（2）开、关门到位力矩保持。

开门到位力矩保持频率由 P36 设定；关门到位力矩保持由 X0 切换，保持频率由速度1控制，出厂设定为 0.5Hz（关门到位后，按操作面板上的上下键可改变其频率）。

4）变频器操作步骤

（1）使变频器处于停止工作状态，显示器显示"000"。

（2）按方式键[MODE]，连续按三次，显示器显示"P01"。

（3）用上下键调整到所需的参数。

（4）按设定键[SET]，再用上下键调整数值。

（5）按设定键[SET]，写入参数。

（6）按方式键[MODE]，使变频器回到原状态，显示器显示"000"。

5）操作调试过程注意事项

（1）不要将交流电源接到输出端子（U/T1、V/T2、W/T3）上。

（2）输入电源电压不得超过240V，而且应该是稳定的电压，以免过压烧坏变频器。

（3）防止变频器进水，以免造成短路而烧坏变频器。

6.2.4 变频门机安装和使用

1. 变频门机安装注意事项

（1）控制器安装于轿顶。操作和安装时应小心，尤其不能有金属、水、油或其他异物进入门机控制器。

（2）不要将门机控制器安装于易燃材料上。

（3）在轿顶安装门机控制器时，一方面要保证面板能被良好地观察，另一方面要保证门机控制器的清洁。

（4）在进行接线工作前，必须确保门机控制器电源至少已切断两分钟；否则，会存在电击或放电危险。

（5）门机控制器的接线必须由专业人员来完成。

（6）检查安全开关电路是否断开（急停）。

（7）确保所有电气部件都正确接地。

（8）确认门机控制器有正确的电源电压。

（9）确认装置接线正确。

2. 变频门机使用注意事项

（1）在布线过程中始终注意信号及控制线（弱电）与交流电源线、电动机线（强电）之间保持一定距离，不要混在一起，避免造成干扰。

（2）在轿厢启动前，控制系统必须给出关门指令，并且在轿厢运行过程中始终给出关门指令，避免门锁断开造成中途停车。

（3）开、关门控制信号输入端必须使用无源触点，避免造成门机变频器损坏或工作不正常。

（4）在使用前必须仔细阅读说明书。

3．变频器安装及配线

1）安装要求

门机变频器安装在轿顶上，一方面要方便观察门机变频器的工作状态，另一方面要保证门机变频器清洁、便于散热。

2）配线要求

（1）对于所有信号控制线，要求采用截面积为 0.5～0.75mm² 的护套电缆。

（2）电源线和电动机线要求采用截面积为 1～1.5mm² 的护套电缆，电源线采用 3 芯带有黄绿地线的护套线缆，电动机采用 4 芯带有黄绿地线的护套线缆。

4．常见故障

变频门机系统的故障主要是开、关门按钮接触不良，双稳态开关安装位置不当或移位，力限开关电阻损坏或接触不良等。

6.3 电梯通信系统

6.3.1 RS-485 标准

在要求通信距离为几十米到上千米时，广泛采用 RS-485 串行总线。RS-485 采用平衡发送和差分接收方式，因此具有抑制共模干扰的能力。加上总线收发器具有高灵敏度，能检测低至 200mV 的电压，故传输信号能在千米以外得到恢复。RS-485 采用半双工工作方式，任何时候只能有一点处于发送状态。因此，发送电路需要由使能信号加以控制。

RS-485 用于多点互连时非常方便，可以省掉许多信号线。应用 RS-485 可以联网构成分布式系统，最多允许并联 32 台驱动器和 32 台接收器。

RS-485 标准采用平衡发送和差分接收的数据收发器来驱动总线，具体规格要求如下：

（1）接收器的输入电阻 $R_{IN} \geqslant 12k\Omega$。

（2）驱动器能输出±7V 的共模电压。

（3）输入端的电容≤50pF。

（4）在节点数为 32 个，配置了 120Ω的终端电阻的情况下，驱动器至少还能输出 1.5V 电压（终端电阻的大小与所用双绞线的参数有关）。

（5）接收器的输入灵敏度为 200mV，即$(V+)-(V-) \geqslant 0.2V$，表示信号"0"；$(V+)-(V-) \leqslant -0.2V$，表示信号"1"。

因为 RS-485 的远距离、多节点（32 个），以及传输线成本低的特性，使得 EIA RS-485 成为工业应用中数据传输的首选标准。

6.3.2 RS-485 的特点

（1）RS-485 的电气特性：逻辑"1"表示两线间的电压差为+(2～6)V；逻辑"0"表示两线间的电压差为–(2～6)V。接口信号电平比 RS-23.C 降低了，就不易损坏接口电路的芯片，且此电平与 TTL 电平兼容，可方便与 TTL 电路连接。

（2）RS-485 的数据最高传输速率为 10Mb/s。

（3）RS-485 接口采用平衡驱动器和差分接收器的组合形式，抗共模干扰能力增强，即抗噪声干扰性能好。

（4）RS-485 接口的最大传输距离标准值为 4000 英尺（约 1200m），实际上可达 3000m。另外，RS-23.C 接口在总线上只允许连接 1 个收发器，即只具有单站能力；而 RS-485 接口在总线上允许连接多达 128 个收发器，即具有多站能力，这样用户可以利用单一的 RS-485 接口方便地建立起设备网络。

6.3.3　RS-485 的接口

因为 RS-485 接口组成的半双工网络一般只需两根连线，所以 RS-485 接口均采用屏蔽双绞线传输。

RS-485 接口连接器采用 DB-9 的 9 芯插头座，与智能终端 RS-485 接口采用 DB-9（孔），与键盘 RS-485 接口采用 DB-9（针）。

6.3.4　影响总线通信速度和通信可靠性的因素

1. 在通信电缆中的信号反射

在通信过程中，有两种信号会导致信号反射：阻抗不连续和阻抗不匹配。

在传输线末端突然遇到电缆阻抗很小甚至为零，在这个地方信号就会发生反射，如图 6-20（a）所示。这种信号反射的原理，与光从一种媒质进入另一种媒质发生反射是相似的。若要消除这种反射，就必须在电缆的末端跨接一个与电缆的特性阻抗同样大小的终端电阻，使电缆的阻抗连续。由于信号在电缆上的传输是双向的，因此在通信电缆的另一端可跨接一个同样大小的终端电阻，如图 6-20（b）所示。

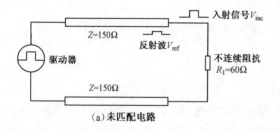 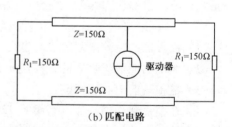

图 6-20　终端电阻的正确连接

引起信号反射的另一个原因是数据收发器与传输电缆之间的阻抗不匹配。这种原因引起的反射，主要表现在通信线路处在空闲方式时，整个网络数据混乱。

信号反射对数据传输的影响，归根结底是因为反射信号触发了接收器输入端的比较器，使接收器收到了错误的信号，导致 CRC 校验错误或整个数据帧错误。

要减弱反射信号对通信线路的影响，通常采用噪声抑制和加偏置电阻的方法。在实际应用中，对于比较小的反射信号，为简单方便，经常采用加偏置电阻的方法。

2. 通信电缆中的信号衰减

影响信号传输的另一个因素是信号在传输过程中的衰减。一条传输电缆可以把它看成是由分布电容、分布电感和电阻联合组成的等效电路，如图 6-21 所示。

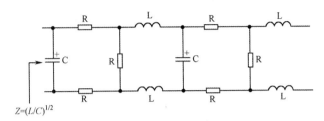

图 6-21　传输电缆等效电路

电缆的分布电容 C 主要是由双绞线的两条平行导线产生的。导线的电阻在这里对信号的影响很小，可以忽略不计。

信号的损失主要是由于电缆的分布电容和分布电感组成的 LC 低通滤波器造成的。PROFIBUS 采用的 LAN 标准型二芯电缆（西门子为 DP 总线选用的标准电缆）在不同波特率时的衰减系数如表 6-1 所示。

表 6-1　LAN 标准型二芯电缆的衰减系数

通信波特率	16MHz	4MHz	38.4kHz	9.6kHz
衰减系数（1km）	≤42dB	≤22dB	≤4dB	≤2.5dB

3. 在通信电缆中的纯阻性负载

影响通信性能的第三个因素是纯阻性负载（也叫直流负载）。这里的纯阻性负载主要由终端电阻、偏置电阻和 RS-485 收发器三者构成。

4. 分布电容对 RS-485 总线传输性能的影响

电缆的分布电容主要由双绞线的两条平行导线产生。另外，导线和地之间也存在分布电容。这些分布电容虽然很小，但在分析时也不能忽视。分布电容对总线传输性能的影响，主要因为总线上传输的是基波信号，信号的表达方式只有 "1" 和 "0"。在特殊的字节中，如 0x01，信号 "0" 使得分布电容有足够的充电时间；而当信号 "1" 到来时，由于分布电容中的电荷来不及放电，$(V_{in}+)-(V_{in}-)$ 还大于 200mV，结果使接收器误认为是 "0"，而最终导致 CRC 校验错误，整个数据帧传输错误。放电不及时导致数据接收错误的具体过程如图 6-22 所示。

由于总线上分布电容的影响，导致数据传输错误，从而使整个网络性能降低。要解决这个问题，有以下两种方法：

（1）降低数据传输的波特率。

（2）使用分布电容小的电缆，提高传输线的质量。

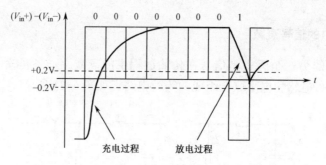

图 6-22　放电不及时导致数据接收错误的具体过程

5．RS-485 驱动器节点结构

现在比较常用的 RS-485 驱动器有 MAX485、DS3695、MAX1488/1489，以及比利时公司使用的 SN75176A/D 等，其中某些 RS-485 驱动器负载能力可以达到 20Ω。在不考虑其他因素的情况下，按照驱动能力和负载的关系计算，一个驱动器可带节点的最大数量为 32 个，其通信网络等效电路如图 6-23 所示。

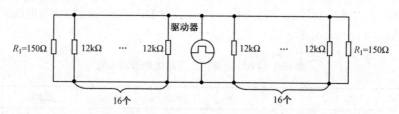

图 6-23　带 32 个节点的通信网络等效电路

6.3.5　输入/输出接口电路

在 CAN 电梯控制系统中，各控制器输入信号的正确采集和控制信号的正确输出保证着电梯的安全运行。输入/输出接口电路的设计是一个相当重要的环节。下面给出了常用的输入/输出接口电路。

（1）输入电路。如图 6-24 所示为一个常用的信号输入电路，它用来对电梯系统的外部信号进行采样，并将信号进行电气隔离，以提高系统的抗干扰能力。

（2）输出电路。如图 6-25 所示的电路将输出控制信号放大，用于驱动一个继电器，从而实现对执行机构的控制。

6.3.6　基于总线 CAN 系统的电梯串行通信系统

1．CAN 系统概述

目前电梯通信主要有并行和串行两种方式。一般而言，并行通信方式速度快，无须额外的控制器，实现简单；但使用的线路多，对电梯控制器的 I/O 节点数量和性能要求高，电梯安装和维护麻烦。典型的使用并行通信的电梯为 PLC 控制电梯，其采用 PLC 上的 I/O 口进行通信。当楼层数增加时，要求 PLC 的 I/O 口数相应增加，导致成本的大幅提高，也提高了安装和维护的难度，并且电梯产品通用性不强。串行通信方式则只需要一对信号线，可将系统的控制功能进行分化，其成本低，通信距离远，易实现模块化设计，通用性强；但系统结构较复杂，并且牵涉总线冲突问题。RS-485 作为微机系统中常用的串行通信方式之一，通过差分信号通信，消除了共模干扰，可采用中继器延长通信距离，在电梯控制系统中也得到了一定的应用。但 RS-485 只能采取轮询的主从式通信方式，当主机通信出现故障时，通信将无法进行下去，因此并不适用于现代电梯对安全性能要求较高的场合。近年来，CAN 总线成为自动化技术中的一个热点。它在减少系统线缆，简化系统安装、维护和管理，降低系统的投资和运行成本，增强系统性能等方面的优越性，使其在电梯通信中得到了广泛的应用。

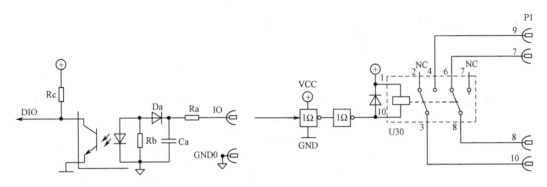

图 6-24 信号输入电路   图 6-25 输出控制继电器电路

CAN（Controller Area Network）总线是德国 BOSCH 公司在 20 世纪 80 年代初为解决汽车中控制与测试仪器之间的数据交换而开发的一种串行数据通信协议。CAN 总线可实现分布式多机系统，且无主、从机之分；可以用点对点、一点对多点及全局广播等几种方式发送和接收数据；直接通信距离最远可达 10km（传输率为 5kb/s），通信速率最高可达 1Mb/s（传输距离为 40m）；网络内的节点个数在理论上不受限制。CAN 总线能在极端恶劣的环境下运行，具有抗瞬间干扰的能力，其控制器接口有降低射频干扰的滤波控制器；有较强的纠错能力，通过监视、循环冗余校验、位填充和报文格式检查，使得未检测出的出错概率很小；有自动识别永久性故障和短暂扰动的能力，在处于连续干扰时，CAN 节点处于关闭状态；CAN 节点可在不要求所有节点及其应用层改变任何软件或硬件的情况下被接于 CAN 网络中。

2．CAN 总线在电梯控制系统中的应用

1）系统构成

电梯 CAN 总线系统构成如图 6-26 所示，主要包括主控制器、轿厢控制器和外呼控制器。各个模块均为独立的微机控制，增设 CAN 控制器及接口。CAN 总线连接轿厢控制器和外呼控制器，形成多主站电梯外围设备的 CAN 网络。整个电梯的调试工作可通过主控制器上的液晶操作面板完成。

2）CAN 通信的数据交换过程

主控制器 STC89C51RC 和协议控制器 SJA1000 通过数据通信接口对一组寄存器（控制

段）和一个 RAM（报文缓冲器）数据格式的数据进行交换，并且协议控制器 SJA1000 和收发器 TJA1050 通过一条串行数据输出线 TXD 和一条串行数据输入线 RXD 进行数据交换。而收发器则通过它的两个有差动接收和发送能力的总线终端 CANH 和 CANL 连接 CAN 总线进行数据交换。数据交换分两步进行：第一步，系统进行数据广播，将所有控制器公用信号（楼层、电梯状态、显示等）发送到 CAN 总线上，由各控制器进行数据采集；第二步，系统进行应答，回复某控制器的信号发送至 CAN 总线上，由相应的控制器进行数据采集。CAN 通信电路如图 6-27 所示。

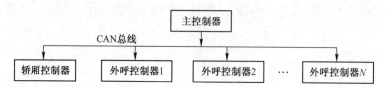

图 6-26　电梯 CAN 总线系统构成

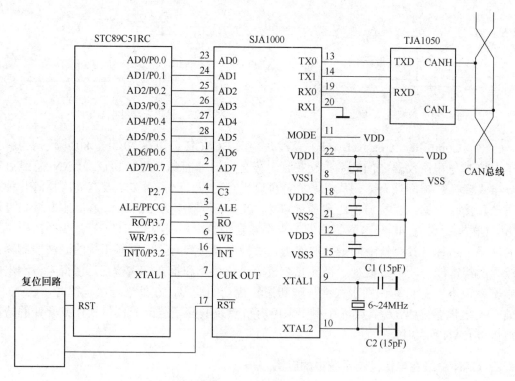

图 6-27　CAN 通信电路

3）各控制器的功能及实现方法

（1）主控制器

如图 6-28 所示，主控制器安装在机房控制柜内，通过 CAN 接口与外部其他控制器进行通信并接收输入信号，根据这些数据（轿厢位置信号、门系统信号、井道开关等外部信号，采集到的召唤指令、安全信号、速度信号等）对轿厢和外部设备进行控制。主控制器上有操作面板，通过此操作面板可实现楼层自学习，记录井道器件的位置数据、参数设置、变量监测、设定楼层以及修改楼层显示数等。除与其他控制器进行 CAN 通信外，主控制器采集电梯井道内的一些安全信号、平层开关信号、门系统信号以及一些开关的反馈信号。在自学习阶段，主控制器通过平层信号和编码器的数据，生成最优的电梯运行曲线，并将其保存到主控制器的 FLASH 存储器中。在电梯运行阶段，主控制器通过编码器的数据、轿厢位置的信号、安全信号以及门位置、开关信号，来控制变频器的运行。同时，主控制器输出信号控制抱闸等开关的通、断，以此来保证电梯系统的安全运行。

（2）轿厢控制器

采集轿内召唤信号，司机、直驶、自动等操作开关信号，通过 CAN 总线发送给主控制器。而主控制器通过 CAN 总线传送按钮状态返回、超载、报警信号给轿厢控制器，由轿厢控制器进行相应操作。轿厢控制器通信方框图如图 6-29 所示。

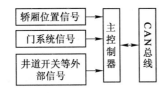
图 6-28 主控制器通信方框图

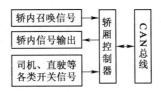
图 6-29 轿厢控制器通信方框图

（3）外呼控制器

如图 6-30 所示，外呼控制器采集楼层呼梯信号，控制呼梯灯的显示。基站的外呼控制器增设锁梯开关、消防运行开关等输入功能。它通过 CAN 接口与总线连接。为使主控制器能正确识别各外呼控制器的通信地址，外呼控制器设置了跳线开关。短接跳线后，再按上呼或下呼按钮即可设置实际楼层。设置完毕后，拔去跳线，设置值可存入看门狗的 EEPROM 内。在下次开机重启后，控制器将从看门狗中将设置值读出并初始化为设置值。在电梯工作时，外呼控制器查询上呼、下呼按钮的开关状态，将其通过 CAN 接口发送给主控制器。在到达某一楼层时，主控制器通过

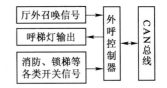
图 6-30 外呼控制器通信方框图

CAN 接口将显示楼层数发送给外呼控制器显示。此数值将保持到下一显示数据到达时。

在电梯安装调试阶段，通过操作面板执行电梯自学习命令。通过井道自学习过程，系统将在主控制器中生成电梯最佳运行曲线，执行存储命令后，曲线数据会存入 FLASH 存储器内，直到下次自学习为止。电梯运行时，轿顶、轿厢及各楼层的控制器将采集信号发送到 CAN 总线，主控制器根据这些信号以及专用线路上的安全信号、定向信号、平层信号等控制电梯。同时，主控制器将轿厢位置信号发送到 CAN 总线上，轿厢和外呼等控制器据此控制按钮灯和数码管的显示。

第7章 常用电梯电路分析

7.1 VFCL 电梯系统

7.1.1 VFCL 电梯电气控制系统的结构

1. VFCL 电梯电气控制系统整体结构

VFCL 电梯电气控制系统由管理、控制、拖动、串行传输和接口等部分组成，其结构简图如图 7-1 所示。图中，群控部分与电梯管理部分之间的信息传递采用光纤通信，优点是减少信号损失，增加传输距离，降低串行传输的故障率。VFCL 电梯群控系统可管理多台电梯。

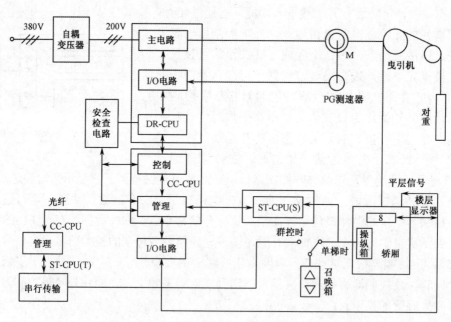

图 7-1 VFCL 电梯电气结构简图

2. VFCL 电梯控制总线结构

VFCL 电梯控制系统为典型的三微型计算机控制系统，其结构图如图 7-2 所示。

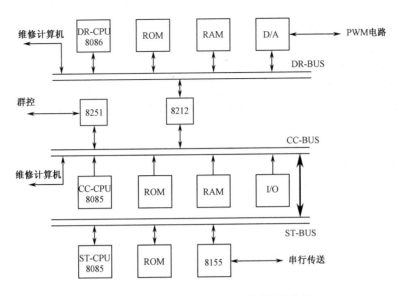

图7-2 三微型计算机总线控制系统结构图

CC-CPU 具有管理和控制两部分功能，它按照不同的运算周期分时进行运算，采用定时中断方式运行。

CC-CPU 依据适时性响应要求的不同分成三部分：运算周期为 25ms 的软件、运算周期为 50ms 的软件和运算周期为 100ms 的软件。在软件执行过程中，依据电梯请求优先级别的高低，执行频率也由高到低。

ST-CPU 主要进行层站召唤和轿内指令信号的采集和处理。层站召唤和轿内指令均采用串行传送信号。层站召唤和轿内指令信号相互独立，分两路串行传送。

DR-CPU 主要对拖动部分进行控制。

CC-CPU 和 ST-CPU 均为 i8085。DR-CPU 为 i8086。CC-CPU 和 ST-CPU 通过总线相互连接。CC-CPU 和 ST-CPU 各自的 EPROM 地址互不重复，两者互相读取信息时先向对方发出请求信息，应答后才能读取存储器的内容。

由于 CC-CPU 是 8 位微型计算机 8085，而 DR-CPU 是 16 位微型计算机 8086，为使两者能够正确地传送信息，因此它们之间用芯片 8212 进行连接。

CC-CPU 和维修计算机也是通过总线连接的。当维修计算机接入后，通过维修计算机和键盘可读取 CC-CPU 存储器的内容。群控时，ST-CPU（S）不再处理电梯的层站召唤信号，群内各台电梯的所有召唤信号均由群控系统的 ST-CPU（T）处理。

7.1.2 VFCL 电梯的管理功能

1. 管理功能

VFCL 管理部分的主要作用：
（1）处理层站召唤、轿内指令信号。
（2）决定电梯运行方向。
（3）提出启动、停止要求。

（4）处理各种运行方式。

VFCL 的管理部分和控制部分均由 CC-CPU 控制。管理部分在电梯运行过程中向控制部分提出各种运行指令，由控制部分执行。

管理部分的功能由软件实现，分为标准设计和附加设计两大类。

标准设计包括依据厅外召唤运行、依据轿内指令运行、层楼检查、低速自动运行、返基站运行、特殊运行、选层器修正及手动运行设计。

附加设计包括有司机运行、到站预报、厅外停止开关动作、停电自平层、停电手动运行、火灾时的运行、其他运行等设计。

2．VFCL 电梯操作功能

1）标准操作功能

标准操作功能是指每台电梯必备的操作功能，如自动开、关门，启动，减速和平层，本层开门，手动运行等。以上这些比较容易理解，在这里仅就 VFCL 电梯的几种特殊功能进行介绍。

（1）低速自动运行：若电梯在运行过程中突然发生故障，电梯紧急停在层楼间时，电梯会自动以原来运行相反的方向启动，低速运行到最近层楼停靠，自动开门放人来救出被关在轿厢内的乘客。

（2）反向时轿内召唤的自动消除：当电梯在高速自动运行过程中，响应完前方的召唤后准备去响应反方向的召唤时，自动消除已登记的轿内召唤。

（3）自动应急处理：电梯群控时，若其中一台电梯在确定方向数十秒钟后尚未启动运行，则把这台虽然保持有方向而不能启动的电梯切出群控系统，将层站召唤分配给群内其他电梯去执行。当这台电梯又可以正常运行后，群控系统又把它接纳入群内。

（4）轿内风扇、照明的自动操作：当电梯停在门区内、门关好一段时间后无任何召唤时，自动关掉风扇和照明。当有层站召唤时，电梯再自动打开风扇和照明，便于节能。

（5）开门保持时间的自动控制：电梯每次停站自动开门后，应有一定的开门保持时间，以保证乘客进出轿厢，然后再自动关门。电梯仅依据轿内召唤停站后，在只有出轿厢的乘客时，将开门保持时间设置得短一些；当电梯有层站召唤停站时，在同时有乘客进出时将开门保持时间设置得长一些。

（6）换站停靠：通常电梯运行中，电梯停站后，由于所停层的层门出现故障等原因，自动开门动作持续一段时间后，门尚未开足，就做关门动作，等门关闭后，依据轿内或层站召唤运行到其他层站后开门放人。

（7）重复关门：电梯关门时，由于某种原因使电梯关不了门。当关门动作持续一段时间后，若门尚未关闭，则改为开门动作。门打开，等待一段时间后，再作关门动作，如此往复，直至门关闭为止。

2）选择操作功能

选择操作功能是依据用户需要而设计的功能。

（1）门的超声波装置安全操作：SP-VF、MP-VF 电梯还备有与光电装置作用相同的超声波装置。其基本原理是这样的，超声波装置利用检测超声波从发射到接收反射之间的时间间隔，检测是否正有乘客进出轿厢，从而避免电梯门边缘碰到乘客。

（2）强行关门：当电梯停站并开门后，若发生特殊情况或故障，使正常的自动关门不能动作，则采取以下措施：当电梯停站时方向确定数十秒后，若门还没有关好，此时只要开门按钮没按下和安全触板没有动作，电梯就会强行关门，门关闭立即启动。

（3）门的光电装置安全操作：为了防止乘客被电梯门卡住，每台电梯都装有安全触板开关。

（4）电子门安全操作：电子门操作是近几年发展的门安全保护装置。它既保证不让乘客碰到门边缘，又比光电装置和超声波装置具有更高的安全系数。它的操作过程是这样的，电梯在关门过程中，只要乘客或货物接近门边缘（约 10cm），电子门即动作，立即重新开门。

（5）轿内无用指令信号的自动消除（防捣乱功能）：某些乘客在乘电梯时，乱按了许多轿内指令按钮。若没有特殊操作，这些被登记的无用指令将使电梯信息传输浪费许多时间。为此，本功能具有这样的作用，当电梯控制系统检测到轿厢内的指令信号多于乘客人数时，就认为其中必有无用的召唤信号，将已登记的轿厢指令信号全部消除，真正需要的可重新登记。

（6）停电自动平层操作：若大楼里没有自备的紧急供电装置，而遇到突然停电时，就有可能使正在运行的轿厢停在层楼之间，使轿内的乘客无法出来。因此，VFCL 电梯提供用户选配紧急平层装置。有了此装置，万一遇到停电情况时，电梯停到层站之间过几秒后，就利用紧急平层装置启动电梯，运行到最近层停靠后，自动开门放人，保证乘客的安全。

（7）独立运行：在 VFCL 群控系统中，备有独立运行操作功能供用户选配，即当电梯维修人员合上轿内的独立运行开关后，这台电梯就开始独立运行。它不响应层站的召唤，只有在电梯确定运行方向后，按住关门按钮时，才关门。在门关闭前，若松开关门按钮，它还会自动开门。门关闭后的其他所有动作与平常的高速自动运行的动作相同。

（8）层站停机开关操作：当操作人员关掉基站停机开关后，层站的所有召唤立即不起作用，已登记的指令消除。但轿内指令继续有效，直到服务完轿内指令后，电梯返回到基站，自动开门并保持一段时间关门停机，同时切断轿内风扇和照明。

除以上操作功能外，VFCL 电梯的选择功能还有许多，如自动语音报站装置操作、指定层强行停车、紧急医疗运行、地震时紧急运行等，有关这些特殊内容在应用时参阅安装说明书。

7.1.3　VFCL 电梯控制部分

VFCL 电梯控制部分的主要作用是对选层器、速度图形和安全检查电路进行控制。

1. 选层器的运算

VFCL 系统的选层器运算主要处理层站数据、同步位置、前进位置、同步层和前进层的运算，以及排除因钢丝绳打滑而引起的误差进行的修正运算等。

VFCL 的选层器由光电旋转编码器、计算机软件，以及相应的脉冲输入电路、脉冲分频电路组成。光电旋转编码器可将传输给轴的机械量、旋转位置等转换成相应的脉冲或数字量。它由发射管、接收管、光电码盘、放大电路、整形电路和输出电路组成。光电码盘上均匀分布着许多黑色的线条（通常有 512 个或 1024 个）或许多长孔，发射管和接收管分别在光电码盘的两侧，在透明区，发射管发光照射到接收管上，接收管阻值下降，放大电路有脉冲输出，经过整形电路输出为标准方波脉冲。当电梯运行，光电码盘随着转动时，经两组发光部件发出的光被光电码盘、狭缝切割成断续光线并被各自的接收部件接收，产生两组初始信号，此两组信号经相应电路处理后，输出两组相位差为 90° 的信号 A、B。为了降低干扰，也同时产生两个辅助信号 A、B。无论光电码盘的转动方向如何，这两组信号在电气上互相超前或滞后 90°。

光电旋转编码器安装在曳引机的轴上，通过计算脉冲的个数可以得出电梯的位置，以及确定加速点、减速点的位置。通过计算输出的脉冲频率，可以得出电动机的当前速度。通过判别 A、B 相位的超前或滞后来判断电梯的运行方向。

2. 速度图形的运算

VFCL 的速度图形曲线是由计算机实时计算出来的，这部分工作也由 CC-CPU 的控制部分完成。控制部分的软件每周期都计算出当时的电梯运行速度指令数据，并传送给驱动部分 DR-CPU，控制电梯按照这个速度图形曲线运行。

为了提高电梯运行的平稳性和运行效率，必须对速度图形进行精确运算。因此，将速度图形划分为 8 个状态分别进行计算。速度图形各个状态的示意图如图 7-3 所示。

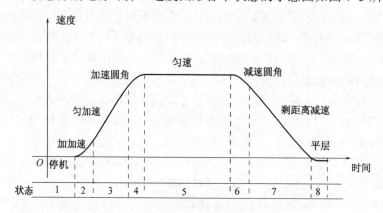

图 7-3 速度图形各个状态的示意图

1）状态 1——停机状态

在电梯停机时，CC-CPU 的每个运算周期中对速度图形赋零，并设置加速状态和平层状态时间指针。

2）状态 2——加加速运行状态

电梯在启动开始时，首先做加加速运行。在这个过程中，速度图形在每一运算周期的增量不是常数，而是随时间变化的数据。软件在每个运算周期中，依据存储在数据表内的速度增量进行运算。

3）状态 3——匀加速运行状态

电梯在加加速运行结束后，即进行匀加速运行。在匀加速运行过程中，速度图形的增量是常数。

4）状态 4——加速圆角运行状态

加速圆角是指电梯从匀加速转换到匀速运行的过渡过程。在这个过程中，每一运算周期的速度增量不是常数，所以也采用了数据表的方式。软件在每个运算周期中进行查表运算，直到运算时间指针小于零时，加速圆角状态运算结束。

5）状态 5——匀速运行状态

在这个状态中，电梯匀速运行，速度图形的增量为零，即加速度为零。

6）状态 6——减速圆角运行状态

在这个状态中，电梯从匀速运行过渡到减速运行。因此，每个软件周期的电梯速度变化量不是常数。软件在每个运算周期进行查表运行。当软件一直运算到速度图形值小于剩距离速度图形值时，转入剩距离减速运行状态运算。

7）状态 7——剩距离减速运行状态

电梯进入正常减速运行时，速度图形也是采用了数据表的方法，即预先在 EPROM 中设置对应剩距离的速度图形数据表。软件依据此数据表中的值进行运算，当轿厢进入平层开始位置时，进入平层运行状态运算。

8）状态 8——平层运行状态

在平层运行状态的时间里，速度是随时间而变化的。这样每个运算周期中的速度下降量是预先设置在 EPROM 中的随时间变化的数据表中的数据值。当速度图形值小于平层速度指令的规格数据值时，速度图形被指定为平层速度指令的规格数据值。当轿厢完全进入平层区，上、下平层开关全都动作时，电梯停车，平层状态结束，回复到状态 1。

3. 安全检查电路

为了保证电梯的安全运行，VFCL 对整个系统进行了非常全面的安全检查。VFCL 电梯安全检查电路如图 7-4 所示。

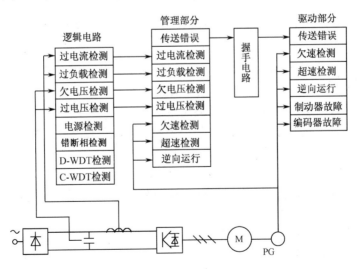

图 7-4　VFCL 电梯安全检查电路

图 7-4 中 D-WDT 和 C-WDT 的检测功能及处理结果如下：

（1）检查 DR-CPU（驱动 CPU 8086）因各种原因引起的死机及失控运行。设定电源接通后 3s 开始进行定时检查。当检查到 DR-CPU 工作异常时，安全回路继电器动作，使电梯无法启动。

（2）检查 CC-CPU（管理 CPU 8085）因各种原因引起的异常情况。一般设定电源接通后 3s 开始进行定时检查。当检查到 CC-CPU 工作异常时，安全回路继电器动作，使电梯在最近层站停层，CC-CPU 不能再运行。

7.1.4　VFCL 电梯的串行传送方式

对于串行传送方式，在发送端，将由并行产生的多个二进制信号，经过编码变换成串行信号，并通过几根传送线传送出去；在接收端，再将接收到的串行信号按一定编码变成并行信号。

VFCL 系统串行传送硬件主要由控制板和信号处理板两部分构成。

1．控制板

控制板指主计算机板 P1 板的串行通信部分，VFCL 系统的串行通信共有两部分：一部分完成轿厢内部信号的传送；另一部分完成层门之间的信号传送。因为两个部分原理结构完全相同，只是传送的对象及相应的信号处理板稍有差别。在这里只介绍其中的一种。

控制板基本原理如图 7-5 所示。

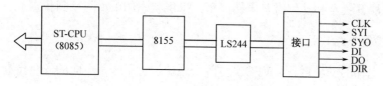

图 7-5　控制板基本原理

（1）8085 为 ST-CPU，主要负责串行通信，并以并行通信的方式与 CC-CPU 交换信息。

（2）8155 芯片除作信号输入/输出外，还为 ST-CPU 提供 256 字节的存储空间，用来存放采集到的召唤信号编码和向外界输出的灯控制信号编码。

（3）LS244 为数据总线驱动芯片，以提高驱动能力。

（4）为了提高抗干扰能力，控制板上使用了光电耦合器与外界隔离。

2．信号处理板

信号处理板主要指轿内操纵箱的各电子板及外召唤按钮板。信号处理板的主要功能如下：

（1）实现同步信号的移位。

（2）送出按钮召唤信号。

（3）接收灯控制信号并对按钮灯进行控制。

信号处理板的信号包括同步输入信号（SYNCI）、同步输出信号（SYNCO）、按钮召唤信号（DI）、灯控制信号（DO）及时钟信号（CLOCK）。其中，对按钮灯的点亮是通过晶闸管驱动的。

3. 串行传送工作原理

为了完成串行传送，控制板要用软件送出三种信号到信号处理板，即软件时钟信号（CLOCK）、软件同步输出信号（SYNCO）和灯控制信号（DO）；同时，从信号处理板接收两种信号，即同步输入信号（SYNCI）和召唤信号（DI）。

时钟信号由软件产生，接在每一层站信号处理板的时钟输入端，同步信号也由软件产生，但它只接在顶层信号处理板的同步信号输入端，而下一层信号处理板的同步信号输入端接上一层信号处理板的同步信号输出端，这样一直接到底层，底层的同步信号输出端接到控制板的同步输入信号（SYNCI）上，如图 7-6 所示。这种结构有一个缺点，就是其中若有一块信号处理板出现信号断路，系统则处于瘫痪状态，所以三菱公司在以后开发的产品中开始采用基于 CAN 总线主结构的通信系统。

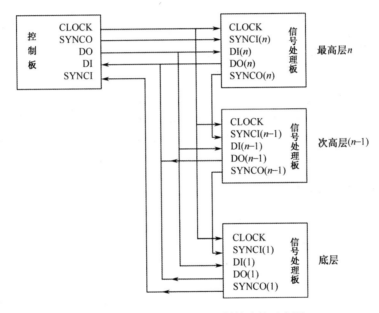

图 7-6　控制板和信号处理板的连接示意图

图 7-7 所示为控制板和信号处理板之间的信号工作时序图。

实际上，控制板对信号处理板的逐个访问是通过同步输出信号（SYNCO）的顺序移位来实现的，SYNCI（i）相当于选通信号。

当 SYNCI（i）=0 时，第 i 块信号处理板即被选通。这时，若控制板的 DI 线上有低电平，这个低电平必定是第 i 块信号处理板的按钮发出的召唤请求；控制板是从最高层 n 逐个向下访问的，在第一个 CLOCK 周期，控制板向最高层 n 发出同步信号 SYNCI（n），开始对最高层进行访问。由于最高层只有一个向下的按钮，因此只需要经过一个软件 CLOCK 即可完成对此层的访问。同步信号经最高层信号处理板延时一个软件周期后，由 SYNCO（n）向（$n-1$）层发出同步信号 SYNCI（$n-1$），控制板开始对（$n-1$）层进行访问。由于此层有向上、向下两个召唤按钮，因此要经过两个软件周期才能完成对此层的访问。以此类推，访问到底层时，底层信号处理板把同步信号 SYNCO（1）返回给控制板的 SYNCI。控制板访问完一次后，把获得的召唤信号进行编码放入 8155 的 RAM 区，以便向 CPU 传送。

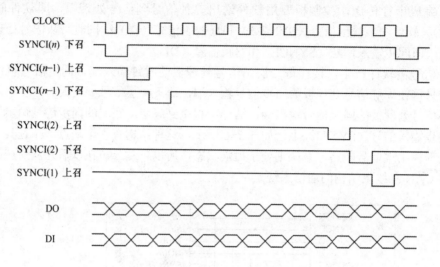

图 7-7　信号工作时序图

以上只讲述了 5 根线，实际上 VFCL 的串行通信由 6 根线组成，另一根是 DIR 方向信号线，用来控制信号的传送方向，即是由最高层向最低层传送，还是由最低层向最高层传送。

7.1.5　芯片输入/输出电路

在电梯控制系统中，微型计算机与外围电路之间的信息传递，是通过外围 I/O 电路实现的。外围 I/O 电路主要有触点信号接收电路和驱动信号输出电路两大类。

1. 触点信号接收电路

触点信号接收电路用于接收门机、平层装置和各种安全开关等外围电路信号，信号经过光电耦合器隔离后，向 CPU 总线传送。图 7-8 为触点信号接收电路。

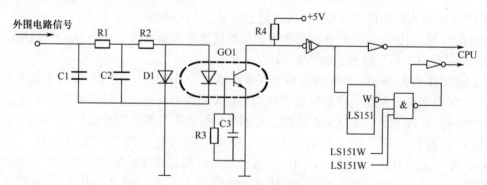

图 7-8　触点信号接收电路

2．驱动信号输出电路

驱动信号输出电路用于向层站显示器、制动器等外围电路输出驱动信号。由于外围电路所需要的驱动功率不同，因此驱动信号输出电路又分为大功率输出和小功率输出两种电路。大功率输出电路由晶闸管电路构成，如图 7-9 所示，其中，GO 起隔离的作用，D2～D5 组成桥式整流电路。小功率输出电路由继电器构成，如图 7-10 所示，其主要优点是制造成本低。

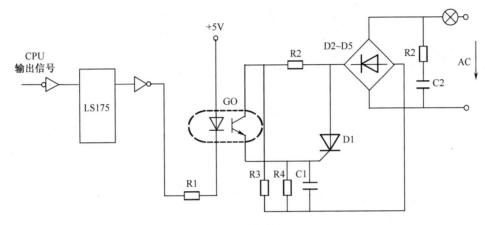

图 7-9　大功率输出电路

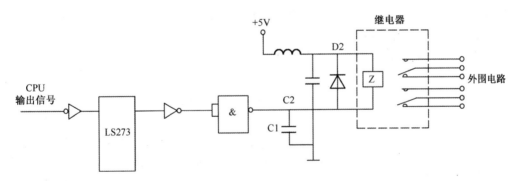

图 7-10　小功率输出电路

7.1.6　VFCL 电梯系统的主电路和控制系统原理

1．电梯系统的主电路

VFCL 电梯系统的主电路由整流滤波电路、充电电路、逆变电路、再生电路四部分组成，如图 7-11 所示。

1）整流滤波电路

VFCL 电梯系统的整流电路采用二极管三相桥式整流，将三相交流电整流成脉动直流电，并用大电解电容作滤波储能元件。

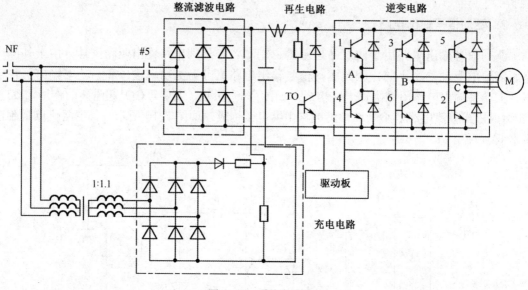

图 7-11　系统主电路

2）充电电路

当电梯启动时，整流部分才开始向电容充电，这样势必会造成电梯启动的不稳定性。为了使电梯启动时，变频器直流侧有足够稳定电压，需要对直流侧电容进行预充电。充电电路中的变压器采用升压变压器，匝比为 1:1.1，充电过程如下：

（1）当电源电压输入为 U 时，接通主接触器 NF，则充电回路的整流器输出 $V(D)=\sqrt{2}\times1.1U$，$V(D)$ 向电容充电。

（2）当电容充电至 $\sqrt{2}\,U$ 时（约 2s），CC–CPU 检测到充电结束信号，便认为电梯可以启动。

（3）若此时电梯不需要启动，则电容器继续充电到 $V(DC)=\sqrt{2}\times1.1U$，然后再通过电阻放电到 $V(DC)=\sqrt{2}\,U$。

（4）当电梯启动时，主回路接触器（#5）立即接通。此时有很大的电流流向逆变器。由于充电电路有一只逆向二极管，因此主回路电流不能流向充电回路。

3）逆变电路

逆变电路是由大功率晶体管模块（GTR）和阻容吸收器件组成的。

DR–CPU 接到电梯启动指令后，经计算将 PWM 信号按一定的时序传送到驱动板 LIR–81X，驱动板把 PWM 信号放大后直接驱动 GTR 基极，使六只大功率晶体管按一定时序顺序导通和截止，从而驱动电动机旋转。

当同一桥臂上的上下两只 GTR 导通切换时，要有 30～40μs 的间隔，以避免两者同时导通而造成短路。因为交流电动机为电感性负载，当 GTR 由导通转为截止时，GTR 中的续流二极管起续流作用。

逆变电路中的阻容吸收器件主要用来吸收 GTR 导通截止过程中所产生的浪涌电压。阻容吸收器件连接在同一桥臂的两端。实际上，在每个 GTR 的 B-E 极之间也接有一个小电容（104K50），用来吸收触发毛刺，以防误触发。

4）再生电路

在减速运行及轻载上行、重载下行过程中，电梯都处于发电状态。由于整流部分采用的是不可控整流，再生能量无法反馈电网，必须通过再生电路释放。

电动机的再生能量通过逆变装置向直流侧电容进行充电。

（1）当电容的端电压 $V(\mathrm{DC})$ 大于充电电路的输出电压 $V(\mathrm{D})$ 时，微型计算机向驱动板 LIR-81X 发出放电晶体管导通信号，驱动再生电路的大功率晶体管导通，电动机的再生能量就消耗在再生电路的电阻内。同时，电容也通过此电阻放电。

（2）当电容两端电压下降到 $\sqrt{2}\,U$ 时，再生回路的大功率晶体管截止，电动机的再生能量再向电容器充电，重复上述过程，直至电梯停止运行。

2．控制系统的工作原理

如图 7-1 所示，对于变频变压调速电梯，多采用三相交流 380V 电源供电，当运行接触器接通后，三相交流 380V 电源经整流器变换成直流电，再经逆变器中三对大功率晶体管逆变成频率、电压可调的三相交流电，对感应电动机供电，电动机按指令运转，通过曳引机驱动电梯上下运行，实现变频变压调速拖动。

这种电梯的逻辑控制功能由 ST-CPU 实现，一般采用集选控制，下面简要介绍此控制系统的工作过程。

1）电梯关门及自动确定运行方向

假设电梯停靠在 1 楼，此时 5 楼有外召唤指令。此指令信号通过串行通信方式到达 ST-CPU，ST-CPU 依据楼层外召唤指令信号和电梯轿厢所在楼层位置信号，经过逻辑分析判断发出向上运行指令；此指令同时发送给 CC-CPU，CC-CPU 做好启动运行的准备。ST-CPU 发出关门指令，门机系统执行关闭电梯层门和轿门，实现电梯自动关门和自动定向。

2）电梯启动及加速运行

CC-CPU 依据 ST-CPU 传送来的上行指令，生成速度运行指令，并依据载荷检测装置送来的轿厢载荷信号，通过 DR-CPU 进行矢量控制计算，生成电梯启动运行所需的电流和电压参数控制逆变器进行逆变输出，主电路运行接触器接通，电动机得电，同时 ST-CPU 发出指令使抱闸装置打开，电梯开始启动上行。当电梯启动运行后，与电动机同轴安装的旋转编码器随着电动机的旋转不断发送脉冲信号给 ST-CPU 和 CC-CPU。ST-CPU 依据此信号控制运行，CC-CPU 依据此信号进行速度运算，并发出继续加速运行的指令，电梯加速上行。当电梯的速度上升到额定速度时，CC-CPU 将旋转编码器的脉冲信号与设定值比较，发出匀速运行命令，电梯按指令匀速运行。在这一过程中，CC-CPU 均以调整变量参数值的形式使逆变器正常工作。电梯完成启动、加速、匀速运行。

3）电梯减速平层停靠及自动开门

在电梯运行过程中，CC-CPU 依据编码器发送来的脉冲信号，进行数字选层信息运算，当电梯进入 5 楼楼层区域时，CC-CPU 按生成的速度指令提前一定距离发出减速信号，通过矢量控制计算控制逆变器按预先设置的减速曲线，控制电梯进入减速运行。当电梯继续上行到达 5 楼平层区域时，轿厢顶的平层区域位置检测器给 CC-CPU 发出电梯爬行速度指令，并通过数字选层的运算开始计算停车点。当旋转编码器发送来的脉冲数值等于设定值时，由 CC-CPU 发出停车信号，逆变器中的大功率晶体管关闭，电动机失电停止运行，电梯在零速停车。同时，发出指令使制动器抱闸，主电路运行接触器复位，主触点断开，电梯在 5 楼平层停车。随后，ST-CPU 发出开门指令，电梯自动开门。至此，电梯就完成了一次从关门启动到停车开门的运行全过程。在此运行过程中，若在 3 楼有向上的外召唤信号而电梯还没有运行到 3 楼之前，电梯在 3 楼自动停车，即在 3 楼实现顺向截梯功能。同时，在整个运行过程中，ST-CPU 依据各楼层位置信号的输入，经内部程序控制正确输出电梯的运行方向和实际的楼层位置指示。

7.2 YPVF 电梯系统

7.2.1 YPVF 电梯的系统构成

YPVF 电梯的系统结构如图 7-12 所示。

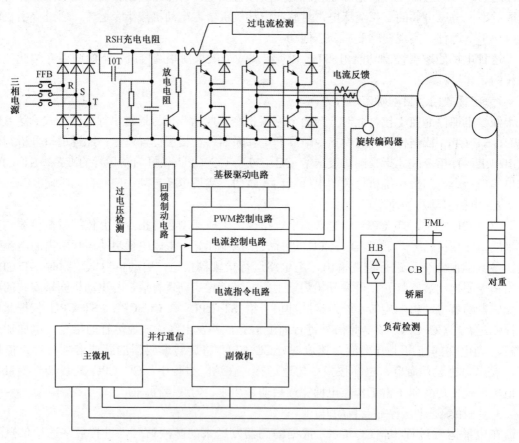

图 7-12 YPVF 电梯的系统结构

（1）主电路：由三相整流器、逆变器、充电电路和放电电路组成。

在桥式整流器上的大容量电容和 RC 滤波电路，用来滤波，稳定直流电压。直流侧设置了放电电路。当电梯制动时会引起直流侧电压的上升；当电压上升到一定值时，可通过硬件

4）再生电路

在减速运行及轻载上行、重载下行过程中，电梯都处于发电状态。由于整流部分采用的是不可控整流，再生能量无法反馈电网，必须通过再生电路释放。

电动机的再生能量通过逆变装置向直流侧电容进行充电。

（1）当电容的端电压 V(DC)大于充电电路的输出电压 V(D)时，微型计算机向驱动板 LIR-81X 发出放电晶体管导通信号，驱动再生电路的大功率晶体管导通，电动机的再生能量就消耗在再生电路的电阻内。同时，电容也通过此电阻放电。

（2）当电容两端电压下降到 $\sqrt{2}\,U$ 时，再生回路的大功率晶体管截止，电动机的再生能量再向电容器充电，重复上述过程，直至电梯停止运行。

2. 控制系统的工作原理

如图 7-1 所示，对于变频变压调速电梯，多采用三相交流 380V 电源供电，当运行接触器接通后，三相交流 380V 电源经整流器变换成直流电，再经逆变器中三对大功率晶体管逆变成频率、电压可调的三相交流电，对感应电动机供电，电动机按指令运转，通过曳引机驱动电梯上下运行，实现变频变压调速拖动。

这种电梯的逻辑控制功能由 ST-CPU 实现，一般采用集选控制，下面简要介绍此控制系统的工作过程。

1）电梯关门及自动确定运行方向

假设电梯停靠在 1 楼，此时 5 楼有外召唤指令。此指令信号通过串行通信方式到达 ST-CPU，ST-CPU 依据楼层外召唤指令信号和电梯轿厢所在楼层位置信号，经过逻辑分析判断发出向上运行指令；此指令同时发送给 CC-CPU，CC-CPU 做好启动运行的准备。ST-CPU 发出关门指令，门机系统执行关闭电梯层门和轿门，实现电梯自动关门和自动定向。

2）电梯启动及加速运行

CC-CPU 依据 ST-CPU 传送来的上行指令，生成速度运行指令，并依据载荷检测装置送来的轿厢载荷信号，通过 DR-CPU 进行矢量控制计算，生成电梯启动运行所需的电流和电压参数控制逆变器进行逆变输出，主电路运行接触器接通，电动机得电，同时 ST-CPU 发出指令使抱闸装置打开，电梯开始启动上行。当电梯启动运行后，与电动机同轴安装的旋转编码器随着电动机的旋转不断发送脉冲信号给 ST-CPU 和 CC-CPU。ST-CPU 依据此信号控制运行，CC-CPU 依据此信号进行速度运算，并发出继续加速运行的指令，电梯加速上行。当电梯的速度上升到额定速度时，CC-CPU 将旋转编码器的脉冲信号与设定值比较，发出匀速运行命令，电梯按指令匀速运行。在这一过程中，CC-CPU 均以调整变量参数值的形式使逆变器正常工作。电梯完成启动、加速、匀速运行。

3）电梯减速平层停靠及自动开门

在电梯运行过程中，CC-CPU 依据编码器发送来的脉冲信号，进行数字选层信息运算，当电梯进入 5 楼楼层区域时，CC-CPU 按生成的速度指令提前一定距离发出减速信号，通过矢量控制计算控制逆变器按预先设置的减速曲线，控制电梯进入减速运行。当电梯继续上行到达 5 楼平层区域时，轿厢顶的平层区域位置检测器给 CC-CPU 发出电梯爬行速度指令，并通过数字选层的运算开始计算停车点。当旋转编码器发送来的脉冲数值等于设定值时，由 CC-CPU 发出停车信号，逆变器中的大功率晶体管关闭，电动机失电停止运行，电梯在零速停车。同时，发出指令使制动器抱闸，主电路运行接触器复位，主触点断开，电梯在 5 楼平层停车。随后，ST-CPU 发出开门指令，电梯自动开门。至此，电梯就完成了一次从关门启动到停车开门的运行全过程。在此运行过程中，若在 3 楼有向上的外召唤信号而电梯还没有运行到 3 楼之前，电梯在 3 楼自动停车，即在 3 楼实现顺向截梯功能。同时，在整个运行过程中，ST-CPU 依据各楼层位置信号的输入，经内部程序控制正确输出电梯的运行方向和实际的楼层位置指示。

 ## 7.2 YPVF 电梯系统

7.2.1 YPVF 电梯的系统构成

YPVF 电梯的系统结构如图 7-12 所示。

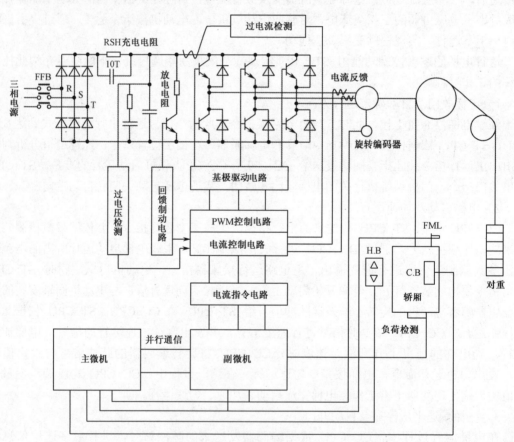

图 7-12 YPVF 电梯的系统结构

（1）主电路：由三相整流器、逆变器、充电电路和放电电路组成。

在桥式整流器上的大容量电容和 RC 滤波电路，用来滤波，稳定直流电压。直流侧设置了放电电路。当电梯制动时会引起直流侧电压的上升；当电压上升到一定值时，可通过硬件电路使反馈三极管自行导通，把反馈的电能消耗在放电电阻上。

在运行接触器 10T 上并联 RSH 充电电阻，其作用是在电梯投入运行前，使滤波电容预充电；当 10T 接通电梯投入运行时，避免因电容瞬间大电流充电产生冲击，保护整流器和滤波电容。

（2）主微机：采用 M6802 芯片，主要负责机房控制柜与轿厢之间串行通信，以取得轿厢的开关信号、呼叫信号；与厅站进行串行通信，以取得厅外召唤信号，以及进行开、关门控制，运行控制，故障检测和记录等。

（3）副微机：采用 M6800 芯片，主要功能是依据主微机的运行指令，负责数字选层器的运算、速度指令生成、矢量控制，进行故障检测和记录，负责信号器工作。

（4）电流控制电路：通过将电流指令电路中三相交流电流指令与感应电动机电流反馈信号比较，发出逆变器输出电压指令，比较各种反馈信号，决定指令是否生成。

（5）电流指令电路：依据副微机矢量控制演算结果，发出三相交流电流指令。

（6）PWM 控制电路：产生与逆变器输出三相电压指令对应的基极触发信号。

（7）基极驱动电路：依据 PWM 信号，驱动主电路中逆变器内的大功率晶体管，使晶体管导通。

（8）负荷检测装置：检测轿厢负荷并输送负载信号给副微机，以进行启动力矩补偿，使电梯运行平稳。

另外，YPVF 系统中还包括发送脉冲信号到主、副微机的旋转编码器、传递楼层位置信号的位置检测器 FML、可接收指令信号和开关输入信号的轿内操纵箱 C.B 和厅外召唤箱 H.B，以及系统的各种保护装置。YPVF 的主微机和副微机之间采用并行通信，共同控制又互相监控。

7.2.2　YPVF 电梯的运行过程

1. 运行准备

主电路的阻容吸收电路如图 7-13 所示。整流部分原理和结构如图 7-14 所示。

当合上电梯动力电源开关后，R、S、T 出线端有交流 380V 电压，控制柜上的电压表有电压指示，电源指示灯亮。主开关闭合后，由阻容电路组成的过压保护电路投入运行。逆变器的排风扇开始工作。

当三相电源 R、S、T 进入整流器后，经整流三相交流电变为直流电，上端为正，下端为负。由于此时 10T 处于释放状态，直流电只能通过冲击限流电阻 RSH 向大电容充电。预充电功能减少了电梯启动时电流对电网的冲击，也保护了整流器和滤波电容。此时虽然变频器两线端有电压，但是逆变器处于关闭状态，此时无输出。

当电源开关 FFB 合上后，变压器有电压，使各控制电路得电，层楼指示器灯点亮，这时合上控制柜上的轿厢照明开关，轿内照明亮，排风扇有电。此时若安全系统正常，门处于关闭状态，电梯处于运行准备状态。

2. 外呼、开门

外呼原理图如图 7-15 所示。

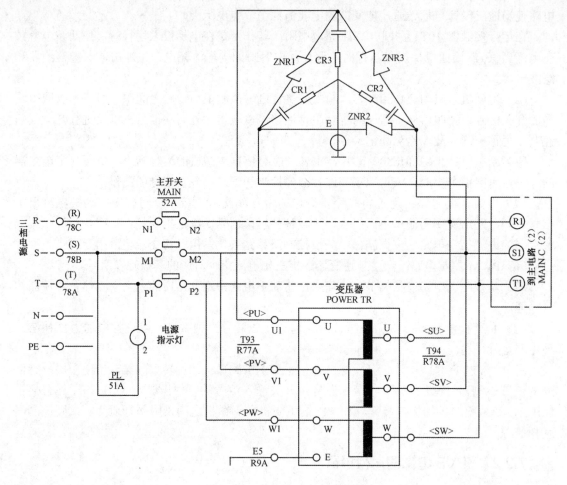

图 7-13　主电路的阻容吸收电路

外呼电源 P22A 是直流+22V 电源。若轿厢停在一层，乘客按一下一层的上行召唤按钮 1U，+22V 电源 P22A 经 XH1-2、发光二极管、按钮 1U、XH1-1 接 GD22AX；同时经 FIO 输入/输出板的 XH1-3 接口，又经输入缓冲器 X711+0 输入计算机后使输出缓冲器 Z711+0 输出保持信号，1 层上行召唤发光二极管发光。

经计算机检索。①电梯正在本层的平层位置；②电梯处于关门状态；③电梯无运行指令；④本层有呼梯信号，则计算机判断为本层开门。经输出缓冲器输出开门信号，使门电动机旋转开门。开门分两个阶段：第一阶段开门速度较快；第二阶段开门速度较慢，直到将开门限位撞开，开门停止。

3．内选、关门

乘客进入轿厢后，若按下 5 层的指令按钮，电路板上的直流+22V 电源同样经输入缓冲器将轿内呼叫信号输入计算机。计算机存储并记忆。输出缓冲器再输出记忆信号，内选 5 层的记忆灯亮，经计算机判别定为上行方向运行。

经延时或按下关门按钮，门电动机向关门方向旋转。将关门停止开关撞开后，门电动机停止旋转。门关闭好为启动做好准备。

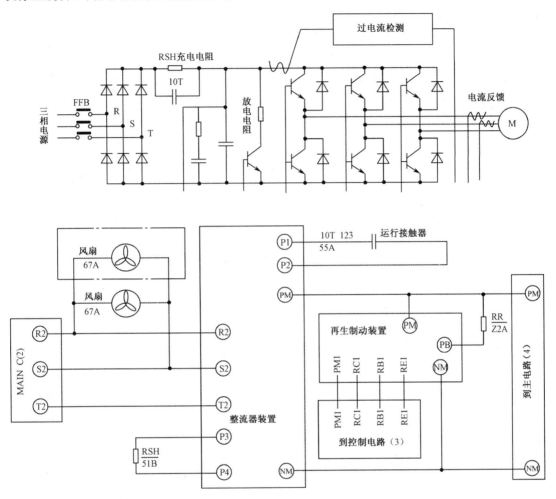

图 7-14 整流部分原理和结构

4．启动、运行、停车

启动、运行、停车的主拖动电路如图 7-16 所示。停车抱闸电路如图 7-17 所示。

经计算机检测，电梯有方向指令，厅、轿门电气连锁已闭合时，即发出运行信号。这时副微机发出电流控制指令经载频调制后进行脉冲分配，形成六路基极触发电压。此触发信号驱动逆变器的六只大功率晶体管工作。大功率晶体管经 U、V、W 线端输出调频调压电流，再输入到曳引电动机的线圈，电动机开始启动。图 7-16 中电抗器是为了改善电源质量而设置的。

电动机启动的同时，直流 110V 电压经安全继电器到抱闸接触器线圈，使抱闸继电器 15B（参见图 7-17）吸合，抱闸打开，曳引机转动，轿厢上升。在启动过程中，由于给定标准电压的变化，载波频率也不断变化，电动机的转速随着频率的不断变化而变化。当启动过程完毕，给定电压稳定在某一数值，频率也相应地稳定在某一数值，电梯匀速运行。在运行过程中，与电梯曳引机同轴的旋转编码器不断发出相应的脉冲数，作为速度反馈信号反馈到MPU板并与给定电压比较，用来调整电压的频率，使电梯匀速运行。

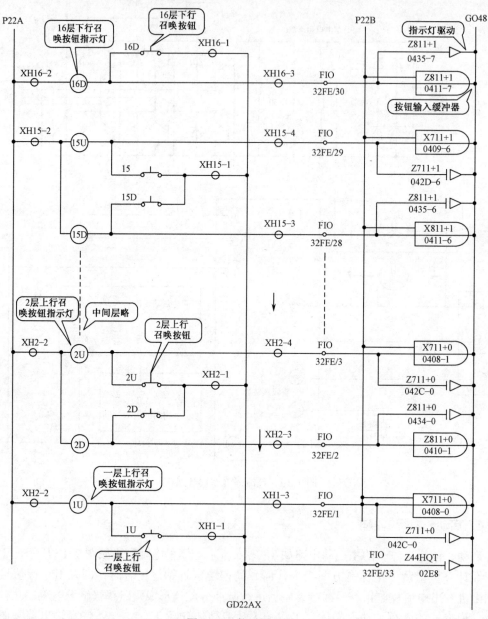

图 7-15　外呼原理图

运行过中，计算机不断搜寻电梯运行方向的呼梯信号。当电梯轿厢运行到 4 层时，计算机已搜寻到 5 层停站信号。经一定延时后，MPU 输出减速给定电压，电梯开始减速。

当井道中第 5 层的隔磁板进入平层传感器时，电梯进一步减速，并开始计数到预定值时，电梯停车。15B 释放，电梯抱闸。

电梯停止以后再抱闸称为零速抱闸，舒适感很好。停车以后的电梯开门、关门动作与前面的相同。

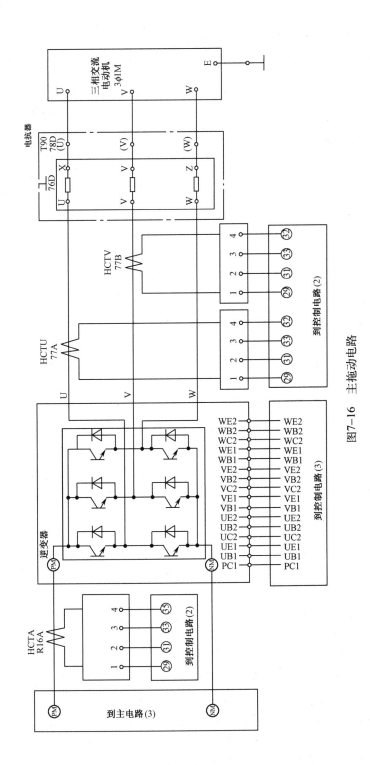

图7-16　主拖动电路

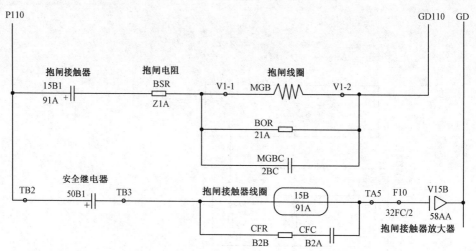

图 7-17　停车抱闸电路

5. 电梯的检修操作

1) 轿内检修操作

将轿厢操纵箱上的小盒盖打开，将"检修灯"开关扳到下方（检修灯位）。这时，轿顶和轿底的检修灯应该点亮。再将"检修"开关扳至下方（检修位），电梯即为检修运行状态。

检修向上运行：按下操纵箱上最高层的选层按钮，电梯关门后以检修速度上行。当电梯到达平层区时，操纵箱上"OPEN"按钮旁的红灯亮。若这时松开按钮，电梯平层开门。

检修向下运行：按下操纵箱上最低层的选层按钮，电梯关门后以检修速度下行。当电梯到达平层区时，操纵箱上"OPEN"按钮旁的红灯亮。若这时松开按钮，电梯平层开门。

在检修运行中，松开按钮，电梯立即停止。

恢复快车运行状态：在平层区内恢复快车时，将"检修灯"和"检修"开关均扳至上方（正常位），电梯即恢复快车状态。若电梯不在平层区而将上述开关扳至上方时，电梯将自动鸣笛，以中速运行到下一层平层位置停梯开门，恢复快车运行。

2) 轿顶检修操作

轿顶检修操作需两人配合进行。将轿厢操纵箱上的开关置于检修状态，一人在层门外，另一人在轿厢内操纵电梯以检修速度向下运行。当轿顶与层门地坎基本平齐后，令轿厢内人员停止运行。层门外人员用三角钥匙打开层门，立即将轿顶检修箱上的停止开关扳至"停止"位置，或者把轿顶操作开关扳至"轿顶操作"位置。

层门外人员进入轿顶后，将"轿顶操作"开关置于轿顶操作位置，把"停止"开关置于正常位置，把"关门机"开关置于正常位置。关好层门后，利用操纵盒上的"UP"或"DOWN"按钮即可在轿顶操作电梯以检修速度上行或下行。当"轿顶操作"开关置于轿顶操作位置时，轿厢内人员操作无效，电梯只能听命于轿顶人员的操作。

在轿顶操作检修时，电梯每运行一次，轿门就要开关一次。若不需要轿门每次都开关，可把轿门关好后，再把"关门机"开关置于关门机位置，则轿门就不再打开。

在运行过程中，若遇紧急情况，可将轿顶操作箱的"停止"开关或操纵盒上的"停止"开关扳下，使电梯停止。

7.2.3　YPVF 的数字选层器原理

1．旋转编码器原理

旋转编码器是与电动机同轴连接的，可随电动机的转动，产生脉冲信号输出，用此信号可以检测运行距离。输出脉冲到微机的转速检测回路，可以检测运行方向、先行距离及减速距离。

2．利用旋转编码器对运行方向进行判断

旋转编码器每一转产生 1024 个脉冲，采用两相检测，两相相位差为 90°，因此可以判断轿厢是上行还是下行。旋转编码器结构简图如图 7-18 所示。

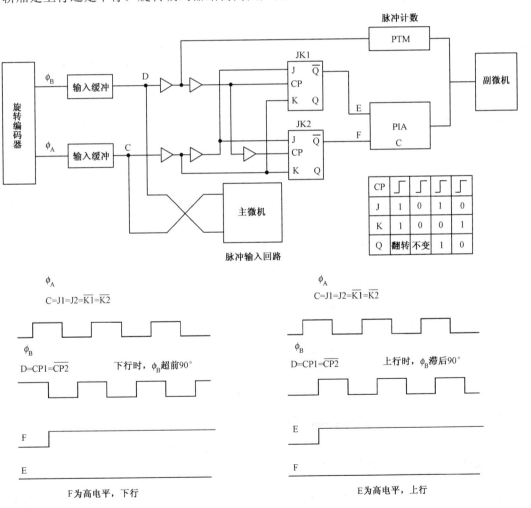

图 7-18　旋转编码器结构简图

由图 7-18 可见，由两个 JK 触发器及门电路构成方向判断，结果送 PIA。由 PTM 进行

脉冲计数。电梯下行时，ϕ_B 超前 $\phi_A 90°$；上行时，ϕ_B 滞后 $\phi_A 90°$。当 F 为高电平时，表示电梯下行；当 E 为高电平时，表示电梯上行。

3. 数字选层器

由旋转编码器就能取得电梯的位置信号，要完成选层的功能，首先应了解以下概念。

1）同步位置

反映电梯在井道中的实际位置，用底层层门地坎平面作为计算原点。电梯运行时，不断接收旋转编码器发来的脉冲，上行为增计数，下行为减计数。计算数值就是同步位置时的数值。

2）层高表

电梯安装完成后必须把两层层门地坎之间测得的编码器脉冲数值存入相应的层高表，以备随时使用。

3）同步层

电梯运行时，微机由同步位置和层高表可计算出同步层。同步层用于层楼显示、已响应的轿内指令和厅外召唤信号的消除、运行方向的选择等。轿厢到达每两层中点时，同步层加 1（上行时）或减 1（下行时），来更新同步层的位置。

4）先行位置

先行位置由层高表、同步层及先行距离速度码决定。速度指令发生后，加速开始，速度按级递增，v_1、v_2、v_3、$\cdots$、v_n。由于为加速运行，随速度提高，每级的运行距离不同。为了避免重复计算，将这些距离编成表格存于微机内，对应的运行距离为 S_1、S_2、S_3、$\cdots$、S_n，以备随时使用。

先行位置＝（同步层）层高表±先行距离。其中，"＋"时为上行；"－"时为下行。

5）先行层

当电梯在某层停止时，先行层等于同步层，但在电梯启动瞬间，电梯上行时即转为上一层，电梯下行时即转为下一层。先行层比同步层顺向超前一层。

电梯从启动运行开始检测轿厢和厅站的召唤信号，若发现有一个召唤信号与先行层相同且先行位置等于先行层时，电梯即发出减速信号，进入减速准备阶段。但召唤信号有可能是单层运行。这样，电梯一启动就会发现先行位置等于先行层且先行层有召唤，电梯未完成加速就要进入减速。因此，微机内加入了判断程序。先行位置算出后，立即将它与同步位置进行比较，若（先行位置－同步位置）>常数，则上行；若（同步位置－先行位置）<常数，则下行。

7.2.4　YPVF 控制屏与轿厢的串行通信

1. 轿厢与控制屏间的主要信号

轿厢到控制屏的主要信号有：轿内指令按钮，如选向、直驶、启动等；轿顶检修上行、下行信号；安全窗、安全钳开关、轿顶传感器信号；轿厢的超载信号等。

控制屏到轿厢的主要信号有：层楼指示信号；门电动机驱动信号、电梯故障使用的轿内电话、轿内照明、风扇自动控制信号；报站钟及显示信号等。

2．串行通信的硬件组成

YPVF 电梯控制屏及轿厢是用两块集成电路 SDA 进行串行通信的。

SDA 芯片采用全双工通信方式，收发同时进行，并且在无 CPU 介入的情况下也能进行自动地址扫描，收发信息。SDA 芯片的结构如图 7-19 所示。

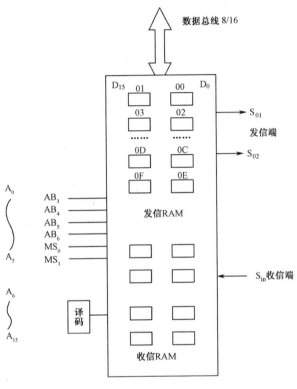

图 7-19　SDA 芯片的结构

控制屏侧的 SDA 的工作由 MPU 控制，用数据总线的低 8 位对 RAM 读出、写入数据。MS_1 和 MS_0 是片选信号，$MS_1=0$、$MS_0=0$ 时，选中发信 RAM；$MS_1=0$，$MS_0=1$ 时，选中收信 RAM。在选中的情况下可对串行传送来的数据按顺序放到 RAM 内进行读出或写入。AB_6、AB_5、AB_4、AB_3 四条地址总线确定 RAM 的地址单元。

信号传送时，发送内容从 S_{01}、S_{02} 送出，为了使信号不失真地传送，S_{01}、S_{02} 送出的信号为交替变化波，如图 7-20 所示。

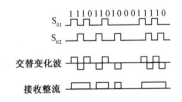

图 7-20　信号传送波形图

对于交替变化波，使用变压器传输是最简单最方便的方法，如图7-21所示。

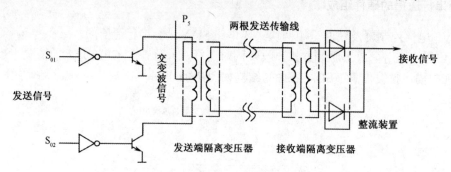

图7-21　交替变化波的形成及传送原理

在接收端同样采用变压器隔离，这样可滤去传送中的噪声。接收到的交替变化波只需用整流器就可以方便地还原信号。轿顶SDA工作示意图如图7-22所示。

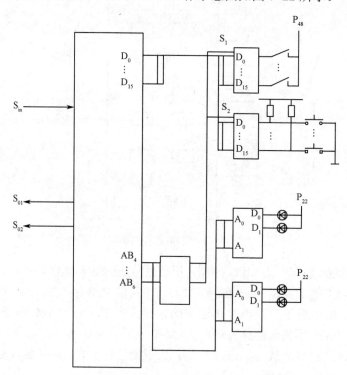

图7-22　轿顶SDA工作示意图

轿顶SDA工作于自动地址扫描方式。控制屏送来的串行数据由S_{in}输入，SDA内部进行同步检测、校验。正确数据转为并行数据。地址比较器将扫描地址与接收地址比较，若一致，就将接收数据经接收RAM送到8位兼容数据锁存器分配到各驱动口。

轿厢到控制屏的数据经过并串转换后，形成完整的串行信息，再转换成交替变化波，从S_{01}、S_{02}输出，经隔离变压器送至控制屏。

7.2.5 YPVF 电梯的载重补偿

1. YPVF 电梯的预补偿功能

YPVF 电梯采用了随负载变化线性连续补偿的功能，如图 7-23 所示。载重检测使用的传感器是差动变压器。

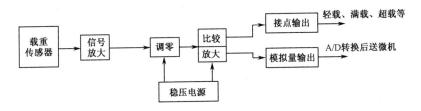

图 7-23 YPVF 电梯补偿装置原理

2. 差动变压器的工作原理

YPVF 的载重传感器安装在轿厢底部，采用差动变压器。差动变压器工作原理如图 7-24 所示。

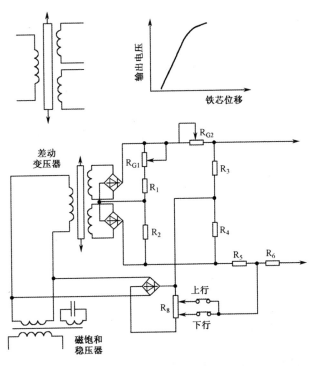

图 7-24 差动变压器工作原理

变压器由一次线圈、两个二次线圈和铁芯组成。一次绕组输入交流电源，二次绕组则输出感应电压，随铁芯的深度增大，感应电压升高。

交流电压经磁饱和变压器稳压后送至差动变压器一次绕组，二次绕组输出电压经全波整流后反向叠加，随铁芯插入深度的增大，其电压升高，调整 R_{G1}、R_{G2} 可调整输出斜率，R_{G1} 用于粗调，R_{G2} 用于精调）。利用开关选择，可以得到不同状态的补偿特性。

7.2.6 键盘及显示器的结构和功能

1. 键盘的结构和功能

YPVF 电梯键盘如图 7-25 所示，它由 16 个独立键组成。"0～F"按钮可以输入十六进制数。其中，括号内的数需要配合"SHIFT"键使用，当同时按下"SHIFT"键时显示括号内的数。

"INC/DEC"键用于地址数据的增减；"トプ止"键用于禁止开关门；"START"键用于层高测量时的启动；"A/D"为地址、数据转换键；"SET""RESET"键用于各模式的设置和复位；"MODE"键用于选择各种模式；"SHIFT"为转移键。

2. 显示器的结构和功能

显示器由 6 位带小数点的七段 LED 组成。显示器显示的内容如图 7-26 所示。

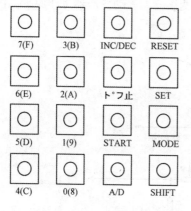

图 7-25　YPVF 电梯键盘　　　　图 7-26　显示器显示的内容

启动灯：仅在标准情况下启动指令 Z100 接通时点亮。

减速灯：仅在标准情况下电梯减速时点亮。

开门区灯：仅在标准情况下电梯停在开门区内点亮。

故障灯：仅在标准情况下检测到故障时点亮。

慢车灯：仅在标准情况下点亮，以便在机房内区分快车和慢车运行方式。

门停止灯：标准情况监控器进行门停止操作时点亮。

显示器显示功能说明如图 7-27 所示。

7.2.7 YPVF 电梯的故障检测功能

1. 电梯故障的分类

以日立电梯微机为例，按电梯故障的严重程度分为以下五大类。

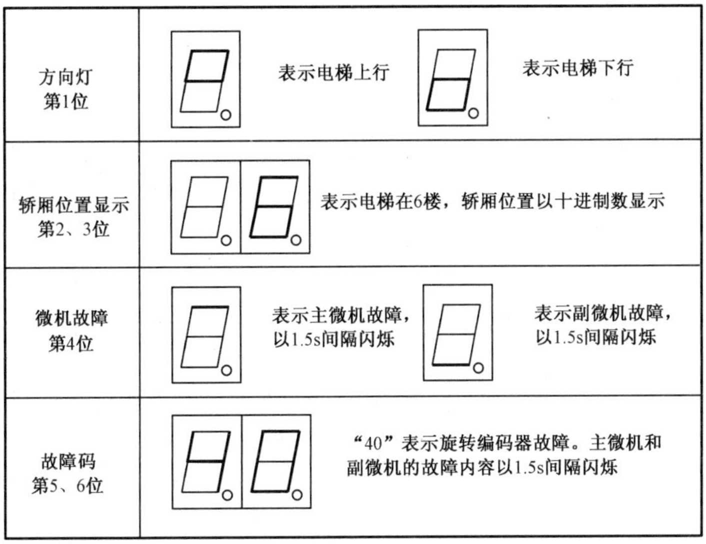

方向灯 第1位		表示电梯上行		表示电梯下行
轿厢位置显示 第2、3位		表示电梯在6楼,轿厢位置以十进制数显示		
微机故障 第4位		表示主微机故障, 以1.5s间隔闪烁		表示副微机故障, 以1.5s间隔闪烁
故障码 第5、6位		"40"表示旋转编码器故障。主微机和 副微机的故障内容以1.5s间隔闪烁		

图7-27 显示器显示功能说明

（1）故障最严重，电梯立即停止，不能再启动。通常此类故障包括安全装置故障、主、副微机间的通信故障，主电路过流、过压及轿厢与控制屏的串行通信故障。

（2）运行中电梯立即停止，但可重新启动，执行低速自救，使电梯以低速运行到最近层开门放出乘客。此类故障包括减速异常、同步位置错误、微机选层器计数错误、强迫减速开关粘死等。

（3）运行中的电梯立即向最近层站停靠，停止后不能再启动。此类故障包括平层时间过长和变频器过热等。

（4）并联或群控系统故障等。此类故障发生时，电梯会自动脱离并联或群控管理系统而成为独立运行电梯，并进行援助服务等。

（5）故障带有偶然性，发生后可能自动解除，对安全运行影响不大。此类故障包括启动时超负荷、负荷补偿故障、门机构被异物卡住等。

2．电梯故障的检测

电梯故障检测框图如图7-28所示。

1）重要信号的安全检测

电梯的重要安全信号，如安全钳开关是否动作，安全窗开关是否闭合，轿内和轿顶急停开关是否按下，主、副微机通信故障等，都会使电梯立即急停并作相应地处理。

2）门连锁继电器、主电路接触器、抱闸接触器等强电器件故障检测

继电器及接触器在微机的驱动下吸合或释放，触点容易粘连或不吸合，这就有可能使电梯不能正常运行，甚至发生事故。因此，对于重要的器件，其触点信号必须送回微机，以判断此器件的动作是否良好，并判断出故障类型。此类器件有门连锁继电器、主回路接触器、抱闸接触器等。

3）主电路电压电流故障检测

过流检测是通过主电路上的电流互感器进行的，将检测电流与存储的数值进行比较来

判断是否过流。

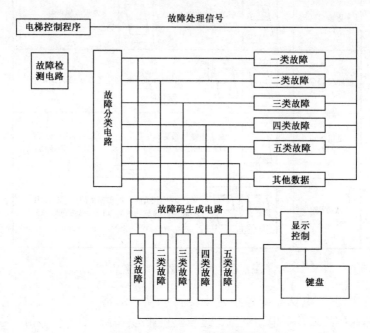

图 7-28　电梯故障检测框图

过压、欠压的检测是在主电路设置电压检测点。检测数值被送到 CPU，与存储的数值比较，若超过，则为过压；若低于设定值，则为欠压。

4）微机的通信检查

微机中的通信，无论是轿厢与控制屏的串行通信，还是主、副微机间的并行通信，只要发出代码与接收代码不同，就要作相应处理，一般情况下都会使电梯停止运行。

5）电梯运行方向检测

脉冲编码器随电动机旋转产生两相脉冲，通过方向判别电路可检测电梯的运行方向。若微机发出的运行方向指令与方向判别电路不同，则电梯立即停止，电梯不能再启动，只能在排除故障后，才能正常运行。

6）曳引机上的旋转编码器故障检测

在微机系统本身工作正常的情况下，当旋转编码器出现故障时，电梯在启动运行后，超过一定时间仍没收到脉冲输入，则认为旋转编码器出现故障。

7）电梯运行中自救再运行功能

电梯运行中发生故障而急停时，若是偶然原因，如减速异常、同步位置错误等，微机会使电梯以低速运行自救，行驶到最近平层区放出乘客，然后再恢复正常运行。

第8章 电梯的PLC电气控制系统实战知识

 ## 8.1 电梯PLC控制系统简介

电梯控制系统可分为电力拖动系统和电气控制系统两个主要部分。电力拖动系统主要包括电梯垂直方向主拖动电路和轿厢开、关门电路。二者均采用易于控制的直流电动机或三相异步电动机或永磁同步电动机作为拖动动力源。主拖动电路大部分采用PWM调制方式及变频技术，达到了无级调速的目的。而现代电梯开、关门电路大部分也采取了变频门机驱动技术。电气控制系统则由众多呼叫按钮、传感器、控制用继电器、指示灯、LED显示部分和控制部分的核心器件微机控制或PLC控制。

对于采用微机作为信号控制单元的电梯，和用可编程控制器（PLC）控制的电梯比较，从控制方式和性能上来说，这两种方法并没有太大的区别。国内厂家大多选择第二种方式，其原因在于生产规模较小，如果自己设计和制造微机控制装置，成本较高；而PLC可靠性高，程序设计方便灵活。特别是PLC集信号采集、信号输出及逻辑控制于一体，与电梯电力拖动系统一起能很好实现电梯控制的所有功能。

PLC控制在电梯控制系统中一般由呼叫到响应计做一次工作循环，这个工作循环过程又可细分为自检、正常工作、强制工作等三种工作状态。电梯在这三种工作状态之间切换，以构成一次完整的电梯工作过程。

8.1.1 电梯的三种工作状态

1. 电梯的自检状态

当PLC上电后，PLC中的程序就开始运行，但因为电梯尚未读入任何数据，也就无法在收到请求信号后通过固化在PLC中的程序作出响应。为满足处于响应呼叫就绪状态这一条件，必须使电梯处于已知楼层的平层状态且电梯门处于关闭状态。电梯自检过程为：先按下启动按钮，再按下恢复正常工作按钮，首先电梯门处于关闭状态，然后电梯自动向上运行，经过两个以上平层点后停止，再返回到首层等待工作任务（通常这一过程根据厂家设计不同而不同）。

2. 电梯的正常工作状态

电梯完成一个呼叫响应的步骤如下：

（1）电梯在检测到门厅或轿厢的呼叫信号后将此楼层信号与轿厢所在楼层信号比较，然后通过选向模块进行运行选向。

（2）电梯通过拖动调速模块或变频模块驱动电动机拖动轿厢运动。轿厢运动速度要经过低速转变为中速再转变为高速，并以高速运行至减速点后为减速做好准备。

（3）当电梯检测到目标层楼层检测点产生的减速点信号时，电梯进入减速状态，由中速变为低速，并以低速运行至平层点后停止。

（4）平层后，经过一定延时后开门，直至碰到开门到位行程开关；再经过一定延时后关门，直到碰到关门到位行程开关。电梯控制系统始终实时显示轿厢所在楼层（其中电梯在首层是处于开门或关门状态，因厂家设计不同而不同）。

3. 电梯的强制工作状态

当电梯的初始位置需要调整或电梯需要检修时，应设置一种状态使电梯处于该状态时不响应正常的呼叫，并能移动到轿厢导轨上、下行程极限点间的任意位置。控制台上的消防/检修按钮按下后，使电梯立刻停止原来的运行，然后按下强迫上行（下行）按钮，电梯上行（下行）；一旦放开该按钮，电梯立刻停止。当处理完毕时，可用恢复正常工作按钮来使电梯跳出强制工作状态。在电梯处于检修状态期间，电梯一般以点动方式运行。

8.1.2　电梯 PLC 控制系统的硬件组成

电梯 PLC 控制系统硬件结构框图如图 8-1 所示。它包括按钮电路，楼层传感器检测电路，发光二极管记忆灯电路，PWM 控制调速电路，轿厢开、关门电路，楼层显示电路及其他辅助电路等。一般为减少 PLC 输入/输出点数，采用编码的方式将呼叫及指层按钮编码等五位二进制码输入 PLC。

1. 系统输入部分

系统输入部分分为三个部分，一是直接输入到 PLC 输入口的开关量信号部分，包括按钮操纵箱上的启动按钮，恢复正常工作按钮，消防/检修按钮，强迫上行（下行）按钮以及开、关门行程到位开关信号等；二是楼层检测输入信号部分；三是其他输入信号。

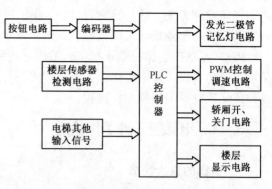

图 8-1　电梯 PLC 控制系统硬件结构框图

2. 系统输出部分

系统输出部分包括发光二极管记忆灯电路，PWM 控制调速电路，轿厢开、关门电路和楼层显示电路等。

8.1.3　电梯 PLC 控制系统的软件设计

1．软件流程

（1）电梯 PLC 控制主程序流程如图 8-2 所示。

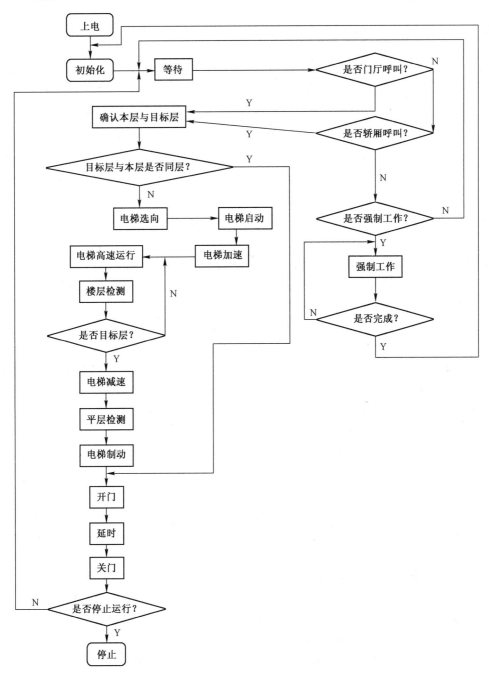

图 8-2　电梯 PLC 控制主程序流程

（2）楼层实现程序流程如图 8-3 所示。

2. 模块化编程

在电梯控制系统中，大部分采用集选式控制系统，控制比较复杂，但却很适合采用模块化编程方法。

首先要将各个输出信号的属性分类，模块与模块之间的衔接可以用中间寄存位来传递信息，如门厅呼叫电路和轿厢内指层电路均要求读入按钮呼叫信号，并保持至呼叫被响应完成为止。将门厅呼叫按钮，厢内指层按钮，厢内开、关门按钮，报警按钮等通过 32 级优先编码电路编码后输入 PLC，在软件上就形成了读按钮编码电路模块。

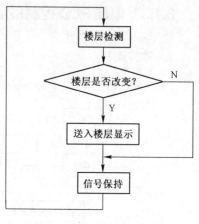

图 8-3　楼层实现程序流程

我们把电梯系统软件大致分为八个模块：读按钮编码电路模块，楼层检测电路模块，控制七段数码管显示楼层电路模块，电梯选向电路模块，系统正常工作状态及电机调速拖动电路模块，减速点信号产生电路模块，电梯轿厢开、关门电路模块和按钮记忆灯显示电路模块。

楼层检测电路模块主要是读入楼层编码并将该记忆信号存入对应的中间寄存位，直到楼层改变为止。

控制七段数码管显示楼层电路模块主要控制两片七段数码管的显示。

电梯选向模块主要是完成电梯在响应呼叫时作出向上运行还是向下运行的判断。该模块有两个对系统来说特别重要的中间量输出，即上行中间寄存位和下行中间寄存位。

系统正常工作状态及电机调速拖动电路模块将系统初始化过程、强制工作过程及电机调速拖动过程合并为一个模块。

减速点信号产生电路模块完成将减速点信号通知系统的任务。电梯在运行到目标楼层检测点时要进入减速状态，而电梯在运行过程中会碰到很多的楼层检测点，只有到目标楼层的检测点时才会发出减速通知，电梯在经过目标楼层检测点时接到这个信号就开始减速了。

电梯轿厢开、关门电路模块和按钮记忆灯显示电路模块是为了便于控制组成的模块，分别控制轿厢的开、关门电路和按钮接通之后需要记忆显示的发光二极管电路。

8.1.4　电梯 PLC 控制系统的其他功能

电梯 PLC 控制系统除能实现实际旅客电梯系统的绝大部分功能外（包括门厅召唤功能，轿厢内选层功能，顺向截梯功能，智能呼叫保持功能，电梯自动开、关门功能，电梯手动开、关门功能，清除无效指令功能，智能初始化功能，消除/检修功能，楼层显示功能和电梯平滑变速功能），各生产厂家还根据需要增加了如下功能：

（1）增加与微机通信的接口，实现联网控制，多台电梯的综合控制由微机完成。

（2）优化电梯的选向功能，使之能随客流量的变化而改变，达到高效运送乘客的目的。

（3）增加出现紧急情况时的电梯处理办法。

（4）需输入密码才能乘电梯到达特殊楼层功能，且响应该楼层呼叫时不响应其他楼层呼叫。

（5）设置门感应装置，如关门时仍有乘客进出，则轿门未触及人体就能自动重新开门。

（6）其他人性化功能。

8.1.5　编制电梯 PLC 程序的步骤

1．系统设计

根据电梯的拖动和控制方式及其他特殊要求，依据所在单位和个人条件，计算 I/O 点数和选择 PC 的规格型号，并设计绘制电路原理图和安装接线图。

2．设计 PLC 梯形图程序

采用 PLC 作为中间过程控制，在电路原理图和安装接线图设计绘制完成后，还必须设计绘制与电路原理图对应的 PLC 梯形图程序。梯形图程序是 PLC 内各种软硬继电器的逻辑控制图，它的逻辑控制方式类似于中间过程控制继电器之间的逻辑控制电路图，因此它是PLC 控制电气系统设计工作的重要环节之一。设计梯形图程序时，应按 PLC 使用手册的方法，了解 PLC 的 I/O 接口分配、组合排列和代号，机内各种软继电器、数据区、通道代号，常用指令的编制规则和代号等。

设计梯形图一般应遵守以下规则：

（1）I/O 点和内部各种软继电器等的常开和常闭触点可多次重复使用。

（2）软继电器的线圈不能与左边的母线直接连接，应有过渡点。

（3）软继电器的右边不能再有接点。

（4）在一套梯形图中，相同代号的线圈不能重复出现。

（5）PLC 的输入/输出点可当软继电器来使用。

3．灌输程序

梯形图编制好后，必须灌输到 PLC 的存储器中方可运行。现在大家都有电脑，我们可以用编程软件把梯形图编好，用专用的电缆把电脑与 PLC 连接后，就可把程序写到 PLC 中去了。

4．模拟运行

程序灌入 PLC 中之后，先要进行模拟运行。方法可用搭接线的办法模拟输入端的各种状态，观看输出信号是否达到设计要求。

8.2　常见 PLC 外形和结构

8.2.1　常见 PLC 外形和分类

1．常见 PLC 外形

常见 PLC 外形如图 8-4 所示。

三菱 FX2N PLC

西门子 PLC S7-200

欧姆龙CP1H

图 8-4　常见 PLC 外形

2. PLC 分类

PLC 按容量及功能分类如表 8-1 所示。

表 8-1　PLC 按容量及功能分类

性　能	小　型	中　型	大　型
I/O 点	256 点以下	256～2048 点	2048 点以上
存储器容量	0.5～2KB	2～64KB	64KB 以上
CPU	单 CPU、8 位微处理器	双 CPU、16 位字处理器、32 位字处理器	多 CPU、32 位字处理器、位处理器和浮点处理器
扫描速度	10～60ms/千步	10～60ms/千步	1.5～5ms/千步
辅助继电器	8～256 个	256～2048 个	2078～8192 个
定时器	8～64 个	64～256 个	256～1024 个
计数器	8～64 个	64～256 个	256～1024 个
智能 I/O（特殊功能模块）	少	有	有
联网能力（通信功能）	有	有	有
主要用途	逻辑运算、定时、计数、简单算术运算、比较、数制转换	逻辑运算、定时、计数、寄存器和触发器功能。算术运算、比较、数制转换、三角函数、开方、乘方、微分、积分、定时中断	逻辑运算、定时、计数、寄存器和触发器功能。算术运算、比较、数制转换、三角函数、开方、乘方、微分、积分、PID、定时中断、过程监控、文件处理
编程语言	梯形图、指令（语句）表	梯形图、流程图、指令（语句）表	梯形图、流程图、指令（语句）表、图表语言、实时 BASIC

8.2.2　PLC 控制器基本结构

1. 构成

PLC 控制器的结构和原理与微机相似。硬件有微处理器、存储器、各种输入/输出接口等，如图 8-5 所示。

2. 微处理器（CPU）

（1）作用：是 PLC 的核心，是运算、控制中心，用于实现逻辑运算、算术运输，并对全机进行控制。

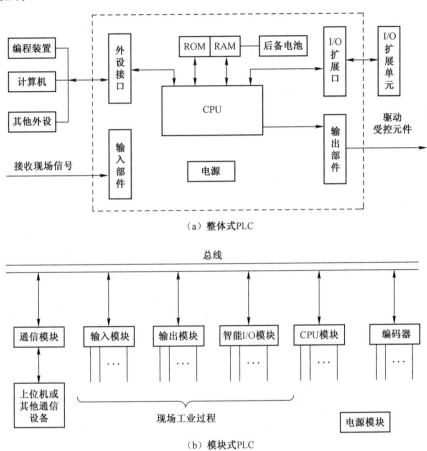

（a）整体式PLC

（b）模块式PLC

图 8-5 PLC 的构成

（2）构成：微处理器可采用单 CPU、双 CPU、多 CPU，有 8 位、16 位、32 位 CPU 芯片，如 Z80A、8031、8085、8086、80286 等芯片。其性能代表信号处理能力与速度。

（3）CPU 功能：接收并存储从编程器来的用户程序和数据，或计算机的梯形图信息，并存入指令寄存器；用扫描方式接收现场输入的状态和数据，存入输入状态寄存器或数据寄存器；显示自诊断、电源、内部工作状态和编程的语法错误；PLC 运行时，逐条读取程序，执行指令，发出控制信号，启闭控制电路，执行数据存取、传送、组合、比较和转换，逻辑算术运算；根据运算结果，更新状态或数据，实现输出控制、制表、打印或数据通信等；CPU 接收 I/O 送来的中断请求，进行中断处理，再返回主程序，顺序执行。

3．存储器

（1）只读存储器（ROM）——PLC 厂家写入的系统程序，永久保存。

检测程序——PLC 加电先检测各部件操作是否正常，并显示检查结果。

翻译程序——用户键入控制变换成微机指令组成的程序，然后执行。

监控程序——根据需要调用编程器选定的相应的内部工作程序。

（2）随机存储器（RAM）——为读写存储器，即用户写入的程序。写入信息覆盖原信息，读出时，RAM 内容不破坏。断电时锂电池供电使 RAM 中信息不变。

用户程序（软件）——PLC 选择（STOP 或 PROGRAM）编程工作方式时用手持编程器、计算机键盘输入的程序，经处理后放入 RAM 低地址区。

功能存储器——用于存放逻辑变量，如输入/输出继电器、内部辅助继电器、定时器、计数器、移位继电器等。

内部程序使用单元——不同型号 PLC 的存储器容量不同，如输入/输出继电器的数量、保持继电器数量、定时器数量、计数器数量以及拥护程序的字长等都不同。用户存储器容量的大小，关系到用户程序的步长（FXON 为 2000 步）和内部器件多少，是 PLC 性能指标之一。

4．I/O 模块、单元

I/O 模块是 PLC 与外界的接口。

1）输入模块

输入模块有两类：一类包括按钮（SB）、选择开关（SA）、行程开关（SQ）、继电器触点（KA）、接近开关、光电开关、数字式拨码开关等数字式开关量信号（通、断）；另一类包括电位器、测速发电机和各种变送器等送来的连续变化的模拟量信号。

为防止强电干扰，采用光电耦合器与输入信号相连。输入端发光二极管产生与输入电信号变化规律相同的光信号，经过耦合，光敏元件导通程序与信号强弱线性相关。

光电耦合隔离输入原理如图 8-6 所示。

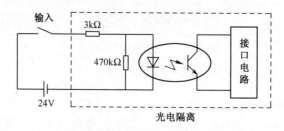

图 8-6　光电耦合隔离输入原理

输入接口电路（输入模块）由数据寄存器、选通电路、中断逻辑电路构成。

2）开关量输出单元

开关量输出单元由输出接口电路和功率放大电路组成。输出接口电路由输出寄存器、选通电路和中断请求电路组成，CPU 经数据总线把输出信号送到输出数据寄存器中，通过功率放大电路，驱动 PLC 继电器、可控硅和晶体管的输出。

继电器输出：用于交、直流负载，须外加电源。8 点和 12 点两种，继电器输出 2A/1点，响应时间为 10ms。

晶体管输出：接直流负载，外电源 DC12～48V。继电器输出 0.5A/1 点，8 点和 12 点两种，响应时间<1ms。

可控硅输出：用于交流负载，继电器输出 0.3A/1 点，8 点和 12 点两种，响应时间<1ms。

开关量输出的三种形式如图 8-7 所示。

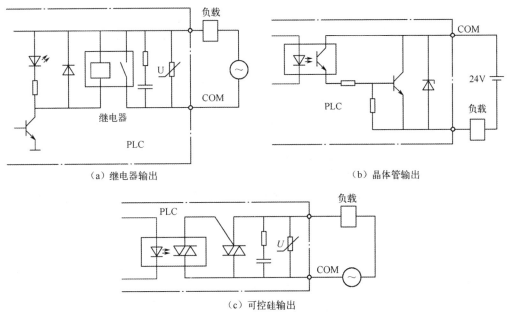

(a) 继电器输出　　　　　　　　　　(b) 晶体管输出

(c) 可控硅输出

图 8-7　开关量输出的三种形式

5．开关量输入/输出单元接线

开关量输入/输出单元接线如图 8-8 所示。

（1）汇点式接线：输入/输出单元有一个公共端（汇集端）COM，可以把全部输入或输出组成一组，公用一个公共端和同一个电源。

（2）分隔式接线：每个输入/输出点单独用各自电源接入，没有公共端汇点，有各自的 COM 端，每个输入/输出是隔离的。

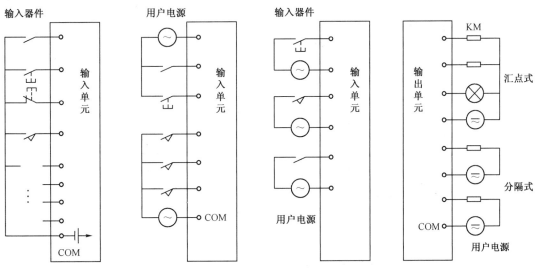

(a) 汇点式接线方式1　　(b) 汇点式接线方式2　　(c) 分隔式输入接线方式　　(d) 分隔式、汇点式输出接线方式

图 8-8　开关量输入/输出单元接线

（3）开关量输入/输出接线连接示意图如图 8-9 所示。

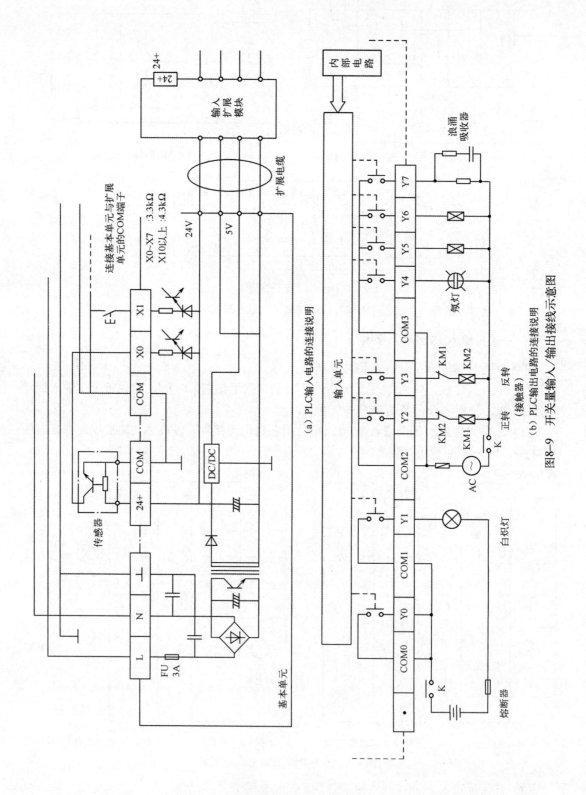

（a）PLC输入电路的连接说明

（b）PLC输出电路的连接说明

图8-9 开关量输入／输出接线示意图

6．其他 I/O 模块

串/并行变换、数据传送、误码校验、A/D 变换器、D/A 变换器、各种通信模块、中断输入模块、ASII/BASIC 模块、调整模块、远程 I/O 控制模块、单轴伺服电机定位模块、两轴步进电机数控模块。

7．手持式编程器

手持式编程器由键盘和显示器组成，如图 8-10 所示。写入用户的应用程序，含写入、读出、插入、删除等操作，并对 PLC 进行编程、监控、调试、编辑、信息显示、外部存储器进行储存等。运行时不用它。

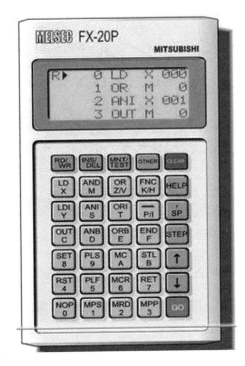

图 8-10　手持式编程器

8．电源部件

CPU 工作电压为 5V，接口信号电压：直流 24V 或交流 220V，采用开关式稳压电源。锂电池用作停电时的程序信息保护电源。

8.3　西门子 PLC S7-200 控制原理

德国西门子公司生产的 PLC S7-200，其外观如图 8-11 所示，其输入/输出端口如图 8-12 所示。

图 8-11　PLC S7-200 外观

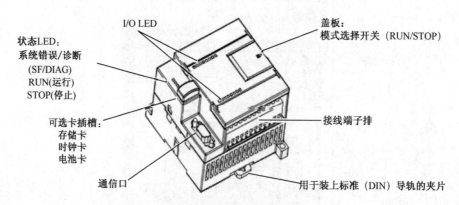

图 8-12　PLC S7-200 输入/输出端口

8.3.1　西门子 PLC S7-200 的硬件工作原理

电梯的硬件是软件的基础，其工作原理框图如图 8-13 所示。以 PLC 为核心，左侧为其输入电路部分，右侧为其输出电路部分。

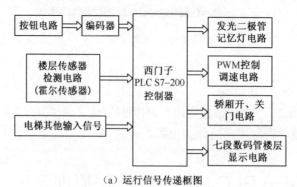

（a）运行信号传递框图

图 8-13　PLC S7-200 的硬件工作原理框图

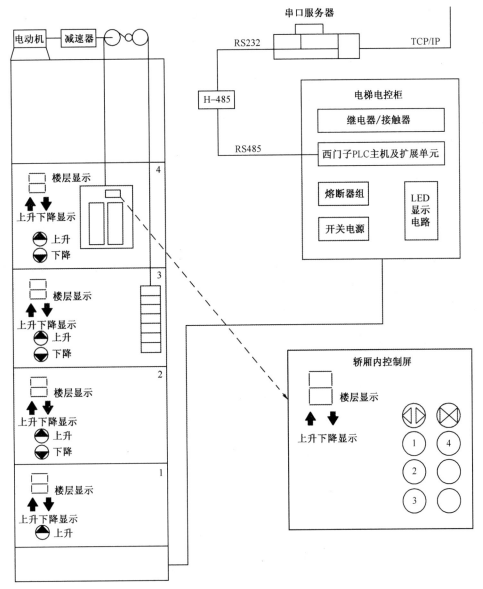

（b）运行过程图

图 8-13　PLC S7-200 的硬件工作原理框图（续）

在输入部分，电梯会相应地响应用户的呼叫，电梯在运行过程中会不断得到传感器的回应以及一些其他的输入信号，PLC 控制器部分会对各输入变量进行逻辑分析，将结果从 PLC 输出端输出。在外部，有各种硬件输出相应信号，控制电梯正反转，达到电梯上升或下降的目的；执行开、关电梯门以及各楼层的显示等功能。

8.3.2　西门子 PLC S7-200 控制系统程序

1. PLC 程序功能介绍

由于篇幅的限制，这里仅选取西门子 PLC S7-200 的主要功能给予介绍。

（1）选层控制：将轿厢内置指令、轿厢外指令等各种信号集中进行综合分析处理，它能对轿厢指令，轿厢外指令登记，停靠站自动开、关门等信号逐一应答，执行自动平层开门、顺向截梯、自动换向反向应答等功能。

（2）上行选层：只有在上行时具有选择相邻层的作用，因此轿厢外设有的上行按钮可以得到响应，而下行按钮不会得到响应。

（3）下行选层：只有在下行时具有选择相邻层的作用，因此轿厢外设有的下行按钮可以得到响应，而上行按钮不会得到响应。

（4）开门按钮：用于延长开门时间，使乘客顺利进出轿厢。

（5）清除标记：在电梯到达相应的楼层后，电梯控制部分会将楼层的各种相应状态清除。

2．功能实现流程

功能实现流程如图 8-14 所示。按照电梯的运行过程可分为如下几部分：有人呼叫，电梯开、关门后开始运行，当到达限速后匀速运行；到达相应楼层后，减速平层；轿厢平层后触发开、关门电动机，开始开门，延迟一定时间后关门。

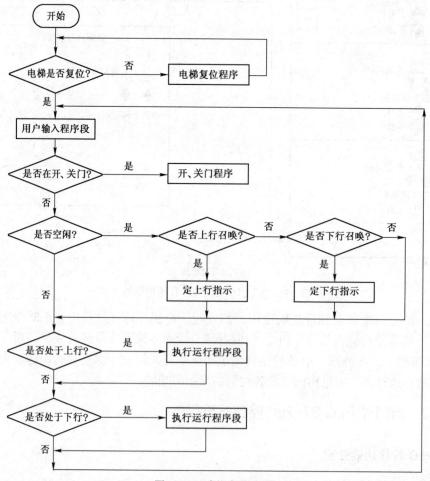

图 8-14　功能实现流程

1）电梯复位程序段

此段程序有两个功能：一个是在系统上电以后，把轿厢的位置设置在第一层；另一个就是用于电梯的停止。

2）用户的输入程序包括轿厢外按钮和轿厢内按钮，用户输入程序在完成用户的输入以后，应保持选择的状态，具有记忆功能，以便于电梯可以连续完成运送乘客到达相应楼层。

3）按钮状态输出响应程序

对于用户输入程序段中的选择状态进行响应，确定电梯本身的状态，也可以为乘客提供电梯的工作状态。

4）轿厢开、关门程序

根据电梯是否到达相应楼层而提供相应开、关门信号，控制电梯轿厢的开、关门，修改开、关门的状态。

5）设定上行目标程序

此段程序是用来设定上行过程中的下一个目标，只有在电梯上行或者空闲的时候电梯才可以响应，如果没有呼叫，电梯为空闲状态。

6）设定下行目标程序

此段程序是用来设定下行过程中的下一个目标，只有在电梯下行或者空闲的时候电梯才可以响应，如果没有呼叫，电梯为空闲状态。

7）执行上行程序

此段程序是用来控制电梯上行，检测电梯是否应该减速或者停止电梯上行。

8）执行下行程序

此段程序是用来控制电梯下行，检测电梯是否应该减速或者停止电梯下行。

8.3.3　西门子 PLC S7-200 各程序段说明

电梯程序设计是 PLC 设计中的重点，不同厂家的设计也各不相同，这里我们只对某厂家电梯主要的运行程序做出简单说明，以求达到抛砖引玉的目的。

1. 电梯参数初始化程序

初始化程序定义了电梯运行所需要的部分逻辑线圈、数据寄存器的初始值。西门子 PLC S7-200 电梯参数初始值定义如表 8-2 所示。

表 8-2　西门子 PLC S7-200 电梯参数初始值定义

元件名	功能含义	初始值
M10.1	电梯上行标志	逻辑"0"
M10.2	电梯下行标志	逻辑"0"
M10.3	电梯空闲标志	逻辑"1"
M10.4	电梯开门标志	逻辑"0"
M10.5	电梯关门标志	逻辑"0"
M10.6	电梯开门完毕标志	逻辑"0"

续表

元件名	功能含义	初始值
T37	电梯上行一楼层时间	3s
T38	电梯下行一楼层时间	3s
T39	电梯门开门时间	1s
T40	电梯门开门保持时间	2s
T41	电梯门关门时间	1s
VW100	当前层寄存器	1

2. 电梯初始化梯形图

电梯初始化梯形图如图 8-15 所示。

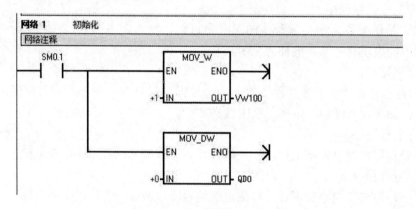

图 8-15　电梯初始化梯形图

在此段程序中，电梯一旦给电，电梯将定位在一楼；同时，一楼的电梯指示灯被点亮，表示电梯此时到达一楼并准备等候指令。VW100 代表电梯当前层，电梯运行到相应楼层时，VW100 中被输入对应楼层的数目，以备后期的乘客呼叫时与相应的楼层数做比较，使电梯在比较的基础上进行运行。其中的 SM0.1 代表 PLC 只对此段程序开机扫描一次，以后的程序才能进行循环扫描。QD0 为电梯停在一楼的指示灯，给电时设置电梯在一楼，如果无其他的指令，电梯会保持现有的状态。

3. 系统状态输出响应

表 8-3 为系统状态逻辑线圈和输出线圈的定义表，它和输入程序中的输入语句表正好相反，但基本模式和输入程序类似。

表 8-3　系统状态逻辑线圈和输出线圈的定义表

对应的逻辑线圈	逻辑线圈的说明	相应的输出线圈	输出线圈的说明
M6.0	一楼上行按钮状态	Q2.0	一楼上行指示灯
M6.2	二楼上行按钮状态	Q2.1	二楼上行指示灯
M6.1	二楼下行按钮状态	Q2.5	二楼下行指示灯

续表

对应的逻辑线圈	逻辑线圈的说明	相应的输出线圈	输出线圈的说明
M6.4	三楼上行按钮状态	Q2.3	三楼上行指示灯
M6.3	三楼下行按钮状态	Q2.4	三楼下行指示灯
M6.5	四楼下行按钮状态	Q2.3	四楼下行指示灯
M7.1	厢内一楼按钮状态	Q1.1	厢内一楼指示灯
M7.2	厢内二楼按钮状态	Q1.0	厢内二楼指示灯
M7.3	厢内三楼按钮状态	Q0.7	厢内三楼指示灯
M7.4	厢内四楼按钮状态	Q0.6	厢内四楼指示灯

电梯开门状态梯形图如图 8-16 所示, 在 M7.6 厢内开门按钮按下后, 此时电梯必须是静止状态, 不能使电梯运行, 按下开门按钮会对电梯的关门状态复位, 加速关门的电动机工作状态也同时复位, 停止电梯关门, 减速关门电动机也会停止工作, 电梯开门完毕状态也会被复位, 但电梯开门标志会被置位为 1, 完毕后会对寄存器 M7.6 复位, 消除记忆状态。其中的电梯关门状态也与电梯开门状态相似, 其梯形图如图 8-17 所示。

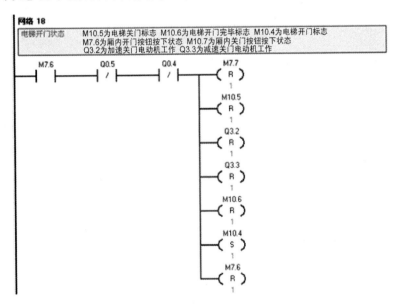

图 8-16 电梯开门状态梯形图

M7.6 和 M7.7 分别是开、关门按钮的状态, 只有在电梯不移动的时候才可以执行开、关门的程序, 所以要加上电梯是否是上行或下行的状态判断。如果开门状态接通, 那么先取消关门状态, 避免冲突, 同时也复位 M10.5, 即电梯关门标志; 还要复位 Q3.2 和 Q3.3, 可以马上使关门电动机复位停止工作; 开门完毕的标志 M10.6 也要复位; 最后电梯开门标志为逻辑值 "1", 然后复位 M7.6。如果关门状态被接通, 其程序相反, 也可以完成电梯关门的设置。

图 8-18 的程序是电梯处于任何状态时, 输出响应程序段都会给出的程序, 电梯在有人呼叫时也会显示此段程序。上面的程序是电梯厢外的楼层显示程序段, 其中 M6.0 是电梯一

楼上行按钮状态寄存器触点，其输出线圈为 Q2.0，二楼、三楼和四楼类似，下行状态为二楼、三楼和四楼，电梯一旦有动作，从这里就可以反映出来。

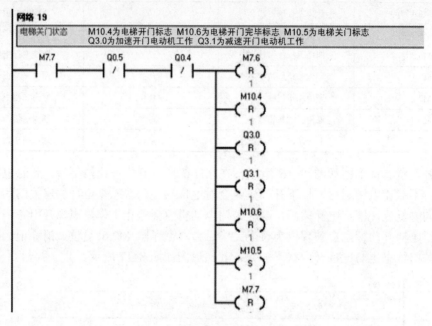

图 8-17 电梯关门状态梯形图

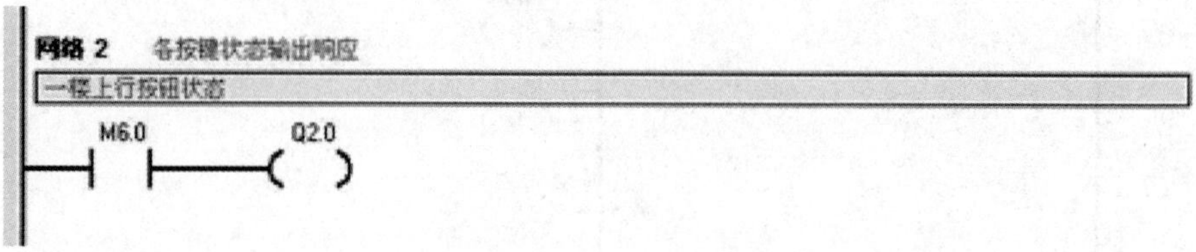

图 8-18 各按钮响应指示灯驱动程序（部分）

厢内的楼层按钮状态指示程序梯形图如图 8-19 所示。此梯形图为乘客进入电梯后在驶向目标层中按下目标层按钮，电梯相应楼层呼叫指示灯被点亮。当然，这里有输入程序之前的动作，此时只是做出输出响应。二、三、四楼的状态和一楼的相似。

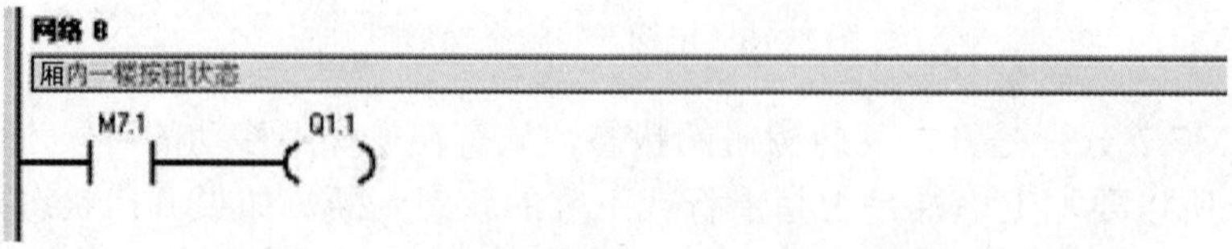

图 8-19 厢内的楼层按钮状态指示程序梯形图

楼层上行、下行和所在楼层位置显示程序梯形图如图 8-20 所示。

在上面的程序中，驱动的是电梯外的上行和下行状态，还有电梯此时所在的楼层位置，使楼层外的乘客看到此时的电梯状态，以便做出相应动作。二、三、四楼的程序和一楼程序相似。

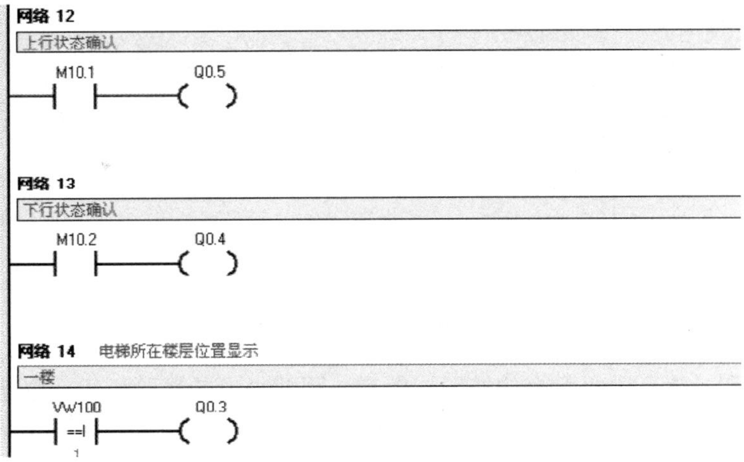

网络 12

上行状态确认

```
  M10.1          Q0.5
  ─┤ ├─          ─( )─
```

网络 13

下行状态确认

```
  M10.2          Q0.4
  ─┤ ├─          ─( )─
```

网络 14　电梯所在楼层位置显示

一楼

```
  VW100          Q0.3
  ─┤==├─         ─( )─
    1
```

图 8-20　楼层上行、下行和所在楼层位置显示程序梯形图（部分）

4. 清除标记子程序

此段程序的作用是当电梯在某个楼层时，清除已完成人的按钮状态。

在程序中，我们使用判断的方法来检测电梯是否到达相应的楼层，以便完成相应指示灯的熄灭，达到复位的目的，如表 8-4 所示。

表 8-4　清除标记对应表

楼层数	对应清除的标记		
	对应的电梯状态	清除的逻辑线圈	逻辑线圈的说明
一楼	任何状态	M6.0	一楼上行按钮状态
		M7.1	厢内一楼按钮状态
二楼	电梯上行状态	M6.2	二楼上行按钮状态
	电梯下行状态	M6.1	二楼下行按钮状态
	电梯空闲状态	M6.2	二楼上行按钮状态
		M6.1	二楼下行按钮状态
	任何状态	M7.2	厢内二楼按钮状态
三楼	电梯上行状态	M6.4	三楼上行按钮状态
	电梯下行状态	M6.3	三楼下行按钮状态
	电梯空闲状态	M6.4	三楼上行按钮状态
		M6.3	三楼下行按钮状态
	任何状态	M7.3	厢内三楼按钮状态
四楼	任何状态	M6.5	四楼下行按钮状态
		M7.4	厢内四楼按钮状态

其中，由于一楼和顶楼四楼的特殊位置，使用的编程语句较少，只要电梯停留在一楼或四楼时，程序就会对一楼或四楼的厢外和厢内指示灯复位，其梯形图如图 8-21 所示。

四楼的程序和一楼类似。

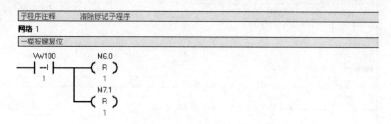

图 8-21　楼层指示灯复位程序梯形图（一楼）

对于二楼和三楼，由于含有的按钮比较多，因此每层的清除标记程序也比较多，在电梯处于上行的路过过程中，如果目的层的下层有人按下上行按钮，电梯将响应下层，则下层按钮则被复位，其下行按钮也同上行类似。但是电梯如果只有一个楼层需要响应，那么如果电梯的上行楼层都同时被按下了，那么上下按钮都将被响应，得到复位。二楼消除标记程序梯形图如图 8-22 所示，三楼和二楼相似。

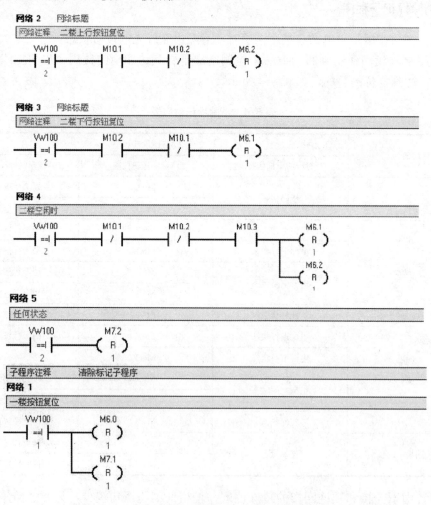

图 8-22　二楼清除标记程序梯形图

5．用户输入程序

用户输入程序是接受用户对门厅按钮和厢内按钮的操作，并将其保存到一定的逻辑线圈中或者执行一定的指令加以处理。用户输入触点和系统状态逻辑线圈的对照表如表 8-5 所示。

表 8-5 用户输入触点和系统状态逻辑线圈的对照表

输入触点	触点说明	对应的逻辑线圈	逻辑线圈的说明
I1.1	一楼上行按钮	M6.0	一楼上行按钮状态
I1.0	二楼上行按钮	M6.2	二楼上行按钮状态
I0.6	二楼下行按钮	M6.1	二楼下行按钮状态
I0.7	三楼上行按钮	M6.4	三楼上行按钮状态
I0.5	三楼下行按钮	M6.3	三楼下行按钮状态
I0.4	四楼下行按钮	M6.5	四楼下行按钮状态
I0.3	厢内一楼按钮	M7.1	厢内一楼按钮状态
I0.2	厢内二楼按钮	M7.2	厢内二楼按钮状态
I0.1	厢内三楼按钮	M7.3	厢内三楼按钮状态
I0.0	厢内四楼按钮	M7.4	厢内四楼按钮状态
I3.6	厢内开门按钮	M7.6	厢内开门按钮状态
I3.7	厢内关门按钮	M7.7	厢内关门按钮状态

用户输入程序的响应只需要使用 SET 指令就可以确定对应的状态，其梯形图如图 8-23 所示。用户输入按钮梯形图如同图 8-24。

图 8-23 用户输入程序梯形图（部分）

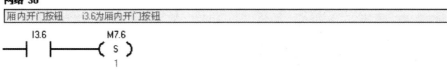

图 8-24 用户输入按钮梯形图（开、关门部分）

6. 检测按钮程序段

本程序段是为了检测在电梯上下行和楼层按钮是否被按下，以此来确定电梯的运行状态。这里，我们用 M10.0 来记录电梯状态，电梯按钮一旦被按下，无论是一个还是多个，这里只是对其有无状态进行记录，不做按钮次数记录。有按钮按下时，梯形图以或的形式记录下来，当按钮被全部响应后，无按钮按下程序就会对 M10.0 复位。这里的检测按钮程序段是为了电梯在空闲状态时能够做出相应的动作而做的准备工作。

检测按钮的梯形图如图 8-25 所示。

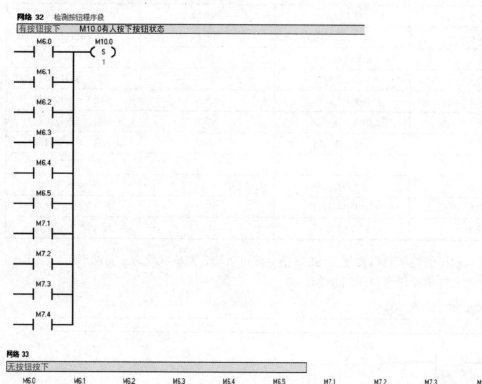

图 8-25　检测按钮的梯形图

7. 电梯空闲状态处理程序

电梯空闲状态处理程序是对电梯停留在某层为最终执行层时的状态。在电梯再次得到运行召唤前，PLC 将会执行空闲状态的程序对电梯进行控制。

电梯空闲状态处理程序梯形图如图 8-26 所示。

这里，SM0.0 为一直接通状态，只要电梯有相关的运行操作，就会被进入的子程序调用，PLC 会一直记录电梯最近下行目标和上行目标的操作。在电梯既不处于上行又不处于下行状态时，电梯会自动进入清除标记子程序，清除相应楼层标记，以防止电梯重复响应；如果电梯处于静止状态，即 M10.1 和 M10.2 常闭，M10.3 和 M10.0 同时被响应时，电梯会执行开门状态的置位，将会给开门程序做准备。

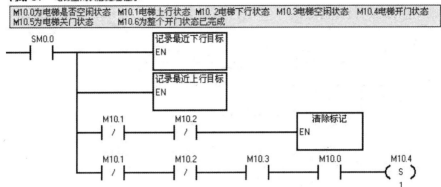

图 8-26　电梯空闲状态处理程序梯形图

接下来分析记录最近下行目标层子程序，它由两部分组成。

第一部分是记录最近下行目标层程序，设定两个临时变量，在 VW100 中保存的是电梯当前所在的楼层，VW400 为电梯所要进行的目标层。例如，门厅一楼上行按钮或是厢内一楼按钮被按下，那么就把数字"1"传给 VW400；厢外下行或者厢内二楼被按下，那么数字"2"将会被保存到 VW400 中。不用担心有多个按钮被按下，一旦有一个按钮被按下，就会改变电梯的运行状态。上面所说的是下行程序，当有上行按钮被按下时，同样会得到 PLC 的响应。记录最近下行目标层子程序梯形图如图 8-27 所示。这里只是一楼的梯形图，二楼、三楼、四楼与一楼类似。

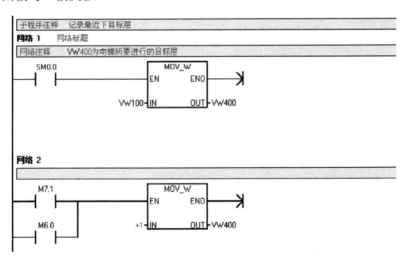

图 8-27　记录最近下行目标层子程序梯形图（部分）

第二部分是一个比较程序，用以更改电梯的运行状态，其梯形图如图 8-28 所示。

比较 VW100 和 VW400 中的数值，其结果放到 VW200 和 VW300 中。如果目标层 VW400 中的数值大于当前层 VW100 中的数值，那么下一个目标在当前层的上方，所以要把目标值送到确定上行最近目标层，并接通上行标志 M10.1，复位电梯空闲标志 M10.3，并设定电梯电动机上行转动。如果 VW400 小于 VW100，电梯在当前层的下方，那么把当前值送到 VW300 下行最近目标层的子程序中，但如果按下了当前层，那么 VW400 等于 VW100，则电梯仍然保持当前层。

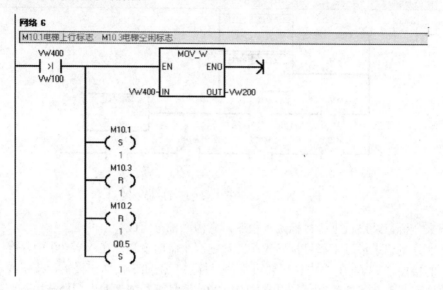

图 8-28　电梯空闲状态楼层比较程序梯形图

图 8-29 为电梯空闲状态同楼层的比较处理。

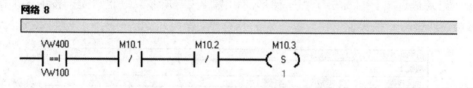

图 8-29　电梯空闲状态同楼层的比较处理

在结束子程序、跳回到调用的主程序后，会进入到清除标记子程序，用于消除标记，因为如果按下了当前层的按钮后，应该马上清除点亮标记。

这两部分相结合就完成了电梯空闲状态处理程序，使得电梯在没有用户按下按钮的情况下，保持原有的状态，并时刻保持检测按钮的状态，随时转变电梯状态。

8．电梯上行主程序

电梯上行主程序梯形图如图 8-30 所示。

在电梯确定最近目标层程序中，只有电梯在处于上行状态时，主程序才执行这一段程序。进入这一段程序后，首先电梯上行状态 M10.1 被置"1"，电梯下行状态为"0"的情况下进入到确定上行最近目标层的子程序调用，用于对电梯上行目标层的确定。在电梯每一次进行上行主程序时都要进入确定上行最近目标层子程序，以便更改电梯的目标层。这里用电梯一旦进入上行状态，就用时间延时的方法来代替实际电梯所使用的时间和各种传感器所得到的加速、减速和平层传感器的触点作用，设定 3s 为时间延时，3s 后一个上行沿到来，当前层 VW100 会自动加 1 以修改当前层的位置，然后继续比较当前层和目标层。

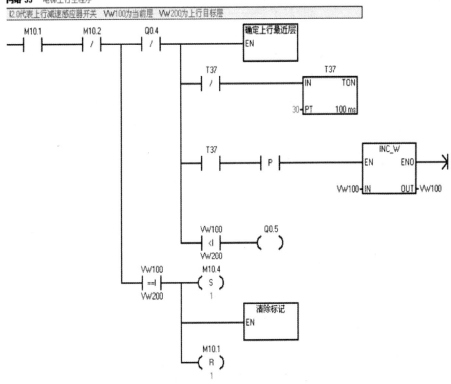

图 8-30 电梯上行主程序梯形图

如果小于 3s，说明没有到达当前层，则会继续延时计数加 1，如果相等，那么意味着电梯快要到达。实际电梯中，应该设计电梯减速，然后平层，电动机停止转动，之后进入到电梯开、关门子程序，打开电梯门，最后调用清除标记子程序清除到达的当前层标记，包括厅外上行按钮状态和厢内当前层数字按钮的状态将会熄灭。电梯将会按照同一行驶方向完成电梯的召唤请求，直到目标层的最上层或最下层，否则一直响应程序。

电梯确定上行最近目标层子程序梯形图如图 8-31 所示。

确定上行最近目标层子程序，是为了监控用户的新输入，确定是否需要更改电梯运行的目标层。例如，当电梯已经有了目标层并开始移动的时候，如从一楼到四楼，但电梯经过二楼后三楼有人按下上行按钮，那么电梯的上行目标层应更改为三楼而不是原有的四楼。梯形图的上部为一楼确定上行最近目标层子程序中的一部分，但当前层为一楼时，厢内 M7.1 和二楼上行 M6.2 被按下接通后，二楼将成为将要执行的目标层，PLC 会用返回指令 RET 返回主程序，不会再继续执行下面的其他楼层指令，这样可以达到逐一从下到上的顺序完成电梯顺向截梯操作。如果这两个按钮没有按下而是二楼下行按钮被按下时，PLC 不会执行上行的按钮的操作，而是把二楼下行作为电梯的上行最近目标层，然后继续检测三楼的上行和厢内的三楼是否被按下，如果有一个被按下，那么执行三楼的上行操作，这样一直检测到顶楼，直到将最近的一个作为电梯将要执行的目标层带回到主程序中，以此来完成电梯电动机上行转动；如果都没有被按下，则电梯将不会进入上行状态，那么就应该复位电梯上行状态，将电梯置位于空闲状态或者进入到下行的状态。

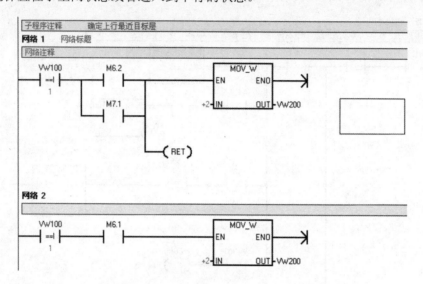

图 8-31　电梯确定上行最近目标层子程序梯形图

无上行和下行操作的程序梯形图如图 8-32 所示。

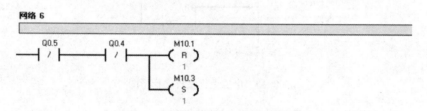

图 8-32　无上行和下行操作的程序梯形图

9. 电梯下行主程序

电梯下行主程序梯形图如图 8-33 所示。

电梯的下行主程序和上行主程序类似，其中也要进行确定电梯下行目标层子程序的调用，在电梯不处于上行状态，但同时下行状态接通时，以保证电梯处于下行状态时才执行这一程序段。在 PLC 的每一个扫描周期，其下行主程序都要调用确定下行最近目标层的子程序，以便更改电梯的目标层。在实际的电梯中，应该有传感器作为电梯所处位置的返回指示，这里由于条件的限制只用时间延时的方法来演示电梯的下行时间状态。每下降一层，当前层值将会减 1，表示电梯向下运行一层，然后继续比较当前层是否为目标层。如果目标层仍然小于当前层，则继续向下运行；如果已到达目标层，则将电梯开门标志置位为"1"，电梯执行开、关门操作，同时也会清除标记，进入清楚标记子程序，并对下行标记进行复位，表示下行也完成。如果仍有下行操作要执行，仍然会再次执行这一程序段。

电梯确定下行最近目标层子程序梯形图如图 8-34 所示。

确定下行最近目标层子程序的作用是在电梯处于下行过程中的每一个扫描周期都检测是否需要更新电梯下行目标层，如果需要就进行修改，结构和指令与确定上行最近目标层子程序类似，但稍有不同。

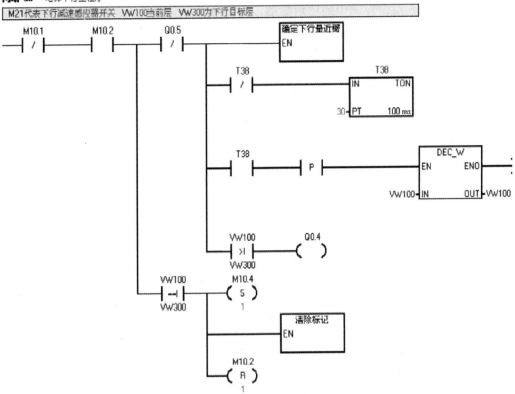

图 8-33　电梯下行主程序梯形图

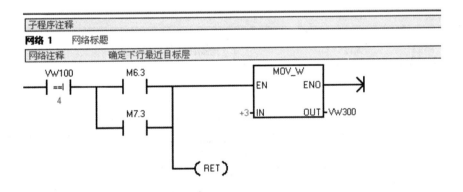

图 8-34　电梯确定下行最近目标层子程序梯形图

在上面的程序图中我们可以看出，电梯程序是以从上向下的顺序扫描的，电梯在下行过程中只扫描当前层以下的楼层，而且应该从上向下依次执行。

根据实时传入当前寄存器中的楼层数值，如比较触点会比较此时是否在四楼，如果在四楼，则判断三楼下行按钮和厢内三楼按钮是否按下，只要有一个按钮被按下，就会将下行目标层中的数值修改为 3，同时返回到主程序中执行电梯的下行运行，完成乘客的要求。但是如果是三楼的上行按钮被按下，PLC 会暂时将 3 传入到下行的寄存器中，而会继续扫描二楼的下行按钮和厢内二楼按钮中的任何一个是否被按下，如果二楼按钮被按下，则会修改下行的目标层，将 2 数值作为下行目标层，以此类推，依次扫描直到底楼为止。

图 8-35 为电梯确定下行目标层结尾指令梯形图。

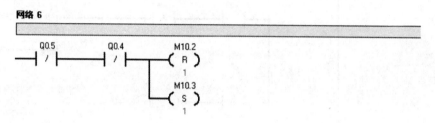

图 8-35　电梯确定下行目标层结尾指令梯形图

在电梯所有相关按钮没有被按下的情况下，取消电梯的运行操作，则会将电梯的下行状态复位，同时，空闲标志置"1"，最终完成电梯确定下行目标层子程序的执行。

10．开、关门子程序

1）开、关门子程序调用梯形图

开、关门子程序调用梯形图如图 8-36 所示。

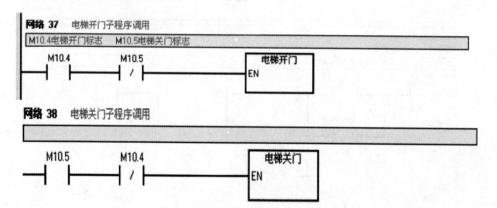

图 8-36　开、关门子程序调用梯形图

电梯到达目标层则需要停留在目标层一段时间用于乘客的出入，此时要求电梯不再运行上下操作，保证乘客和电梯的安全，在此基础上，主程序才会调用开、关门子程序，进入到开、关门状态。

2）电梯开门子程序

电梯开门子程序梯形图如图 8-37 所示，在电梯开门标志 M10.4 被置"1"的情况下，根据开门是否完成来判断程序应该执行开门的不同状态。如果电梯门已经全部打开，电梯将会延时关闭，等待延时时间的到来；如果这期间有乘客按下开门按钮，那么电梯门仍然保持开门状态。

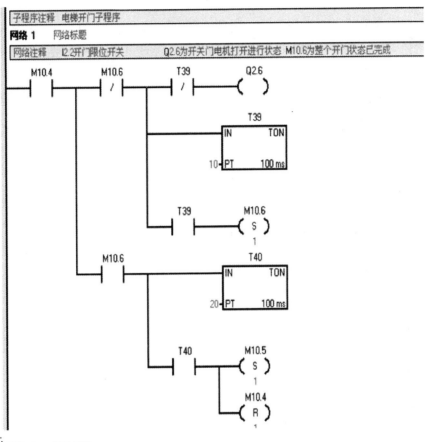

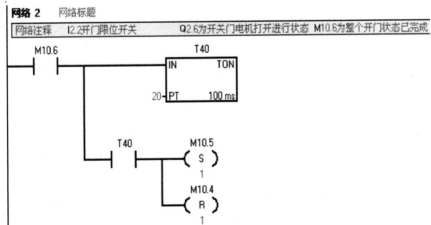

图 8-37　电梯开门子程序梯形图

如果整个开门状态已完成标志 M10.6 在没有被置"1"的情况下，开门线圈被接通，则电梯门开始打开，接着用延时的方法来代替电梯已经打开完毕，随后整个开门状态标志被置

"1"，执行下面一部分程序，电梯延时打开 2s，以保证乘客从电梯中走出和进入到电梯中，时间一到就将关门标志 M10.5 置 "1"，同时将开门标志 M10.4 复位，电梯开始关门。在这一期间，乘客可以按下开门按钮来保持开门状态。

3）电梯关门子程序

当关门标志 M10.5 被置为 "1" 时，电梯的关门线圈将会被接通，电梯门的电动机将会反转逐渐将门关闭，也用延时的方法代替关门完毕，经过 1s，电梯门被关闭，接着电梯关门状态标志复位为 "1"，同时，关门电动机的反转也复位为 "1"。此时电梯关门结束，将会从开、关门子程序回到主程序中，接下来会执行上下行或等待命令的到来。电梯关门子程序梯形图如图 8-38 所示。

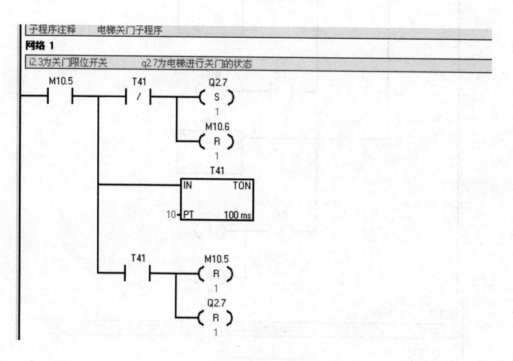

图 8-38　电梯关门子程序梯形图

11. 顶楼底楼所有厢内按钮复位程序

此程序是为了防止有人恶作剧而设计的顶楼和底楼的厢内按钮复位程序，功能是在底楼和顶楼时消除所有按钮的按下。

如图 8-39 所示为当前层是四楼时接通所有厢内按钮复位程序，按钮复位后电梯会重新响应乘客命令并执行。底楼与顶楼相似，也可实现相同的功能。

至此，电梯所有工作程序结束。

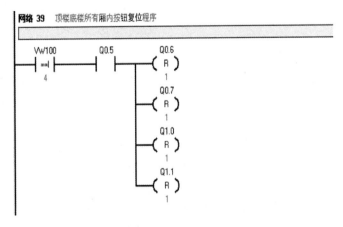

图 8-39　顶楼底楼所有厢内按钮复位程序梯形图（部分）

8.4　三菱 FX2N PLC 电梯控制系统实战

8.4.1　三菱 FX2N PLC 电梯控制系统控制原理

1. 三菱 FX2N PLC 电梯控制系统各部分作用

如图 8-40 所示为一台三菱 FX2N PLC 电梯控制系统框图，其核心是一台 PLC。变频器是电气控制部分的执行机构；开关元件是电梯的输入设备，是人与机器的接口；门机是电梯的开、关门执行装置；主机是电梯运行的驱动装置；旋转编码器是电梯的测量机构。

2. 三菱 FX2N PLC 电梯控制过程简介

电梯从一层上升到四层的控制过程：

当电梯停在其他层楼时，此时若有乘客想从一楼乘坐电梯上四楼，其工作过程如下：当乘客在一楼按下上行的呼梯按钮时，电梯会从其他层楼移动到一楼，然后将门打开（轿门带动一层层门开启）；若电梯本来就停在一层位置，当按下呼梯按钮时电梯门就开启。门开启后乘客进入电梯内，按下 4 层按钮，PLC 接收到该指令后，发出一个使电梯上升到四层的指令给变频器。变频器接收到指令后，首先输出信号将门关闭，然后再输出一个信号使主机转动（主机正转带动电梯向上移动）。电梯移动时，旋转编码器根据主机的转速及圈数计算出电梯的运动行程，当旋转编码器所计的行程等于一楼到四楼的距离时，旋转编码器输出一个停止信号返回到变频器，变频器接收到旋转编码器的信号后切断主机电源，电梯停止运动。电梯达到四层后将门打开（轿门带动四层层门开启），然后再

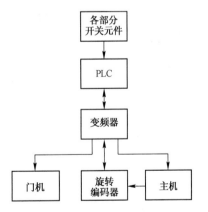

图 8-40　三菱 FX2N PLC 电梯控制系统框图

执行下一个命令。

3. 电梯行驶中的相关操作

若电梯在从四楼下降到一楼的过程中，二楼有人按下了下行的呼梯按钮，则电梯将先执行该指令，但必须是电梯还没下降到二楼时（运行在二楼和四楼之间）按下有效，执行完后电梯将继续下行。

若电梯在从一楼上升到四楼的过程中，三楼有人按下了上行的呼梯按钮，则电梯将先执行该指令，但必须是电梯还没上升到三楼时（运行在一楼和三楼之间）按下有效，执行完后电梯将继续上行。

电梯在上行的过程中，当按下下行的呼梯按钮时，电梯将先执行完上行的指令后再来执行下行的指令；反之，电梯在下行的过程中，当按下上行的呼梯按钮时，电梯将先执行下行的指令后再来执行上行的指令。

8.4.2 三菱 FX2N PLC 电梯电气控制电路分析

1. 电梯电气控制组图

主电路控制电路如图 8-41 所示。

1）主电路元器件符号说明

DYD：电源指示灯　　　　GK：电源开关　　　　HKC：电源接触器

F4：变频器　　　　　　KC：运行接触器　　　YD：主电动机

1AJ：变频器安全开关　　SP：减速控制

FX2-80MR：可编程控制器

2）变频器引脚说明

L1、L2、L3：电源输入　　U、V、W：电源输出　　X5：PLC 电源

X4：旋转编码器信号输入　PA、PB：外接制动电阻（耗能电阻）

3.15、3.16、3.20、3.21：PLC 接口　　　　3.9、3.10：变频器+电源

2.1：运行接触器自锁开关　　3.3：爬行速度

3.4：额定速度　　　　　　　3.5：检修速度

3.6：第一中速　　　　　　　2.3：电梯正转控制

2.4：电梯反转控制　　　　　2.11、3.11：变频器地

3）主电路及变频器工作原理

接通时指示灯发光。接通电源开关 GK，按下启动按钮电源接触器 HKC 接通，变频器有电流输入。KC 为运行/停止开关（由运行控制器控制），电梯的运行类型由 PLC 来控制，控制方式如下：

Y11、Y14 输出：电梯以额定速度上行（电梯正常状态下使用此速度）

Y11、Y15 输出：电梯以额定速度上行

Y12、Y14 输出：电梯以爬行速度上行（电梯测试或检修时使用此速度）

Y12、Y15 输出：电梯以爬行速度上行

Y10、Y14 输出：电梯以检修速度上行（电梯检修状态下使用此速度）

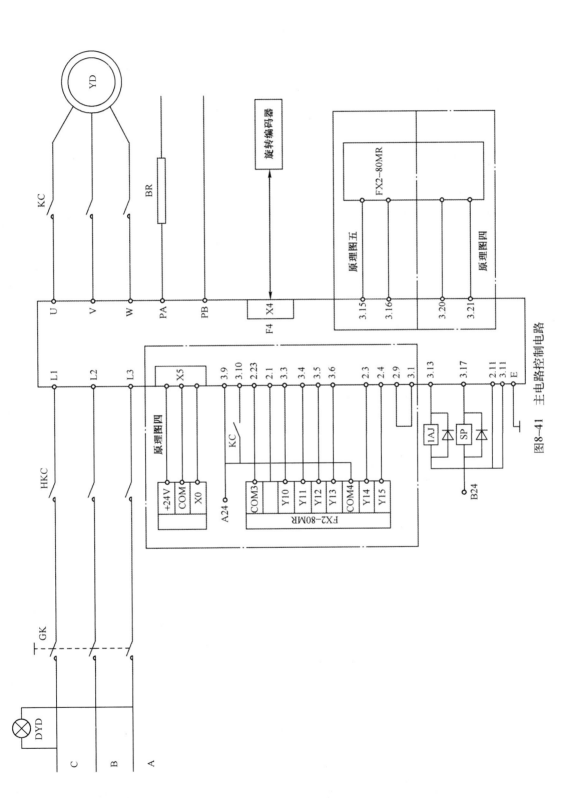

图8-41　主电路控制电路

Y10、Y15 输出：电梯以检修速度上行

Y13、Y14 输出：电梯以第一中速上行（电梯轻载时使用此速度）

Y13、Y15 输出：电梯以第一中速上行

4）旋转编码器工作原理

旋转编码器的作用是对电动机的转动圈数进行计数，然后根据电动机的转速与所计转动圈数计算出电梯的运动行程，从而实现对电梯运动行程的检测。

$$L = V \times Z$$

式中：L——电梯运动行程（m）；V——电动机转速（r/s）；Z——电动机转动圈数（r）。

例如：某电动机转动一圈的距离为 0.05m，电动机转速为 20r/s，则每 1s 电梯运行的距离为 1m，电动机转动圈数为 20r。

某乘客要从一楼乘电梯上四楼，若一楼到四楼的距离为 10m。按下上行呼梯按钮，PLC 输出上行指令给变频器，变频器控制电动机正转，同时发出一个指令给旋转编码器。旋转编码器开始对电动机的转动圈数进行计数，当所计圈数（200r）与变频器输出指令圈数相等时，旋转编码器将信号反馈给变频器，变频器将信号又反馈给 PLC。此时，PLC 再输出停机信号给变频器，变频器切断主电路，电动机停转。

2．开、关门电路和抱闸电路

1）开、关门电路

开、关门电路如图 8-42 所示。

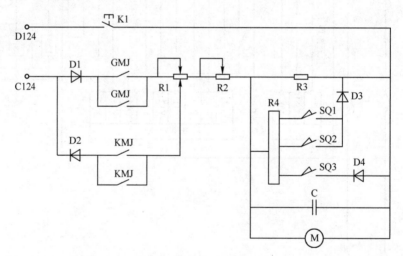

图 8-42　开、关门电路

2）抱闸电路

抱闸电路如图 8-43 所示。

3）开、关门电路及抱闸电路元器件符号说明

K1：门机开关	D1～D4：整流二极管	GMJ：关门继电器
KMJ：开门继电器	R1、R2：关门分压电阻	
R4：开门分流电阻	C：补偿电容	M：门机

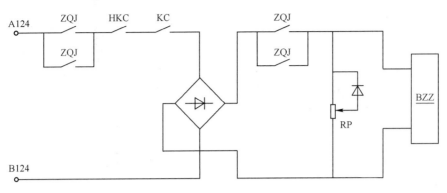

图8-43 抱闸回路电路图

ZQJ：抱闸继电器　　　　　　HKC：电源接触器　　　　　　KC：运行继电器

RP：分流电阻　　　　　　　BZZ：抱闸线圈

4）开、关门电路工作原理

接通门机开关 K1，若 PLC 输出关门信号使 GMJ 线圈得电，电梯关门（门机正转为关门）；若 PLC 输出开门信号使 KMJ 线圈得电，电梯开门（门机反转为开门）。具体过程如下：

（1）按下关门按钮，PLC 输出信号使 GMJ 线圈得电，GMJ 常开触点闭合，C124、D124 交流电源经 D1 整流经 R1、R2、R3 分压后给门机加上正电压，门机正转（关门）；由于 M 与 R3、R4 为并联关系，故此电阻在电路中起分流作用，利用其改变门机两端电压来控制门机转速；SQ1、SQ2 为关门行程控制开关，在门机刚运行时，SQ1、SQ2 处于断开状态，门机两端电压是由门机电阻和 R3 并联后与 R1、R2 串联分压而得，此时并联电阻较大，因而所分得电压较高，门机快速运转，关门速度较快；当门关到一定行程时，SQ1 开关闭合，此时门机两端电压由门机电阻和 R3、R4 并联后再与 R1、R2 串联分压而得，因并联电阻减小，故门机两端电压降低，转速下降，关门速度减慢；门再运行一定行程后 SQ2 闭合，此时并联电阻再度减小，门机转速又一次下降，关门速度下降。在整个关门过程中，门机转速有三次变化，即开始时门机以最快速运转，门关到一半时以中速运转，当门快合拢时以低速运转，整个过程显得非常协调、平稳。门机关门时速度降低是为了减小关门时的惯性，从而避免门与门之间、门机与轿厢之间的碰撞。

（2）按下开门按钮，PLC 输出信号使 KMJ 线圈得电，KMJ 常开触点闭合，C124、D124 交流电源经 D2 整流经 R1、R2、R4 分压后给门机加上反向电压，门机反转（开门）；SQ3 为开门行程控制开关，门开始开启时 SQ3 断开，并联电阻较大，门机两端电压较大，门机快速运转，开门速度较快；门开到一定行程后 SQ3 闭合，并联电阻减小，门机电压降低，开门速度下降。在整个开门过程中，门机转速有两次变化，即刚开始时门机快速运转，门开到一定行程后慢速运转，使开门过程比较平稳。开门过程中的减速是为了减小开门时的惯性，从而避免门与门之间、门机与轿厢之间的碰撞。

在关门过程中，SQ3 不起作用，因为 D4 反偏将支路阻断；在开门过程中，SQ1、SQ2 不起作用，因为 D3 反偏将支路阻断。

5）抱闸电路工作原理

抱闸是电梯的制动部件，其工作的稳定直接影响到电梯的性能和安全，在机械运动系统中是必不可少的设备。本例电梯中，抱闸的工作是与电动机同步的，即电动机运转抱闸通电刹车带松开，当电动机停转时，抱闸断电，在弹簧作用力下拉紧刹车带，从而保证电梯在停止状态下不能滑动。

电梯运行时，PLC 输出指令使 HKC、ZQJ、KC 线圈均得电，则 HKC、ZQJ、KC 三个常开触点闭合，抱闸电路接通，电源整流后加到抱闸线圈两端，抱闸继电器吸合将刹车带顶开，保证电动机正常运转。RP 在线圈正常工作时起分流作用，抱闸线圈失电时消除反电动势，保证电梯在停止后抱闸线圈不马上失电，减小电梯停止时的惯性，增加乘坐电梯的舒适感。

3. 安全电路及门锁电路

安全电路及门锁电路如图 8-44 所示。

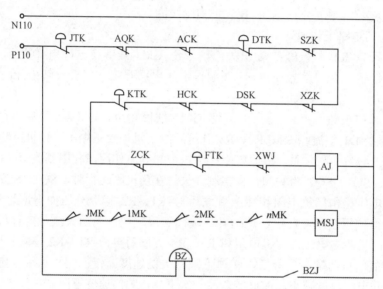

图 8-44　安全电路及门锁电路

安全电路及门锁电路中元器件符号和作用说明：

JTK：轿内急停开关　　　AQK：安全钳开关　　　ACK：安全窗开关

DTK：轿顶急停开关　　　SZK：上极限开关　　　XZK：下极限开关

DSK：断绳开关　　　　　HCK：液压缓冲开关　　KTK：地坑急停开关

ZCK：限速开关　　　　　FTK：控制屏急停开关　JMK：轿门锁开关

1MK～nMK：层门锁开关组　AJ：安全继电器　　　MSJ：门锁继电器

BZ：报站钟　　　　　　　BZJ：报站钟继电器

XWJ：相序继电器自锁开关

安全电路及门锁电路工作原理：

本梯中，在各个部件中都安装有安全开关（如符号说明），以保证电梯可靠运行。电梯中的任意一个安全开关及门锁开关断开，则电梯不能运行；只有每一个安全开关及门锁开关均闭合，AJ 得电，电梯才能运行。

电梯每到停一站，BZJ 开关闭合一次，报站钟发出声音。

门锁开关组闭合时，门锁继电器动作。

4．PLC 电气控制电路

PLC 电气控制电路如图 8-45 所示。

1）PLC 按钮开关功能介绍

MQG：平层磁传感器开关，正常运行时断开，平层时闭合。

SHK：上强迫换速开关，此开关闭合，电梯强行减速，正常时断开。

XHK：下强迫换速开关，此开关闭合，电梯强行减速，正常时断开。

NHK：轿内检修开关与 X7 接通时，Y10 输出，电梯处于轿内检修状态，正常运行时此开关与 X10 接通。

DHK：轿顶检修开关，正常情况下与 X10 支路接通，当开关与 X11、X12 支路接通时，电梯处于轿顶检修状态。

DSA：轿顶检修慢上按钮，电梯在轿顶检修状态下，按下此按钮，电梯将以检修速度上行。

DXA：轿顶检修慢下按钮，电梯在轿顶检修状态下，按下此按钮，电梯将以检修速度下行。

KMA：开门按钮，电梯停靠在层站时，按下此按钮电梯将打开轿门，同时轿门带动层门一起打开；一般电梯每到一停站，门自动打开。

GMA：关门按钮，电梯停靠在层站时，按下此按钮电梯将关闭轿门，层门在弹簧作用力下自动关闭；一般电梯每到一停站，门延时关闭。

KMK：开门极限开关，当轿门开到极限时此开关断开，门机停止运转。

GMK：关门极限开关，当轿门关到极限时此开关断开，门机停止运转。

95%：满载开关，当轿厢载重达到额定载重量的95%时，此开关闭合，电梯将直接运行到最近一楼层，中间有人呼叫无效。

20%：防玩耍开关，轻载时此开关断开。

ORK：开门故障开关，此开关正常时断开。

SJK：司机开关，此开关闭合时，电梯由电梯司机控制。

XFK：消防开关，此开关闭合时，电梯将乘客送到最近的一层站然后停止运行，以保证乘客安全。

CZK：超载开关，电梯超载时此开关闭合，电梯报警，电梯不运行。

SWK：上限位开关，电梯冲顶时将开关闭合，电梯停止运行。

XWK：下限位开关，电梯蹲底时将开关闭合，电梯停止运行。

3.20：变频器故障开关，此开关正常时断开，变频器故障时闭合，电梯停止运行。

F4：减速开关，电梯靠近停站时此开关闭合，电梯减速运行。

SP：强迫换速开关，电梯飞车时，此开头闭合，电梯强迫换速。

APK1、APK、CPK、LSS：安全触板开关组，位于轿门安全触板上。

1NA～nNA：内指令按钮，用于乘客选层。

1SA～nSA：外上呼电梯按钮，每层一个，用于乘客呼叫电梯。

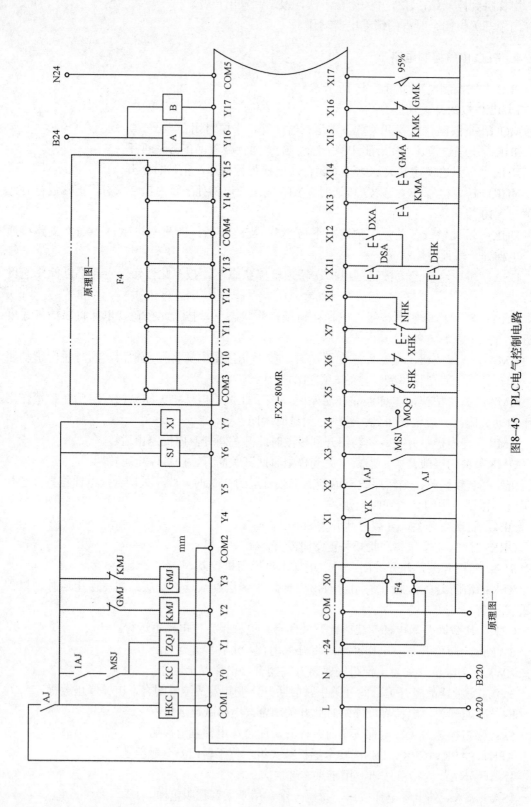

图8-45　PLC电气控制电路

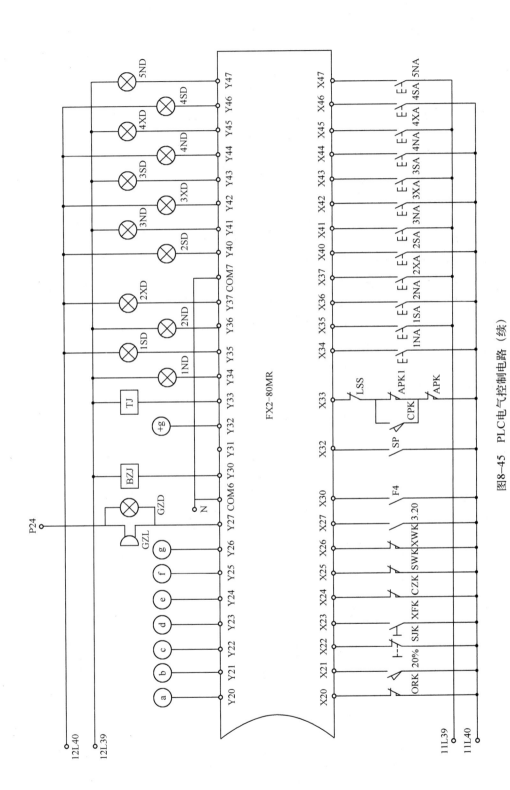

图8-45 PLC电气控制电路（续）

1XA～nXA：外下呼电梯按钮，每层一个，用于乘客呼叫电梯。

2）PLC 控制电路原理

PLC 是电梯控制部分的核心。电梯的各种操作均由 PLC 来控制，本 PLC 采用共阳极继电器输出型。

（1）启动过程：关闭基站锁开关 YK，PLC 启动；安全电路闭合，PLC 安全继电器开关 AJ 闭合，则电源接触器 HKC 通电；门锁电路闭合，PLC 门锁继电器开关 MSJ 闭合，则运行接触器 KC 通电，电梯处于待运行状态，此时输入上行或下行指令，电梯运行，参见图 8-45。

（2）PLC 单元输入/输出接口工作原理。

AJ：安全继电器开关，电梯运行时为闭合状态。

MSJ：门锁继电器开关，电梯运行时为闭合状态。

此时若电梯输入上行指令，则电梯上行。例如，电梯原停在一楼，此时乘客按下 3NA 按钮（进入轿厢后），PLC 单元 Y0、Y1、Y2、Y6、Y11、Y14、Y20、Y21、Y22、Y23、Y24、Y25、Y26、Y41 有输出。HKC、KC、ZQJ、Y11、Y14 输出，电梯将以额定速度上行；上方向显示继电路 SJ 得电，上方向指示灯亮；Y20、Y21、Y22、Y23、Y24、Y25、Y26 输出驱动楼层显示屏显示电梯所在位置；Y41 输出，驱动内指令灯 3ND 亮。达到目的后，旋转编码器反馈指令给变频器，变频器将反馈停机信号给 PLC，电动机停转，整个过程完成。

5. 电源电路

电源电路如图 8-46 所示。

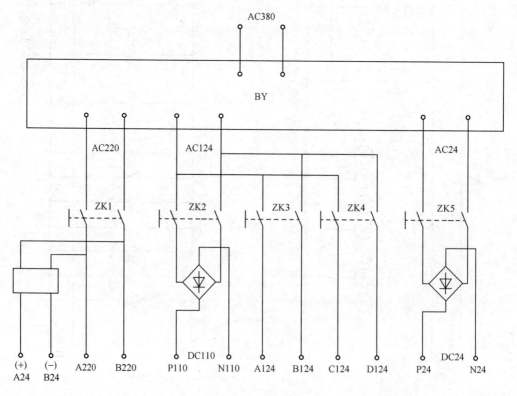

图 8-46　电源电路

1）电源接口功能说明

AC380：电源变压器交流 380V 输入。

A24、B24：直流 24V 输出提供给变频器。

A220、B220：交流 220V 输出提供给 PLC。

P110、N110：直流 110V 输出提供给接触器。

A124、B124：交流 124V 输出提供给抱闸线圈。

C124、D124：交流 124V 输出提供给门机。

P24、N24：直流 24V 输出提供给各显示屏。

2）电源电路工作原理

电源是各种电气设备必不可少的部分。在各种电气设备中，电源相当于人体的血液，是为设备提供能源的装置。电源的稳定工作直接影响到设备的稳定工作。该梯采用变压器供电，总共有六路输出，分别提供给各显示单元、PLC 单元、接触器单元、门机单元、抱闸单元、变频器单元。

8.4.3　三菱 FX2N PLC 电梯编程实例——带编码器的三层电梯控制

1．控制要求

（1）电梯停在一层或二层，三层呼叫时，则电梯上行至三层停止。

（2）电梯停在三层或二层，一层呼叫时，则电梯下行至一层停止。

（3）电梯停在一层，二层呼叫时，则电梯上行至二层停止。

（4）电梯停在三层，二层呼叫时，则电梯下行至二层停止。

（5）电梯停在一层，二层和三层同时呼叫时，则电梯上行至二层停止 T 秒，然后继续自动上行至三层停止。

（6）电梯停在三层，二层和一层同时呼叫时，则电梯下行至二层停止 T 秒，然后继续自动下行至一层停止。

（7）电梯上行途中，下降呼叫无效；电梯下降途中，上行呼叫无效。

（8）轿厢所停位置层召唤时，电梯不响应召唤。

（9）电梯楼层定位采用旋转编码器脉冲定位（型号为 0VW2-06-2MHC，脉冲为 600 脉冲/r，DC24V 电源），不设磁感应位置开关。

（10）具有上行、下行定向指示，上行或下行延时启动。

（11）电梯到达目标层时，先减速后平层，减速脉冲个数根据现场确定。

（12）电梯快车速度为 50Hz、爬行速度为 6Hz；当平层信号到来时，电梯从 6Hz 减速到 0Hz。

（13）电梯启动加速时间、减速时间由考评员定。

（14）具有轿厢所停位置楼层数码管显示。

2．分析操作

（1）I/O 接口分配如表 8-6 所示。

表 8-6　I/O 接口分配

输入	功能	输出	功能
X0	C235 计数端	Y1	一层呼叫指示
X7	计数在一层时强迫复位	Y2	二层呼叫指示
		Y3	三层呼叫指示
X1	一层呼叫	Y6	电梯上升箭头
X2	二层呼叫	Y7	电梯下降箭头
X3	三层呼叫	Y10	电梯上升
		Y11	电梯下降
		Y12	RH 减速运行至 6Hz
		Y20～Y26	电梯轿厢位置数码显示

（2）变频器参数设定：

PU 运行频率为 50Hz，Pr.79=3Hz，Pr.4=6Hz（电梯爬行速度），Pr.7=5Hz，Pr.8=1Hz。

（3）电梯编码器相关问题：

采用 600P 的电梯编码器，4 极电动机的转速为 1500r/min，则 50Hz 时每秒脉冲个数为 [(1500r/min)÷60]×600 脉冲=15000 脉冲/s。

设电梯每层相隔 75000 个脉冲，在 60000 个脉冲时减速为 6Hz，电梯运行前必须先操作 X7 强制复位。

三层电梯脉冲个数的计算（每层运行 5s，提前 1s 减速）：

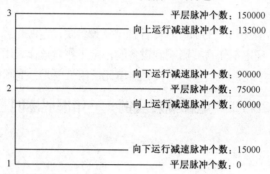

3．PLC 变频器综合接线

带编码器的三层电梯控制综合接线图如图 8-47 所示。

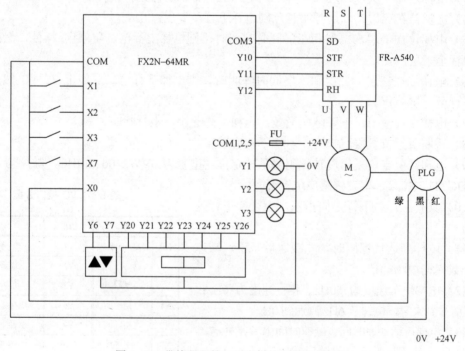

图 8-47　带编码器的三层电梯控制综合接线图

4．程序设计

带编码器的三层电梯控制参考梯形图如图 8-48 所示。

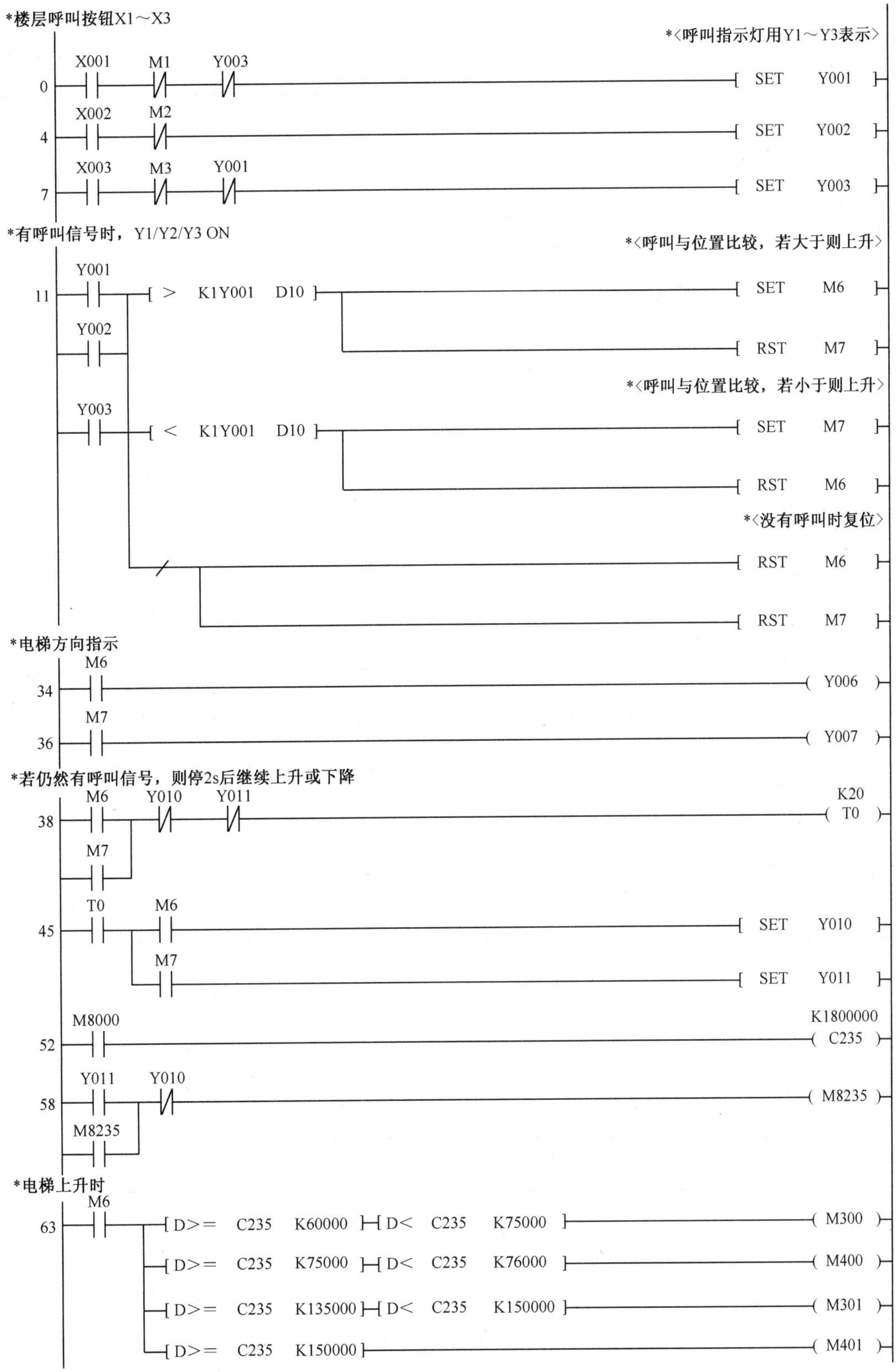

*楼层呼叫按钮X1～X3

```
                                                        *〈呼叫指示灯用Y1～Y3表示〉
      X001    M1    Y003
0    ──┤├────┤/├───┤/├─────────────────────────────[ SET    Y001 ]

      X002    M2
4    ──┤├────┤/├──────────────────────────────────[ SET    Y002 ]

      X003    M3    Y001
7    ──┤├────┤/├───┤/├─────────────────────────────[ SET    Y003 ]
```

*有呼叫信号时，Y1/Y2/Y3 ON

```
                                                        *〈呼叫与位置比较，若大于则上升〉
      Y001
11   ──┤├────┤[ >   K1Y001  D10 ]─────────────────────[ SET    M6 ]
      Y002
     ──┤├──                                          ──[ RST    M7 ]

                                                        *〈呼叫与位置比较，若小于则上升〉
      Y003
     ──┤├────┤[ <   K1Y001  D10 ]─────────────────────[ SET    M7 ]

                                                     ──[ RST    M6 ]

                                                        *〈没有呼叫时复位〉
     ─────┤/├──────────────────────────────────────[ RST    M6 ]

     ─────────────────────────────────────────────[ RST    M7 ]
```

*电梯方向指示

```
      M6
34   ──┤├──────────────────────────────────────────( Y006 )

      M7
36   ──┤├──────────────────────────────────────────( Y007 )
```

*若仍然有呼叫信号，则停2s后继续上升或下降

```
      M6    Y010   Y011                                  K20
38   ──┤├───┤/├───┤/├───────────────────────────────( T0 )
      M7
     ──┤├──

      T0    M6
45   ──┤├───┤├────────────────────────────────────[ SET    Y010 ]
            M7
            ┤├────────────────────────────────────[ SET    Y011 ]

      M8000                                          K1800000
52   ──┤├──────────────────────────────────────────( C235 )

      Y011   Y010
58   ──┤├───┤/├─────────────────────────────────────( M8235 )
      M8235
     ──┤├──
```

*电梯上升时

```
      M6
63   ──┤├───┤[ D>=  C235  K60000 ]─┤[ D<  C235  K75000 ]──────( M300 )

            ┤[ D>=  C235  K75000 ]─┤[ D<  C235  K76000 ]──────( M400 )

            ┤[ D>=  C235  K135000 ]─┤[ D<  C235  K150000 ]─────( M301 )

            ┤[ D>=  C235  K150000 ]──────────────────────────( M401 )
```

图 8-48　带编码器的三层电梯控制参考梯形图

*电梯下降时

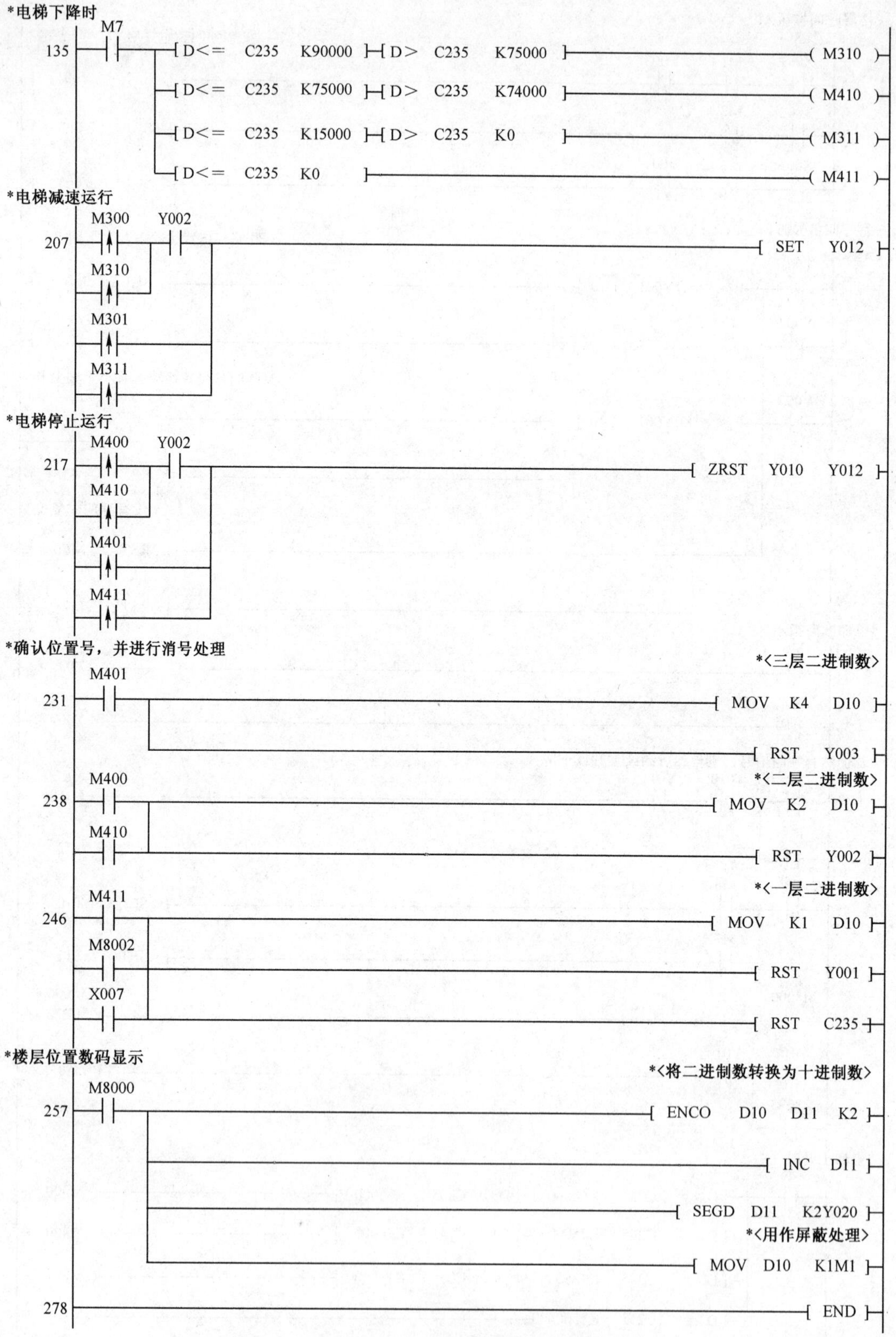

```
        M7
135 ──┤├──┬─[D<=  C235  K90000]─┤─[D>  C235  K75000]──────────────────( M310 )─
        │
        ├─[D<=  C235  K75000]─┤─[D>  C235  K74000]──────────────────( M410 )─
        │
        ├─[D<=  C235  K15000]─┤─[D>  C235  K0   ]──────────────────( M311 )─
        │
        └─[D<=  C235  K0   ]──────┤──────────────────────────────( M411 )─
```

*电梯减速运行

```
        M300   Y002
207 ──┤↑├──┤├──┬──────────────────────────────────[ SET  Y012 ]─
        M310   │
     ──┤↑├─────┤
        M301   │
     ──┤↑├─────┤
        M311   │
     ──┤↑├─────┘
```

*电梯停止运行

```
        M400   Y002
217 ──┤↑├──┤├──┬──────────────────────────────[ ZRST  Y010  Y012 ]─
        M410   │
     ──┤↑├─────┤
        M401   │
     ──┤↑├─────┤
        M411   │
     ──┤↑├─────┘
```

*确认位置号，并进行消号处理

                                                        *<三层二进制数>
```
        M401
231 ──┤├──┬─────────────────────────────────────[ MOV  K4  D10 ]─
        │
        └─────────────────────────────────────[ RST   Y003 ]─
```

                                                        *<二层二进制数>
```
        M400
238 ──┤├──┬─────────────────────────────────────[ MOV  K2  D10 ]─
        M410 │
     ──┤├────┤
        │
        └─────────────────────────────────────[ RST   Y002 ]─
```

                                                        *<一层二进制数>
```
        M411
246 ──┤├──┬─────────────────────────────────────[ MOV  K1  D10 ]─
        M8002│
     ──┤├────┤
        │
        ├─────────────────────────────────────[ RST   Y001 ]─
        X007 │
     ──┤├────┤
        │
        └─────────────────────────────────────[ RST   C235 ]─
```

*楼层位置数码显示

                                                  *<将二进制数转换为十进制数>
```
        M8000
257 ──┤├──┬─────────────────────────────────[ ENCO  D10  D11  K2 ]─
        │
        ├──────────────────────────────────────[ INC  D11 ]─
        │
        ├──────────────────────────────────[ SEGD  D11  K2Y020 ]─
        │                                         \*<用作屏蔽处理>
        └──────────────────────────────────[ MOV  D10  K1M1 ]─

278 ────────────────────────────────────────────────[ END ]─
```

图 8-48　带编码器的三层电梯控制参考梯形图（续）

8.5 欧姆龙 CP1H 系列 PLC 在电梯控制过程中的应用实例

8.5.1 欧姆龙 CP1H 系列 PLC 电梯控制系统概述

欧姆龙电梯控制系统主要由调速部分和逻辑控制部分构成。调速部分的性能对电梯运行时乘客的舒适感有着重要作用。目前，大多选用高性能的变频器，利用旋转编码器测量曳引电动机转速，构成闭环矢量控制系统。通过对变频器参数的合理设置，不仅使电梯在运行超速和缺相等方面具备了保护功能，而且使电梯的启动、低速运行和停止更加平稳舒适。变频器自身的启动、停止和电动机给定速度选择则都由逻辑控制部分完成，因此逻辑控制部分是电梯安全可靠运行的关键。

欧姆龙系列 PLC 以其可靠性高、运算速度快、产品成本低和电梯专用定制化服务等优势，在国内多家电梯厂家中的电梯生产中获得了应用。本节以一台 4 层 4 站的电梯控制系统为例，来讲述欧姆龙系列 PLC 在电梯控制中的应用。

8.5.2 欧姆龙 CP1H 系列 PLC 电梯控制系统构成

欧姆龙 CP1H 系列 PLC 电梯控制系统主要由变频调速主电路、输入/输出单元以及 PLC 单元构成，如图 8-49 所示，用来完成对电梯曳引机及门机的启动、加减速、停止、运行方向、楼层显示、层站召唤、轿厢内操作、安全保护等指令信号的管理和控制。

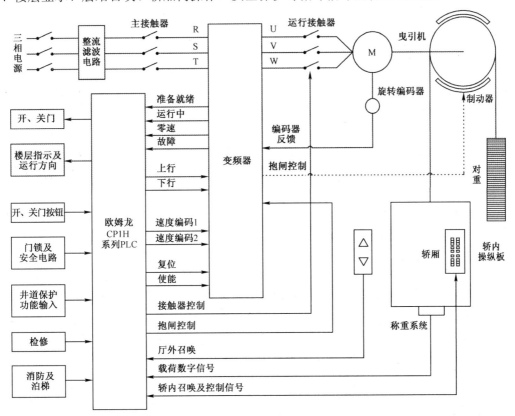

图 8-49 欧姆龙 CP1H 系列 PLC 电梯控制系统原理图

变频调速主电路由三相交流输入、变频调速驱动、曳引机和制动单元构成。变频器采用日本安川公司矢量控制电梯专用变频器 616G5，其具有良好的低速运行特性，适合在电梯控制系统中应用。三相电源 R、S、T 经接线端子进入变频器为其主电路和控制电路供电。输出端 U、V、W 接电动机的快速绕组，外接制动单元，减少了制动时间，加快了制动过程。旋转编码器用来检测电梯的运行速度和运行方向，变频器将实际速度与变频器内部的给定速度相比较，从而调节变频器的输出频率及电压，使电梯的实际速度跟随变频器内部的给定速度，达到调节电梯速度的目的。

1. 变频器输入信号

上下行方向指令，零速、爬行、低速、高速、检修速度等各种速度编码指令，复位和使能信号。

2. 变频器输出信号

（1）变频器准备就绪信号，在变频器运转正常时，通知 PLC 变频器可以正常运行。

（2）运行中信号，通知 PLC 变频器正在正常输出。

（3）零速信号，当电梯运行速度为零时，此信号输出有效并通知 PLC 完成抱闸、停车等动作。

（4）故障信号，变频器出现故障时，此信号输出有效并通知 PLC 作出响应，给变频器断电。

3. 输入/输出单元

为 PLC 的 I/O 接口部分，主要由厅外呼叫，轿厢内选层，楼层及方向指示，开、关门，井道内的上下平层，上下限强迫换速开关，门锁，安全保护继电器，检修，消防，泊梯，称重等单元构成。

1）输入单元

（1）厅外呼叫单元：用来对各层站的厅外召唤信号进行登记、记忆和消除，而且兼有无司机状态的"本层厅外开门"功能，全集选方式的呼梯信号为 $2N-2$ 个（N 为层站数），下集选方式的呼梯信号为 N 个。

（2）轿厢内选层单元：负责对预选楼层指令的登记、消除和指示，呼梯信号数为电梯层站数 N。

（3）开、关门按钮：控制轿门的开闭（层门也同时动作）。

（4）上下平层装置：用来保证电梯轿厢在各层停靠时准确平层，通常设置在轿顶，电梯轿厢上行接近预选层站时，上平层传感器进入遮磁板，电梯仍继续慢速运行，当下平层传感器进入遮磁板时，上行接触器线圈失电，制动器抱闸停车。

（5）上下限强迫换速开关：用于保护电梯的高速运行安全，避免电梯出现冲顶或蹲底事故。当电梯到达上下端站时，装在轿厢边的上下限强迫换速开关打板，信号输入 PLC，PLC 发出换速信号，强迫电梯减速运行到平层位置。

（6）门锁装置（或轿门和层门连锁保护装置）：轿门闭合和各层门闭合上锁是电梯正常启动运行的前提。

（7）安全电路：通常包括轿内急停开关、轿顶急停开关、安全钳开关、限速器断绳开关、限速器超速开关、地坑急停开关、相序保护继电器、上下限极限开关等。

（8）检修、消防和泊梯：检修、消防和泊梯为电梯的三种运行方式。检修运行为电梯检修时的慢速运行方式；消防运行有消防返回基站和消防员专用两种运行状态；泊梯状态，消除内选和外呼信号，自动返回泊梯层、关门并断电。

（9）称重单元：用来检测轿厢负荷，判断电梯处于欠载、满载或超载状态，然后输出数字信号给 PLC，根据负载情况进行启动力矩补偿，使电梯平稳运行。

2）输出单元

（1）楼层及方向指示单元：包括电梯上下行方向指示灯、层楼指示灯以及报站钟等，目前的方向及层楼指示灯主要有七段码显示方式和点阵显示方式，本系统为七段码显示方式。

（2）开、关门单元：用于控制电梯的层门和轿门的打开和关闭，在自动定向完成或电梯平稳停靠后，PLC 给出相关指令，由变频门机完成开、关门动作。

PLC 单元为电梯控制系统的核心部分，由 PLC 提供变频器的运行方向和速度指令，使变频器根据电梯需要的速度曲线调节运行方向和速度。通过 PLC 的合理编程，实现自动平层，自动开、关门，自动掌握停站时间，内外呼叫信号的登记与消除，顺向截梯及自动换向等集选控制功能。

8.5.3　欧姆龙 CP1H PLC 的 I/O 接口配置

PLC 选用欧姆龙系列，PLC 的输入/输出点数可根据需要配置，并可根据用户的要求增加并联功能。以编制一台 4 层 4 站的电梯为例，先根据控制要求计算所需要的 I/O 接口点数，其中输入点数为 32，输出点数为 24。选用欧姆龙系列 PLC 的一个 CPU 单元 M40DR 和一个扩展单元 E16DR 来完成电梯控制系统的逻辑控制。

1. 输入接口（见表 8-7）

表 8-7　输入接口

序号	输入接点	输入功能	序号	输入接点	输入功能
1	10001	安全电路	13	10013	变频器故障
2	10002	关门按钮	14	10014	一楼指令按钮
3	10003	检修开关	15	10015	二楼指令按钮
4	10004	门锁	16	10016	三楼指令按钮
5	10005	消防开关	17	10017	四楼指令按钮
6	10006	上强迫减速限位	18	10018	一楼上召按钮
7	10007	下强迫减速限位	19	10019	二楼上召按钮
8	10008	安全触板	20	10020	二楼下召按钮
9	10009	上平层传感器	21	10021	三楼上召按钮
10	10010	下平层传感器	22	10022	三楼下召按钮
11	10011	开门按钮	23	10023	四楼下召按钮
12	10012	开门到位	24	10024	80%满载

序号	输入接点	输入功能	序号	输入接点	输入功能
25	10033	110%满载	29	10037	零速
26	10034	抱闸反馈	30	10038	泊梯开关
27	10035	变频器准备就绪	31	10039	旋转编码上行方向
28	10036	变频器运行中	32	10040	旋转编码下行方向

2. 输出接口（见表 8-8）

表 8-8　输出接口

序号	输出线圈	输出功能	序号	输出线圈	输出功能
1	00001	上行方向指示	13	00013	门区照明
2	00002	下行方向指示	14	00014	报站钟
3	00003	开门继电器	15	00015	照明
4	00004	关门继电器	16	00016	主接触器控制
5	00005	速度编码 1	17	00017	抱闸控制
6	00006	速度编码 2	18	00018	七段码楼层显示 A
7	00007	变频器使能	19	00019	七段码楼层显示 B
8	00008	变频器复位	20	00020	七段码楼层显示 C
9	00009	1 楼召唤输出指示	21	00021	七段码楼层显示 D
10	00010	2 楼召唤输出指示	22	00022	七段码楼层显示 E
11	00011	3 楼召唤输出指示	23	00023	七段码楼层显示 F
12	00012	4 楼召唤输出指示	24	00024	七段码楼层显示 G

8.5.4　欧姆龙 CP1H 系列 PLC 电梯控制系统工作过程

欧姆龙 PLC 电梯完成一个呼叫响应的步骤：

（1）电梯在检测到门厅或轿厢的召唤信号后，将此楼层信号与轿厢所在楼层信号比较，通过选向模块进行运行选向。

（2）电梯开始启动，通过变频器驱动电动机拖动轿厢运行。轿厢运行速度由低速转变为中速再转变为高速，并以高速运行至目标层。

（3）当电梯检测到目标层减速点后，电梯进入减速状态，由高速变为低速，并以低速运行至平层点停止。

（4）平层后，经过一定延时开门，直至碰到开门到位行程开关；再经过一定延时后关门，直到安全触板开关动作。至此，电梯完成一个呼叫响应的过程结束。

第 9 章　电梯变频器系统

9.1　通用变频器的基本结构与原理

9.1.1　变频器基本结构

通用变频器的基本结构如图 9-1 所示。通用变频器由主电路、控制电路和操作显示三部分组成。主电路包括整流电路、直流中间电路、逆变电路及检测部分的传感器（图 9-1 中未画出），其中直流中间电路包括限流电路、滤波电路、制动电路及电源再生电路等。控制电路主要由主控制电路、检测电路、保护电路、控制电源和操作、显示电路等组成。

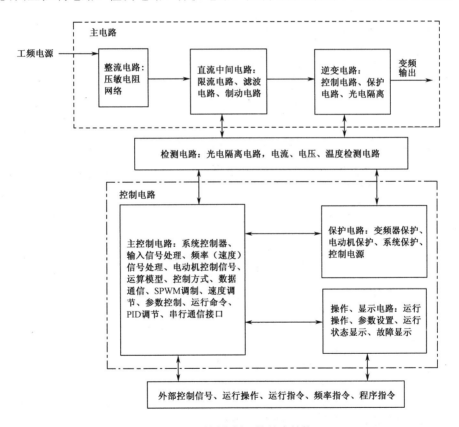

图 9-1　通用变频器的基本结构

高性能矢量型通用变频器由于采用了矢量控制方式，在进行矢量控制时需要进行大量的运算，其运算电路中往往还有一个以数字信号处理器（DSP）为主的转矩计算用 CPU 及相应的磁通检测和调节电路。

注意： 不要通过低压断路器来控制变频器的运行和停止，而应采用控制面板上的控制键进行操作。

图 9-2 为通用变频器的主电路原理图。符号 U、V、W 是通用变频器的输出端子，连接至电动机电源输入端，应依据电动机的转向要求连接。若转向不对，可调换 U、V、W 中任意两相的接线。输出端不应接电容和浪涌吸收器，变频器与电动机之间的连线不宜超过产品说明书的规定值。符号 RO、TO 是控制电源辅助输入端子。P_1 和 $P^{(+)}$ 是连接改善功率因数的直流电抗器连接端子，出厂时这两点连接有短路片，连接直流电抗器时应先将其拆除后再连接。$P^{(+)}$ 和 DB 是外部制动电阻连接端。$P^{(+)}$ 和 $N^{(-)}$ 是外接功率晶体管控制的制动单元。其他为控制信号输入端。

虽然变频器的种类很多，其结构各有所长，但多数通用变频器都具有图 9-1 和图 9-2 给出的基本结构，它们的主要区别是控制软件、控制电路和检测电路实现的方法及控制算法等不同。

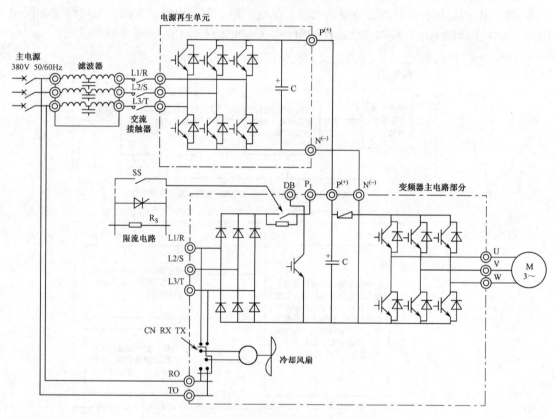

图 9-2　通用变频器的主电路原理图

9.1.2　通用变频器的控制原理及类型

1. 通用变频器的基本控制原理

众所周知，异步电动机定子磁场的旋转速度被称为异步电动机的同步转速。当转子的转速达到异步电动机的同步转速时，其转子绕组将不再切割定子旋转磁场，转子绕组中不再产生感应电流，也不再产生转矩，所以异步电动机的转速总是小于其同步转速，而异步电动机也正是因此而得名。

电压型变频器的特点是将直流电压源转换为交流电源。在电压型变频器中，整流电路产生逆变器所需要的直流电压，并通过直流中间电路的电容进行滤波后输出。整流电路和直流中间电路起直流电压源的作用，而电压源输出的直流电压在逆变器中被转换为具有所需频率的交流电压。在电压型变频器中，由于能量回馈通路是直流中间电路的电容，并使直流电压上升，因此需要设置专用直流单元控制电路，以利于能量回馈并防止换流元器件因电压过高而被损坏。有时还需要在电源侧设置交流电抗器以抑制输入谐波电流的影响。

从通用变频器主电路基本结构来看，多数采用如图 9-3（a）所示的结构，即由二极管整流器、直流中间电路与 PWM 逆变器三部分组成。采用这种电路的通用变频器的成本较低，易于普及应用，但存在再生能量回馈和输入电源产生谐波电流的问题。如果需要将制动时的再生能量回馈给电源，并降低输入谐波电流，则采用如图 9-3（b）所示的带 PWM 变换器的主电路。由于用绝缘栅双极型晶体管 IGBT 代替二极管整流器组成三相桥式电路，因此可让输入电流变成正弦波，同时功率因数也可以保持为 1。这种 PWM 变换控制变频器不仅可降低谐波电流，而且还可将再生能量高效率地回馈给电源。

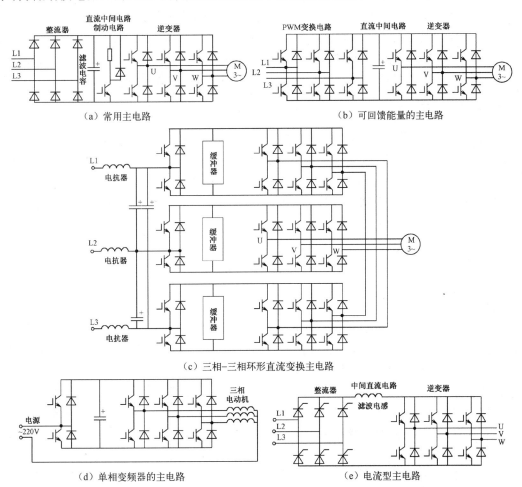

图 9-3 通用变频器主电路的基本结构形式

富士公司采用的最新技术是一种称为三相-三相环形直流变换主电路，如图 9-3（c）所示。三相-三相环形直流变换主电路采用了直流缓冲器（RCD）和 C 缓冲器，使输入电流与输出电压可分开控制，不仅可以解决再生能量回馈和输入电源产生谐波电流的问题，而且还可以提高输入电源的功率因数，减少直流部分的部件，实现轻量化。这种电路是以直流钳位式双向开关回路为基础的，因此可直接控制输入电源的电压、电流并可对输出电压进行控制。

另外，新型单相变频器的主电路如图 9-3（d）所示，此电路与原来的全控桥式 PWM 逆变器的功能相同，电源电流呈现正弦波，并可以进行电源再生回馈，具有高功率因数变换的优点。此电路将单相电源的一端接在变换器上下电桥的中点上，另一端接在被变频器驱动的三相异步电动机定子绕组的中点上。因此，它将单相电源电流当作三相异步电动机的零线电流提供给直流电路。其特点是可利用三相异步电动机上的漏抗代替开关用的电抗器，使电路实现低成本与小型化。这种电路也广泛适用于家用电器的变频电路。

电流型变频器的特点是将直流电流源转换为交流电源。其中整流电路给出直流电源，并通过中间直流电路的电抗器进行电流滤波后输出，如图 9-3（e）所示。整流电路和中间直流电路起电流源的作用，而电流源输出的直流电流在逆变器中被转换为具有所需频率的交流电源，并被分配给各输出相，然后提供给异步电动机。在电流型变频器中，异步电动机定子电压的控制是通过检测电压后对电流进行控制的方式实现的。对于电流型变频器来说，在异步电动机进行制动的过程中，可以通过将中间直流电路的电压反向的方式使整流电路变为逆变电路，并将负载的能量回馈给电源。由于在采用电流控制方式时可以将能量直接回馈给电源，而且在出现负载短路等情况时也容易处理，因此电流型控制方式多用于大容量变频器。

2．通用变频器的类型

通用变频器依据其性能、控制方式和用途的不同，习惯上可分为通用型、矢量型、多功能高性能型和专用型等。通用型是通用变频器的基本类型，具有通用变频器的基本特征，可用于于各种场合；专用型又分为风机、水泵、空调专用变频器（HVAC），注塑机专用型，纺织机械专用机型等。随着通用变频器技术的发展，除专用型以外，其他类型间的差距会越来越小，专用型变频器会有较大发展。

1）风机、水泵、空调专用变频器

风机、水泵、空调专用通用变频器是一种以节能为主要目的的变频器，多采用 U/f 控制方式。与其他类型的通用变频器相比，转矩控制按降转矩负载特性设计，零速时的启动转矩相比其他控制方式要小一些。几乎所有通用变频器生产厂商均生产这种机型。新型风机、水泵、空调专用通用变频器，除具备通用功能外，不同电梯品牌、不同机型中还增加了一些新功能，如内置 PID 调节器功能、多台电动机循环启停功能、节能自寻优功能、防水锤效应功能、管路泄漏检测功能、管路阻塞检测功能、压力给定与反馈功能、惯量反馈功能、低频预警功能及节电模式选择功能等。应用时可依据实际需要选择具有上述不同功能的电梯品牌、机型，在通用变频器中，此种变频器价格最低。特别需要说明的是，一些电梯品牌的新型风机、水泵、空调专用变频器中采用了一些新的节能控制策略，使新型节电模式节电效率大幅度提高。

2）高性能矢量控制型变频器

高性能矢量控制型通用变频器采用矢量控制方式或直接转矩控制方式，并充分考虑了通用变频器应用过程中可能出现的各种需要，特殊功能还可以以选件的形式供选择，以满足应用需要，在统筹软件和硬件方面都做了相应的功能设置。其中，重要的一个功能特性是零速时的启动转矩和过载能力，通常启动转矩在 150%～200%范围内，甚至更高，过载能力可达 150%以上，一般持续时间为 60s。此种通用变频器的特征是具有较硬的机械特性和动态性能，即通常说的挖土机性能。在使用通用变频器时，可以依据负载特性选择需要的功能，并对通用变频器的参数进行设定。某些电梯品牌的新机型依据实际需要，将不同应用场合所需要的常用功能组合起来，以应用宏编码形式提供，用户不必对每项参数逐项设定，应用十分方便，如 ABB 系列通用变频器的应用宏、VACON CX 系列通用变频器的"五合一"应用等就充分体现了这一优点。也可以依据系统的需要选择一些选件以满足系统的特殊需要。高性能矢量控制型变频器广泛应用于各类机械装置，如机床、塑料机械、生产线、传送带、升降机械及电动车辆等对调速系统和功能有较高要求的场合，性价比较高，市场价格略高于风机、水泵、空调专用变频器。

3）单相变频器

单相变频器主要用于输入为单相交流电源的三相电流电动机的场合。所谓单相变频器是单相进、三相出，即输入 220V 单相交流电压，输出 220～330V 三相交流电。与三相变频器的工作原理相同，但电路结构不同，即单相交流电源→整流滤波变换成直流电源→经逆变器再变换为三相交流调压调频电源→驱动三相交流异步电动机。目前，单相变频器多数采用智能功率模块（IPM）结构，将整流电路、逆变电路、逻辑控制、驱动和保护或电源电路等集成在一个模块内，使整机的元器件数量和体积大幅度减小，使整机的智能化水平和可靠性进一步提高。

9.1.3 变频器的基本控制功能与电路

1．基本操作及控制电路

1）键盘操作

通过面板上的键盘来进行启动、停止、正转、反转、点动、复位等操作。

若变频器已经通过功能预置，选择了键盘操作方式，则变频器在接通电源后，可以通过操作键盘来控制变频器的运行。键盘及基本接线电路如图 9-4 所示。

2）外接输入正转控制

若变频器通过功能预置，选择了"外接端子控制"方式，则其外接正转控制电路如图 9-5 所示。

首先应把正转输入控制端 FWD 和公共端 COM 相连，当变频器通过接触器 KM 接通电源后，变频器便处于运行状态。若这时电位器 RP 并不处于"0"位，则电动机将开始启动升速。

但一般来说，用这种方式来使电动机启动或停止是不适宜的，具体原因如下：

（1）容易出现误动作。变频器内，主电路的时间常数较小，故直流电压上升至稳定值较快。而控制电源的时间常数较大，控制电路在电源未充电至正常电压之前，工作状态有可能出现紊乱。所以，不少变频器在说明书中明确规定，禁止用这种方法来启动电动机。

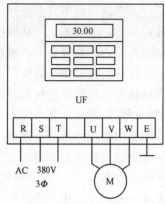

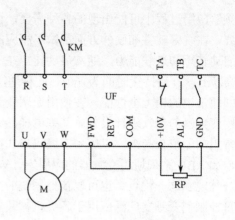

图 9-4　键盘及基本接线电路　　　　图 9-5　外接正转控制电路

（2）电动机不能准确停机。变频器切断电源后，其逆变电路将立即被"封锁"，输出电压为 0。因此，电动机将处于自由制动状态，而不能按预置的降速时间进行降速。

（3）容易对电源形成干扰。变频器在刚接通电源的瞬间，有较大的充电电流。若经常用这种方式来启动电动机，将使电网受到冲击而形成干扰。

正确的控制方法如下：

（1）接触器 KM 只起变频器接通电源的作用。

（2）电动机的启动和停止由继电器 KA 控制的 FWM 和 COM 之间的通、断进行控制。

（3）KM 和 KA 之间应该有互锁：一方面，只有在 KM 动作，使变频器接通电源后，KA 才能动作；另一方面，只有在 KA 断开，电动机减速并停止后，KM 才能断开，切断变频器的电源。

正确的外接正转控制电路如图 9-6 所示。其中，按钮开关 SB1、SB2 用于控制接触器 KM，从而控制变频器的通电；按钮开关 SF 和 ST 用于控制继电器 KA，从而控制电动机的启动和停止。

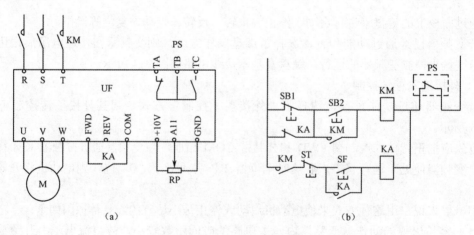

（a）　　　　　　　　　　　　　　　（b）

图 9-6　正确的外接正转控制电路

3）外部控制时"STOP"键的功能

在进行外部控制时，键盘上的"STOP"键（停止键）是否有效，要依据用户的具体情况来决定。主要有以下三种情况。

（1）"STOP"键有效，有利于在紧急情况下的"紧急停机"。

（2）某些机械在运行过程中不允许随意停机，只能由现场操作人员进行停机控制。对于这种情况，应预置"STOP"键无效。

（3）许多变频器的"STOP"键常常和"RESET"键（复位键）合用，而变频器在键盘上进行复位操作是比较方便的。

2．电动机旋转方向的控制功能

1）旋转方向的选择

在变频器中，通过外接端子可以改变电动机的旋转方向，如图 9-7 所示。继电器 KA1 接通时为正转，继电器 KA2 接通时为反转。此外，通过功能预置，也可以改变电动机的旋转方向。

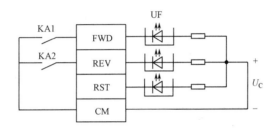

图 9-7 电动机的正、反转控制

2）控制电路示例

如图 9-8 所示，按钮开关 SB1、SB2 用于控制接触器 KM，从而控制变频器接通或切断电源；按钮开关 SF 用于控制正转继电器 KA1，从而控制电动机的正转运行；按钮开关 SR 用于控制反转继电器 KA2，从而控制电动机的反转运行；按钮开关 ST 用于控制停机。

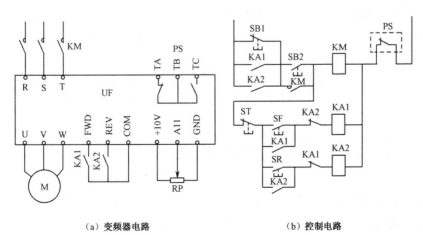

（a）变频器电路　　　　　　　　　　　（b）控制电路

图 9-8 电动机正、反转控制电路

正转与反转运行只有在接触器 KM 已经动作、变频器已经通电的状态下才能进行。

与动断（常闭）按钮开关 SB1 并联的 KA1、KA2 触点用于防止电动机在运行状态下通过 KM 直接停机。

3．其他控制功能

1）运行的自锁功能

和接触器控制电路类似，自锁控制电路如图 9-9（a）所示。当按下动合（常开）按钮 SF 时，电动机正转启动，由于 EF 端子的保持（自锁）作用，松开 SF 后，电动机的运行状态将能继续下去；当按下动断按钮 ST 时，EF 和 COM 之间的联系被切断，自锁解除，电动机将停止。

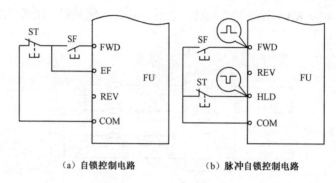

（a）自锁控制电路　　　　（b）脉冲自锁控制电路

图 9-9　运行的自锁控制电路

如图 9-9（b）所示为脉冲自锁控制电路，它是自锁功能的另一种形式，其特点是可以接受脉冲信号进行控制。

由于自锁控制需要将控制线接到三个输入端子，因此在变频器说明书中，常称为三线控制方式。

2）紧急停机功能

在日本明电 VT230S 系列变频器的输入端子中，配置了专用的紧急停机端子 EMS。由功能码 C00-3 预置其工作方式，数据码的含义：1—闭合时动作；2—断开时动作。

3）操作的切换功能

在日本安川 G7 系列变频器中，键盘操作和外接操作可以通过"MENU"键十分方便地进行切换。在功能码 B1-07 中，数据码的含义：0—不能切换；1—可以切换。

9.2　TD3100 系列电梯专用变频器

TD3100 系列变频器是艾默生网络能源有限公司自主开发生产的多功能、高品质、低噪声电梯专用矢量控制型变频器，完全可满足各种电梯控制系统的需求。它具有结构紧凑、安装方便的特点，其先进的矢量控制算法、距离控制算法、电动机参数自动调整、转矩偏置、井道位置自学习、抱闸接触器控制、预开门监测等多种智能控制功能可满足系统高精度控制的要求；检修运行、蓄电池运行、自学习运行、多段速运行、强迫减速运行等多种特殊运行控制方式及其普通可编程开关量输入、逻辑可编程开关量输入，有助于实现电梯控制的全面解决方案；抱闸接触器检测、电梯超速检测、输入/输出逻辑检测、平层信号与电梯位置检测等功能保证了系统运行的安全性；国际标准化设计和测试，保证了产品的可靠性。各种变频器的使用有所不同，应仔细阅读使用手册，以保证正确使用并充分发挥其优越性能。

9.2.1 TD3100 系列电梯专用变频器配线

TD3100 系列电梯专用变频器配线如图 9-10 所示。在配线时，应严格按照接线图接线，防止因接线错误而损坏变频器。

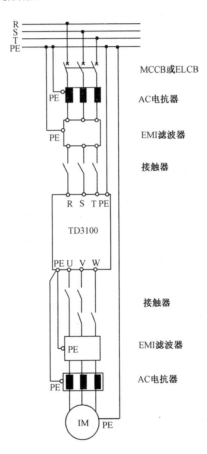

图 9-10 TD3100 系列电梯专用变频器配线

9.2.2 TD3100 系列电梯专用变频器连接

TD3100 系列电梯专用变频器连接如图 9-11 所示。

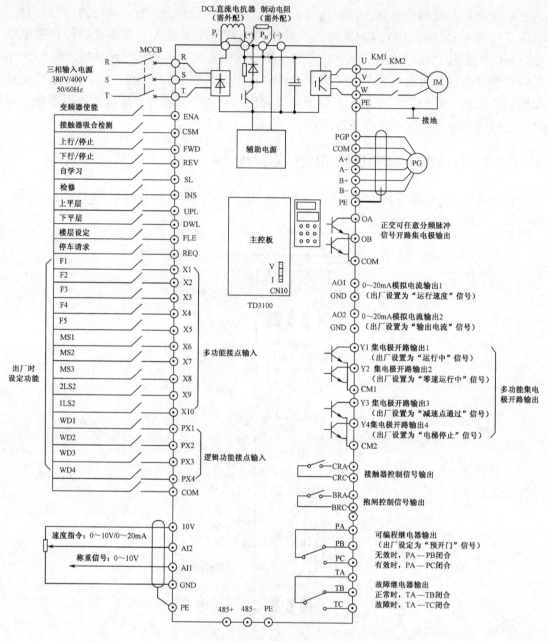

图 9-11 TD3100 系列电梯专用变频器连接

注意：（1）AI2 可以输入电压或电流信号，此时，应将主控板上 CN10 的跳线选择在 V 侧或 I 侧；（2）辅助电源引自正负母线（＋）和（－）；（3）内含制动组件，但用户需在 PB、（＋）之间外配制动电阻；（4）图 9-11 中，"○"为主电路端子，"⊙"为控制端子。

TD3100-4T0300E 电梯专用变频器连接如图 9-12 所示。

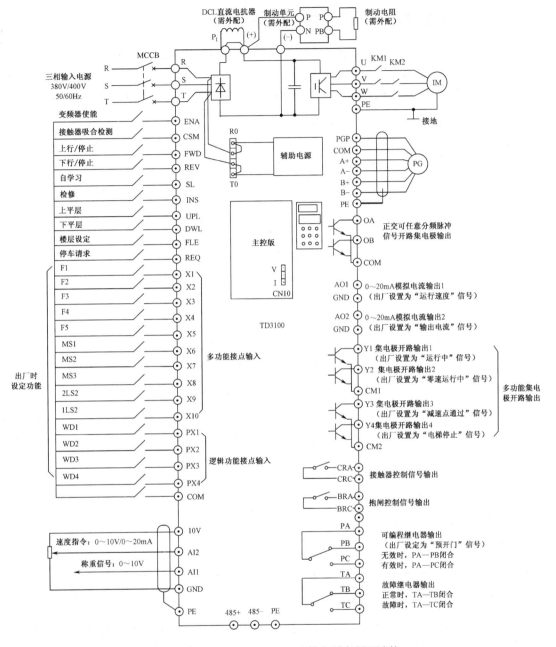

图 9-12　TD3100-4T0300E 电梯专用变频器连接

注意：（1）AI2 可以输入电压或电流信号，此时，应将主控板上 CN10 的跳线选择在 V
侧或 I 侧；（2）出厂时，辅助电源输入引自 R0、T0，R0、T0 已与三相输入的 R、T 短接，
若用户想外引控制电源，须将 R 与 R0、T 与 T0 的短路片拆除后，再从 R0、T0 外引，严
禁不拆短路片而外引控制电源，以免造成短路事故；（3）需外配制动组件，包括制动单元与
制动电阻，连接制动单元时注意正负极性；（4）图 9-12 中，"○"为主电路端子，"⊙"为
控制端子。

9.2.3 主电路输入/输出和接地端子的连接

在连接主电路输入/输出和接地端子时，首先确认变频器接地端子 PE 已接地。如果未接好，可能会引起电击或火灾事故。交流电源不能连接输出端子（U、V、W），直流端子（+）、（－）不能直接连接制动电阻，如图 9-13 所示。端子名称及功能如表 9-1 所示。

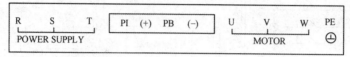

适用机型：TD3100-4T0185E、TD3100-4T0220E

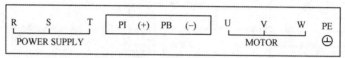

适用机型：TD3100-4T0300E

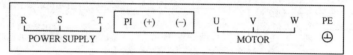

图 9-13　主电路输入/输出和接地端子的连接

表 9-1　端子名称及功能

端子名称	功能说明
R、S、T	三相交流电源输入端子 380V/400V，50Hz/60Hz
PI、（+）	外接直流电抗器预留端子
（+）、PB	外接制动电阻预留端子
（+）、（－）	外接制动单元预留端子
（－）	直流负母线输出端子
U、V、W	三相交流输出端子
PE	接地端子

1．主电路电源输入端子（R、S、T）

主电路电源输入端子（R、S、T）通过线路保护用断路器（MCCB）或熔断器连接至三相交流电源，不需考虑连接相序。断路器开关容量、导线和接触器规格如表 9-2 所示。

表 9-2　断路开关容量、导线和接触器规格

型号 TD3100	断路器（空气开关）/A	主电路电缆/mm²输入线/输出线（铜芯电缆）	控制电缆/mm²主控板端子连接电缆（电压等级300V）	控制电缆/mm²继电器板连接电缆（电压等级600V）	接触器额定工作电流/A（电压380V/400V）	接触器线包电压/电流（最大值）/（V/mA）	接触器吸合/释放时间（最大值）/ms
4T0075E	40	6	1	1.0～2.0	25	250/500	150/120
4T0110E	63	6			32		

续表

型号 TD3100	断路器（空气开关）/A	主电路电缆/mm²	控制电缆/mm²		接触器		
		输入线/输出线（铜芯电缆）	主控板端子连接电缆（电压等级300V）	继电器板连接电缆（电压等级600V）	额定工作电流/A（电压380V/400V）	线包电压/电流（最大值）/（V/mA）	吸合/释放时间（最大值）/ms
4T0150E	63	6	1	1.0～2.0	50	250/500	150/120
4T0185E	100	10			63		
4T0220E	100	16			80		
4T0300E	125	25			95		

为使系统保护功能动作时能有效切断电源并防止故障扩大，应在输入侧安装电磁接触器，控制主电路电源的通断，以保证安全。不要连接单相电源。为降低变频器对电源产生的传导干扰，可以在电源侧安装噪声滤波器，如图 9-14 所示。

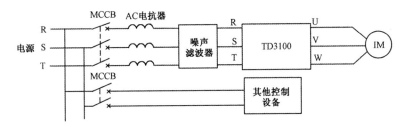

图 9-14　电源侧安装噪声滤波器

2. 变频器输出端子（U、V、W）

变频器输出端子（U、V、W）按正确相序连接至三相电动机的 U、V、W 端。若电动机旋转方向不对，则交换 U、V、W 中任意两相的接线即可。禁止输入电源和输出端子 U、V、W 连接。变频器输出侧不能连接电容和浪涌吸收器。禁止输出电路短路或接地。

（1）在输出侧选配变频器专用噪声滤波器，如图 9-15 所示。

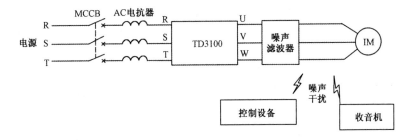

图 9-15　变频器输出侧滤波器安装图一

（2）把变频器输出线 U、V、W 穿入接地金属管并与信号线分开布置，如图 9-16 所示。

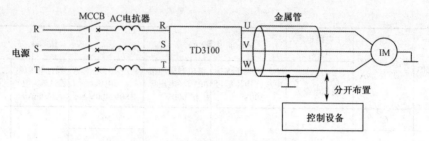

图 9-16　变频器输出侧滤波器安装图二

变频器和电动机之间配线过长时的措施：变频器和电动机之间的配线过长时，线间分布电容将产生较大的高频电流，可能造成变频器过流跳闸保护；同时，会因漏电流增加，导致电流显示精度变差。因此，变频器与电动机之间的配线长度最好不要超过 100m。若配线过长，则需在输出侧选配滤波器、电抗器或降低载频。

3. 直流电抗器连接端子[PI、（+）]

有直流电抗器安装接线图如图 9-17 所示。

直流电抗器可改善功率因数。若需使用直流电抗器，则应先取下 PI 和（+）之间的短路块（出厂配置）。

若不接直流电抗器，则不能取下 PI、（+）之间的短路块。若取下，则变频器不能正常工作。图 9-18 为无直流电抗器安装接线图。

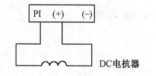

图 9-17　有直流电抗器安装接线图　　图 9-18　无直流电抗器安装接线图

4. 外部制动电阻连接端子[（+）、PB]

TD3100 变频器在 22kW 以下（含 22kW）机型内置有制动单元，为释放制动运行时回馈的能量，必须在（+）、PB 端连接制动电阻。制动电阻规格如表 9-3 所示，其安装接线图如图 9-19 所示。

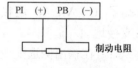

图 9-19　制动电阻安装接线图

表 9-3　制动电阻规格

电动机额定功率/kW	变频器型号 TD3100	制动电阻规格	制动转矩/%	制动单元型号
7.5	4T0075E	1600W/50Ω	200	内置
11	4T0110E	4800W/40Ω	200	内置
15	4T0150E	4800W/32Ω	180	内置
18.5	4T0185E	6000W/28Ω	190	内置
22	4T0220E	9600W/20Ω	200	内置
30	4T0300E	9600W/16Ω	180	TDB-4C01-0300

在安装制动电阻时，其制动电阻的配线长度应小于 5m。制动电阻温度因释放能量而升高，因此应注意安全防护和散热。

5．外部制动单元连接端子[（+）、（−）]

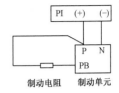

图 9-20 制动单元与制动电阻安装接线图

制动单元与制动电阻安装接线图如图 9-20 所示。为释放制动运行时回馈的能量，TD3100 变频器 30kW 机型需在（+）、（−）端外配制动单元，在制动单元的 P、PB 端连接制动电阻。

变频器（+）、（−）端与制动单元 P、N 端的连线长度应小于 5m，制动单元 P、PB 端与制动电阻的配线长度应小于 10m。

一定要注意（+）、（−）端的极性。（+）、（−）端不允许直接连接制动电阻；否则，有损坏变频器或发生火灾的危险。

6．接地端子（PE）

为保证安全，防止电击和火警事故，变频器的接地端子（PE）必须良好接地，接地电阻阻值小于 10Ω。变频器最好有单独的接地端，接地线要粗而短，应使用 3.5mm^2 以上的多股铜芯线。在多个变频器接地时，不要使用公共地线，避免接地线形成回路。

9.2.4 控制和通信接口端子连接

1．DSP 控制板控制端子排序图及端子说明

（1）控制端子排序图如下：

485+	485−	PE	+10V	−10V	GND	AI1	AI2	AI3	GND	AO1	AO2

（2）控制端子说明如表 9-4 所示。

表 9-4 控制端子说明

类别	端子标号	名称	端子功能说明	规格
通信	485+	数据通信	485 差分信号正端	标准 RS-485 通信接口 使用双绞线或屏蔽线
	485−		485 差分信号负端	
模拟输入	AI1-GND	模拟输入 1	模拟电压输入信号，用作称重信号反馈输入通道	输入电压：0～+10V 输入电阻：20kΩ 分辨率：1/1000
	AI2-GND	模拟输入 2	用主控板上 CN10 插座的 V/I 跳线可选择电压或电流输入，用作模拟速度给定通道	输入电压：（0～10）V/（0～20）mA 输入电阻：112kΩ/500Ω 分辨率：1/1000
	AI3-GND	模拟输入 3	保留	
模拟输出	AO1-GND	模拟输出 1	F6 组功能码可编程输出功能，共有 9 种运行状态可供选择	输出范围：0～20mA。外接 500Ω 电阻可转换成 0～10V 电压信号
	AO2-GND	模拟输出 2		
	+10V-GND	+10V 电源	设定用+10V 参考电源	允许最大电流 5mA
	−10V-GND	−10V 电源	设定用−10V 参考电源	
电源地	GND	内部电源地	模拟信号和±10V 电源的参考地	内部与 COM、CM1、CM2 隔离
屏蔽	PE	屏蔽接地	屏蔽层接地端。模拟信号线或 485 通信线的屏蔽层可接在此端子	内部与主接地端子 PE 相连

（3）模拟输入端子。由于微弱的模拟信号特别容易受到外部干扰的影响，配线时必须使用屏蔽电缆且配线尽可能短，并将屏蔽层靠近变频器一端且良好接地，如图 9-21 所示。

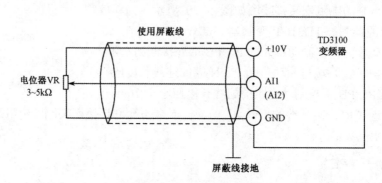

图 9-21　模拟输入端子连接

（4）串行通信接口端子的应用接线如图 9-22 所示。

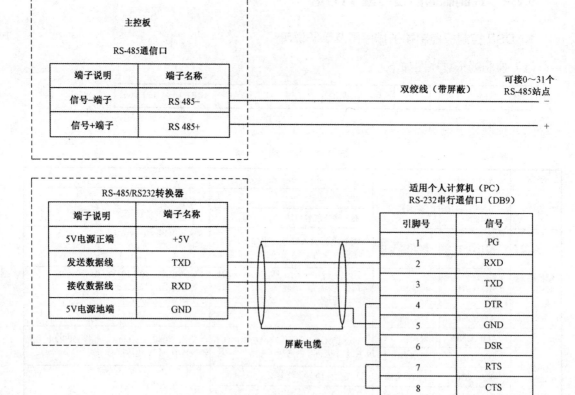

图 9-22　串行通信接口端子的应用接线

注意:

　　将 RS-485 通信电缆连接到主控板的 RS-485 通信接口端子,并固定好。选配的 RS-485/232 转换器可实现用户计算机上位机软件对变频器的监视,还可快速直观地修改功能码等参数。

2. 接口板控制端子排序图及端子说明

（1）控制端子排序图如下:

| X1 | X2 | X3 | X4 | X5 | X6 | COM | X7 | X8 | X9 | X10 | FLE | REQ | SL | COM | REV | FWD | ENA | Y1 | Y2 | CM1 |

| PGP | COM | A+ | A- | B+ | B- | PE | OA | OB | PX1 | PX2 | PX3 | PX4 | PLC | INS | DWL | UPL | CSM | Y3 | Y4 | CM2 |

（2）接口板控制端子功能表如表 9-5 所示。

表 9-5　接口板控制端子功能表

端子记号	端子功能说明	规　格
X1-COM	多功能输入 1	接点输入,接点闭合时输入信号有效。对应功能可由功能码 F5.00～F5.13 选择。 接点输入电路规格如下:
X2-COM	多功能输入 2	
X3-COM	多功能输入 3	
X4-COM	多功能输入 4	
X5-COM	多功能输入 5	
X6-COM	多功能输入 6	
X7-COM	多功能输入 7	
X8-COM	多功能输入 8	
X9-COM	多功能输入 9	
X10-COM	多功能输入 10	
PX1-COM	逻辑编程输入 1	
PX2-COM	逻辑编程输入 2	
PX3-COM	逻辑编程输入 3	
PX4-COM	逻辑编程输入 4	
REV-COM	下行命令输入端。此信号有效时,电梯下行。如果此时实际运行命令为上行,则可以对调电动机线 U、V、W 中任意两相的接线来修正	
FWD-COM	上行命令输入端。此信号有效时,电梯上行。如果此时实际运行命令为下行,则可以对调电动机线 U、V、W 中任意两相的接线来修正	接点输入（规格与 X1-COM 相同）
DWL-COM	下平层信号输入端。此信号有效时,电梯处于下平层位置。可通过 F7.02 选择常开/常闭输入	
UPL-COM	上平层信号输入端。此信号有效时,电梯处于上平层位置。可通过 F7.02 选择常开/常闭输入	

规格栏中接点输入电路规格表:

项目		最小	典型	最大
动作电压	ON	0V	—	2V
	OFF	22V	24V	26V
ON 时动作电流		—	4.2mA	5mA
OFF 时容许漏电流		—	—	0.5mA

端子记号	端子功能说明	规　格
FLE-COM	楼层设定输入端。此信号在给定目的楼层的距离控制时才有效。此信号有效时，多功能输入选择 F1～F6 的二进制编码即为设定的目的楼层（F6 为二进制的最高位）	接点输入（规格与 X1-COM 相同），楼层设定输入如下： 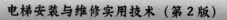
SL-COM	自学习运行信号输入端。此信号有效且处于 FWD 状态时，变频器进入自学习运行状态，变频器根据脉冲反馈记录每层的层高并保存	接点输入（规格与 X1-COM 相同）
INS-COM	检修运行信号输入端。此信号与 FWD 或 REV 命令一起控制电梯检修上行或检修下行	
REQ-COM	停车请求信号输入端。此信号在停车请求信号的距离控制时才有效。此信号无效时，距离控制快车运行；此信号有效时，开始按距离减速停车	接点输入（规格与 X1-COM 相同）。以停车请求信号的距离控制的接线图如下：
CSM-COM	运行接触器反馈信号输入端。此信号有效表明运行接触器吸合。可通过 F7.02 选择常开/常闭输入	接点输入（规格与 X1-COM 相同）
ENA-COM	变频器使能信号输入端。此信号有效时变频器才能运行。可以接电梯的安全电路	
Y1-CM1	集电极开路输出 1	对应功能可由功能码 F5.30～F5.33 选择，动作模式可由功能码 F5.35 选择。 接点输出电路规格如下： 最大 100mA，输出阻抗 30～35Ω。
Y2-CM1	集电极开路输出 2	
Y3-CM2	集电极开路输出 3	
Y4-CM2	集电极开路输出 4	
OA-COM OB-COM	分频信号输出	开路集电极正交信号输出，最快响应速度 120kHz。分频系数可由功能码 F7.03 设定。 接点输出电路规格如下： 最大 100mA，输出阻抗 30～35Ω

续表

端子记号	端子功能说明	规　　格
OA-COM OB-COM	分频信号输出	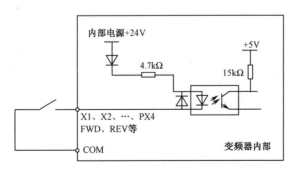
PGP-COM	编码器电源	电压 12V，最大输出电流 300mA
A+，A–	编码器 A 相信号	可通过接口板上短路块 CN3 选取差动输入或集电极开路输入。输入最
B+，B–	编码器 B 相信号	高频率≤50kHz
PE	屏蔽接地	屏蔽线接地端子，内部与主接线端子 PE 相连
COM	接点输入公共端，与其他端子配合使用	COM 与 PE、CM1、CM2、GND 内部隔离

（3）控制端子接线注意事项：

① 使用多芯屏蔽电缆或绞合线连接控制端子；靠近变频器的电缆屏蔽层端应接变频器的接地端子 PE。

② 布线时控制电缆应充分远离主电路和强电电路（包括电源线、电动机线、继电器、接触器连接线等），并且尽量避免与之并行放置；若条件限制，采用垂直布线，避免由于电磁感应干扰造成变频器误动作。

（4）编码器（PG）接线注意事项：编码器的接线方法见"接口板上的跳线"部分的说明。

注意：PG 的控制信号线一定要与主电路及其他动力线分开布置，禁止近距离平行走线。PG 的连线应使用屏蔽线，变频器一侧的屏蔽层接 PE 端子。

（5）用户电源端子接线注意事项：接点输入端子使用变频器内部提供的 24V 电源，接线如图 9-23 所示。

图 9-23　使用变频器内部 24V 电源接点输入端子连线

（6）开路集电极输出可以有两种供电方式：内部电源供电和外部电源供电。采用变频器内部电源供电接线图如图 9-24 所示；采用外部电源供电接线图如图 9-25 所示。

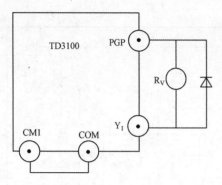

图 9-24　开路集电极输出端子接线图 1 　　　　　图 9-25　开路集电极输出端子接线图 2

（7）分频信号输出 OA、OB 的接线方法参照开路集电极输出接线方法说明。

3．接口板继电器端子排序图及端子说明

（1）继电器端子排序图如下：

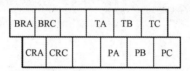

（2）继电器端子功能表如表 9-6 所示。

表 9-6　继电器端子功能表

端子记号	端子功能说明	规　格
CRA-CRC	运行接触器控制信号	常开触点输出，在电源电压 AC 250V 以下使用。继电器触点规格如下： <table><tr><td>项　目</td><td>内　容</td></tr><tr><td>额定容量</td><td>AC 250V/3A, DC 30V/1A</td></tr><tr><td>最小开闭能力</td><td>10mA</td></tr><tr><td>电气开闭寿命</td><td>10 万次</td></tr><tr><td>机械开闭寿命</td><td>1000 万次</td></tr><tr><td>动作时间</td><td>15ms 以下</td></tr></table>
BRA-BRC	抱闸控制信号	常开触点输出，规格同 CRA-CRC
PA-PB	可编程继电器常闭输出	常闭触点输出，规格同 CRA-CRC
PA-PC	可编程继电器常开输出	常开触点输出，规格同 CRA-CRC
TA-TB	故障继电器常闭输出	常闭触点输出，规格同 CRA-CRC
TA-TC	故障继电器常开输出	常开触点输出，规格同 CRA-CRC

（3）继电器端子接线注意事项：

若继电器输出用于带动感性负载（如接触式继电器、接触器），则应加装浪涌电压吸收电路，如 RC 吸收电路（注意：它的漏电流应小于所接控接触器或继电器的保持电流）、压敏电阻或二极管（只能用于直流吸收电路，安装时一定要注意极性）等，吸收电路元器件应装在继电器或接触器的线圈两端，如图 9-26 所示。

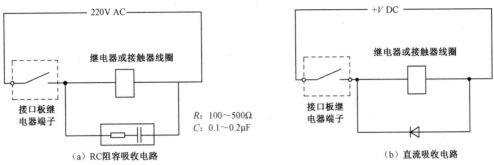

图 9-26 浪涌电压吸收电路

4．DSP 控制板上的跳线

为保障变频器正确运行，需正确设置 DSP 控制板上 S1 和 CN10 的跳线。控制板跳线位置示意图如图 9-27 所示。

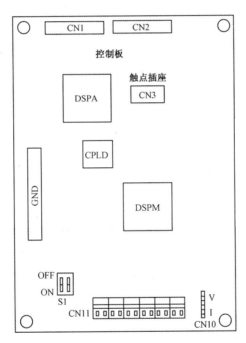

图 9-27 控制板跳线位置示意图

控制板跳线功能及设置说明如表 9-7 所示。

表 9-7 控制板跳线功能及设置说明

跳线号码	功能及设置说明	出厂默认设置
S1	RS-485 通信口终端器设置选择。 ON：采用终端器； OFF：不用终端器。 当通信线路较长或该 RS-485 通信端口位于通信网络电缆的末端时，建议使用终端器	OFF
CN10	AI2 输入方式选择。I：AI2 输入为 0～20mA 电流，V：AI2 输入为 0～10V 电压	V 侧

5.接口板上的 PG 连接

（1）PG 输出信号为集电极开路信号，与接口板端子的连接如图 9-28 所示。

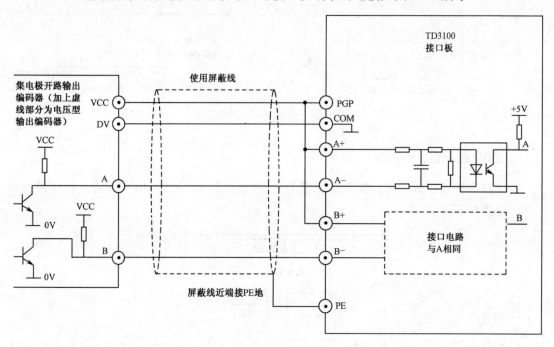

图 9-28　集电极开路信号 PG 接线示意图

（2）PG 输出信号为推挽信号，与接口板端子的连接如图 9-29 所示。

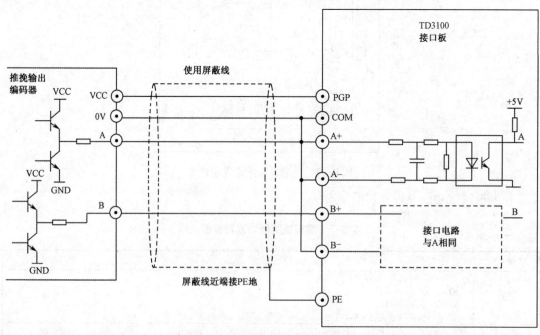

图 9-29　推挽信号 PG 接线示意图

9.3　典型应用示例

9.3.1　典型应用示例一

某台电梯额定速度 1.750m/s，采用变频器的"端子速度控制"构成电梯控制系统，抱闸和接触器由变频器的控制信号进行控制，并使用接触器反馈对接触器的吸合与断开状态进行检测。检修运行由变频器的 INS 端控制，其他运行速度由 MS1～MS3 的速度组合得到。此应用中使用了模拟称重装置，这样可以有效地提高电梯系统的启动性能。控制原理设计示意图如图 9-30 所示。

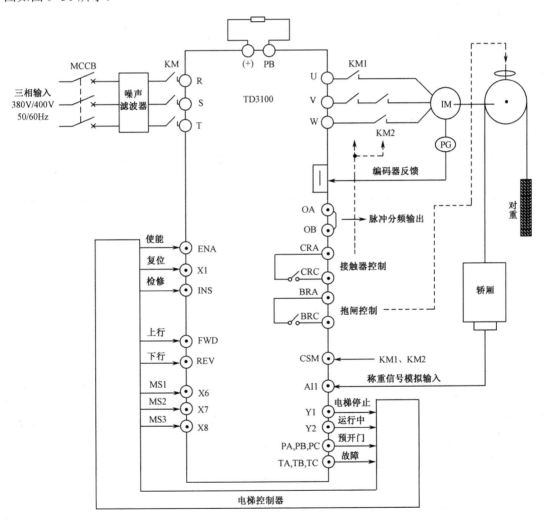

图 9-30　控制原理设计示意图（典型应用示例一）

典型应用示例一、示例二都需要设定通用功能码，如表 9-8 所示。

表 9-8　典型应用示例一、示例二通用功能码设置

功能码	名　　称	推荐设定值	备　　注
F0.06	最大输出频率	60.00Hz	
F1.00	PG 脉冲数选择	根据实际设定	
F1.01	电动机类型选择	0	
F1.02	电动机功率	曳引电动机功率	
F1.03	电动机额定电压	380V	曳引电动机额定电压
F1.04	电动机额定电流	曳引电动机额定电流	
F1.05	电动机额定频率	50.00Hz	曳引电动机额定频率
F1.06	电动机额定转速	曳引电动机额定转速	
F1.07	曳引机机械参数	根据实际计算	
F2.00	ASR 比例增益 1	1	
F2.01	ASR 积分时间 1	1s	根据运行效果调整
F2.02	ASR 比例增益 2	2	
F2.03	ASR 积分时间 2	0.5s	
F2.04	高频切换频率	5Hz	
F2.06	电动转矩限定	180.0%	
F2.07	制动转矩限定	180.0%	
F2.17	低频切换频率	0	

专用功能码设置如表 9-9 所示。

表 9-9　专用功能码设置

功能码	名　　称	推荐设定值	备　　注
F0.02	操作方式选择	2	选择端子速度控制
F0.05	电梯额定速度	1.750m/s	
F2.08	预转矩选择	2	选择模拟转矩偏置
F2.14	预转矩偏移		
F2.15	预转矩增益（驱动侧）		根据实际调整
F2.16	预转矩增益（制动侧）		
F3.00	启动速度	0	
F3.01	启动速度保持时间	0	
F3.02	停车急减速	0.700m/s^3	根据实际调整
F3.03	多段速度 0	0	
F3.04	多段速度 1	再平层速度	
F3.05	多段速度 2	爬行速度	根据设计确定
F3.06	多段速度 3	紧急速度	

续表

功能码	名　　称	推荐设定值	备　　注
F3.07	多段速度 4	保留	根据设计确定
F3.08	多段速度 5	正常低速	
F3.09	多段速度 6	正常中速	
F3.10	多段速度 7	正常高速	
F3.11	加速度	0.700m/s^2	根据效果调整
F3.12	开始段急加速	0.700m/s^3	
F3.13	结束段急加速	0.700m/s^3	
F3.14	减速度	0.700m/s^2	
F3.15	开始段急减速	0.900m/s^3	根据效果调整
F3.16	结束段急减速	0.900m/s^3	
F3.19	检修运行速度	0.630m/s	
F3.20	检修运行减速度	0.900m/s^2	
F5.00	X1 端子功能选择	18	RST
F5.05	X6 端子功能选择	8	MS1
F5.06	X7 端子功能选择	9	MS2
F5.07	X8 端子功能选择	10	MS3
F5.30	Y1 端子功能选择	7	电梯停止
F5.31	Y2 端子功能选择	1	运行中
F5.34	PR 端子功能选择	8	预开门
F5.35	Y1~Y4，PR 动作模式选择	0	
F6.00	AI1 滤波时间	0.012s	
F6.02 F6.03	AO1 输出端子功能选择 AO2 输出端子功能选择		转矩调试时设定 7、8
F7.00	抱闸打开时间	0.100s	
F7.01	抱闸延迟关闭时间	0.300s	
F7.02	反馈量输入选择	1	选择接触器反馈

9.3.2　典型应用示例二

某电梯额定速度 2.000m/s，共 25 层，最大层高 3.5m，采用变频器的"端子距离控制"构成电梯控制系统，抱闸和接触器由变频器的控制信号进行控制，并使用接触器反馈对接触器的吸合与断开进行检测；正常运行采用距离控制，检修运行由 INS 端控制，平层运行由 MS1 控制，自学习运行由 SL 端控制；为了保证运行安全，同时给变频器提供上下强迫减速信号，此应用中使用了数字开关量称重装置，以有效地提高电梯系统的启动性能。控制原理设计示意图如图 9-31 所示。

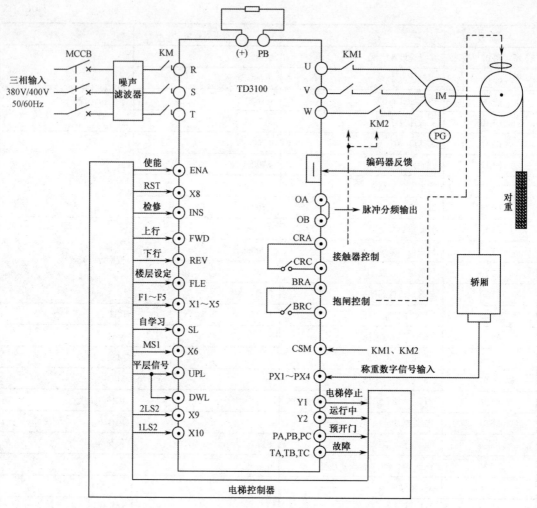

图 9-31　控制原理设计示意图（典型应用示例二）

典型应用示例二通用功能码设置参见表 9-8，专用功能码设置如表 9-10 所示。

表 9-10　专用功能码设置

功能码	名　　称	推荐设定值	备　　注
F0.02	操作方式选择	3	选择端子距离控制
F0.05	电梯额定速度	2.000m/s	
F2.08	预转矩选择	1	选择数字量转矩偏置
F2.09	DI 称重信号 1		
F2.10	DI 称重信号 2		
F2.11	DI 称重信号 3		根据各开关动作的载荷设定
F2.12	DI 称重信号 4		
F2.14	预转矩偏移		
F2.15	预转矩增益（驱动侧）		根据实际调整

续表

功能码	名　称	推荐设定值	备　注
F2.16	预转矩增益（制动侧）		根据实际调整
F3.00	启动速度	0	
F3.01	启动速度保持时间	0	
F3.04	多段速度 1	0.050m/s	平层速度，根据效果调整
F3.11	加速度	$0.700m/s^2$	
F3.12	开始段急加速	$0.700m/s^3$	
F3.13	结束段急加速	$0.700m/s^3$	
F3.14	减速度	$0.700m/s^2$	根据效果调整
F3.15	开始段急减速	$0.900m/s^3$	
F3.16	结束段急减速	$0.900m/s^3$	
F3.17	自学习运行速度	0.400m/s	
F3.19	检修运行速度	0.630m/s	
F3.20	检修运行减速度	$0.900m/s^2$	
F3.21	爬行速度	0.050m/s	
F3.22	强迫减速度	$0.900m/s^2$	根据实际设定
F4.00	总楼层数	25	
F4.01	最大楼层高度	3.5m	
F4.02	曲线 1 最高速	0.800m/s	
F4.03	曲线 2 最高速	1.000m/s	
F4.04	曲线 3 最高速	1.200m/s	如果运行时出现 E032 故障，将 0.800m/s 减小
F4.05	曲线 4 最高速	1.500m/s	
F4.06	曲线 5 最高速	1.750m/s	
F4.07	平层距离调整	根据实际调整	
F5.00	X1 端子功能选择	1	F1
F5.01	X2 端子功能选择	2	F2
F5.02	X3 端子功能选择	3	F3
F5.03	X4 端子功能选择	4	F4
F5.04	X5 端子功能选择	5	F5
F5.05	X6 端子功能选择	8	MS1
F5.07	X8 端子功能选择	18	RST
F5.08	X9 端子功能选择	12	2LS2
F5.09	X10 端子功能选择	14	1LS2
F5.10	PX1 端子功能选择	22	
F5.11	PX2 端子功能选择	23	开关量称重信号 WD1～WD4
F5.12	PX3 端子功能选择	24	
F5.13	PX4 端子功能选择	25	
F5.30	Y1 端子功能选择	7	电梯停止
F5.31	Y2 端子功能选择	1	运行中
F5.34	PR 端子功能选择	8	预开门

续表

功能码	名　称	推荐设定值	备　注
F5.35	Y1～Y4，PR 动作模式选择	0	
F7.00	抱闸打开时间	0.100s	
F7.01	抱闸延迟关闭时间	0.300s	
F7.02	反馈量输入选择	29（11101B）	选择接触器反馈、平层信号反馈、上下强迫减速反馈

 ## 9.4　变频器常见故障

9.4.1　故障代码及对策

当变频器发生异常时，保护功能动作，LED 闪烁显示故障代码，LCD 显示故障名称。TD3100 变频器所有可能出现的故障类型及对策如表 9-11 所示，故障代码显示范围为 E001～E035。

表 9-11　TD3100 变频器所有可能出现的故障类型及对策

故障代码	故障类型	可能的故障原因	对　策
E001	变频器加速运行过流	（1）加速度太大； （2）电网电压低； （3）变频器功率偏小	（1）减小加速度； （2）检查输入电源； （3）选用功率等级大的变频器
E002	变频器减速运行过流	（1）减速度太大； （2）负载惯性转矩大； （3）变频器功率偏小	（1）减小减速度； （2）外加合适的能耗制动组件； （3）选用功率等级大的变频器
E003	变频器恒速运行过流	（1）负载发生突变或异常； （2）电网电压低； （3）变频器功率偏小； （4）闭环矢量高速运行，突然码盘断线或故障	（1）负载检查或减小负载的突变； （2）检查输入电源； （3）选用功率等级大的变频器； （4）检查码盘及其接线
E004	变频器加速运行过压	（1）输入电压异常； （2）瞬停发生时，再启动尚在旋转的电动机	（1）检查输入电源； （2）避免停机再启动
E005	变频器减速运行过压	（1）减速度太大； （2）负载惯量大； （3）输入电压异常	（1）减小减速度； （2）增大能耗制动组件； （3）检查输入电源
E006	变频器恒速运行过压	（1）输入电压发生了异常变动； （2）负载惯量大	（1）安装输入电抗器； （2）外加合适的能耗制动组件
E007	变频器控制电源过压	（1）输入电压异常； （2）变频器机型设置错误	（1）检查输入电源； （2）重新设置机型或寻求服务
E008	输入侧缺相	输入 R、S、T 有缺相	（1）检查输入电压； （2）检查安装配线
E009	输出侧缺相	U、V、W 缺相输出或负载三相严重不对称	检查输出配线
E010	功率模块故障	（1）变频器瞬间过流； （2）输出三相有相间或接地短路； （3）风道堵塞或风扇损坏； （4）环境温度过高； （5）控制板连线或插件松动； （6）辅助电源损坏，驱动电压欠压； （7）功率模块桥臂直通； （8）控制板异常	（1）查找过流原因； （2）重新配线； （3）疏通风道或更换风扇； （4）降低环境温度； （5）检查并重新连接； （6）寻求服务； （7）寻求服务； （8）寻求服务

续表

故障代码	故障类型	可能的故障原因	对　　策
E011	功率模块散热器过热	（1）环境温度过高； （2）风道阻塞； （3）风扇损坏； （4）功率模块异常	（1）降低环境温度； （2）清理风道； （3）更换风扇； （4）寻求服务
E012	厂家保留	—	—
E013	变频器过载	（1）加速太快； （2）瞬停时，再启动尚在旋转的电动机； （3）电网电压过低； （4）负载过大； （5）闭环矢量控制，码盘反向，低速长期运行	（1）减小加速度； （2）避免停机再启动； （3）检查电网电压； （4）选择功率更大的变频器； （5）调整码盘信号方向
E014	电动机过载	（1）电网电压过低； （2）电动机额定电流设置不正确； （3）电动机堵转或负载突变过大； （4）闭环矢量控制，码盘反向，低速长期运行	（1）检查电网电压； （2）重新设置电动机额定电流； （3）检查负载，调节转矩提升量； （4）调整码盘信号方向；
E015	外部设备故障	EXT 端子动作	检查外部设备输入
E016	EEPROM 读写故障	（1）控制参数的读写发生错误； （2）EEPROM 损坏	（1）按 STOP/RESET 键复位，寻求服务； （2）寻求服务
E017	RS-485 通信错误	（1）波特率设置不当； （2）采用串行通信的通信错误； （3）F0.02=4/5 时，通信长时间中断	（1）降低波特率； （2）按 STOP/RESET 键复位，寻求服务； （3）检查通信接口配线
E018	接触器未吸合	（1）电网电压过低； （2）接触器损坏； （3）上电缓冲电阻损坏； （4）控制电路损坏	（1）检查电网电压； （2）更换主电路接触器或寻求服务； （3）更换缓冲电阻或寻求服务； （4）寻求服务
E019	电流检测电路故障	（1）控制板连接器接触不良； （2）辅助电源损坏； （3）霍尔器件损坏； （4）放大电路异常	（1）检查连接器，重新插线； （2）寻求服务； （3）寻求服务； （4）寻求服务
E020	CPU 错误	（1）干扰严重导致主控板 DSP 读写错误； （2）环境噪声导致控制板双 CPU 通信错误	（1）按 STOP/RESET 键复位或在电源输入侧外加电源滤波器； （2）按 STOP/RESET 键复位，寻求服务
E021	厂家保留	—	—
E022	厂家保留	—	—
E023	键盘 EEPROM 读写错误	（1）键盘上控制参数的读写发生错误； （2）EEPROM 损坏	（1）按 STOP/SESET 键复位，寻求服务； （2）寻求服务。 说明：此故障为键盘自身故障，对 TD3100 变频器性能毫无影响，因此不会存入故障记录，并且出现故障后禁止进入菜单状态
E024	调整错误	（1）电动机容量与变频器容量不匹配； （2）电动机额定参数设置不当； （3）调整出的参数与标准参数偏差过大； （4）调整超时	（1）更换变频器型号； （2）按电动机铭牌设置额定参数； （3）使电动机空载，重新辨识； （4）检查电动机接线、参数设置
E025	厂家保留	—	—

续表

故障代码	故障类型	可能的故障原因	对　策
E026	厂家保留	—	—
E027	制动单元故障	（1）制动线路故障或制动管损坏； （2）外接制动电阻阻值偏小	（1）检查制动单元，更换新制动管； （2）增大制动电阻
E028	参数设定出错	（1）电动机额定参数设置错误； （2）电动机容量与变频器容量不匹配	（1）重新设置合理参数； （2）改为匹配电动机
E029	厂家保留	—	—
E030	电梯超速	（1）PG脉冲数设置错误； （2）变频器转矩不足	（1）检查PG脉冲数设置； （2）选择较大容量的变频器
E031	输入/输出故障	运行中同时有两个运行模式输入	（1）检查配线； （2）检查电梯控制板的控制程序
E032	不满足最低层运行条件	距离控制曲线速度设定值太大	减小距离控制曲线速度设定值
E033	自学习出错	（1）自学习开始时下强迫减速开关不动作； （2）自学习时运行指令为下行； （3）自学习过程中层高脉冲溢出； （4）自学习开始时当前位置不在底层； （5）自学习运行时有检修指令或蓄电池指令输入； （6）自学习运行时，PG=0	（1）检查下强迫减速开关状态； （2）检查电梯控制板程序； （3）增大最大楼层高度设定； （4）复位运行或用INI指令初始化当前楼层； （5）检查电梯控制程序； （6）根据实际设置PG脉冲数
E034	厂家保留	—	—
E035	接触器/抱闸（C/B）故障	（1）启动时接触器不能闭合； （2）停机时接触器不能断开； （3）启动时抱闸不能打开； （4）停机时抱闸不能闭合	（1）检查接触器与抱闸； （2）检查接触器与抱闸反馈开关配线； （3）接口板损坏，寻求服务

表9-11中，E001～E029为通用变频器故障，发生此类故障时，故障继电器动作，变频器封锁PWM输出；E030～E035为电梯专用功能故障。

出现上述故障后，变频器可通过与串口连接的外置MODEM，拨通预先设置好的用户电话或手机通知维护人员。

9.4.2　电梯专用功能故障说明

在TD3100电梯变频器的故障处理中，E030～E035是电梯专用功能涉及的相关故障。在运行中出现一种或多种故障时，变频器能依据不同情况给出故障报警，并作出相应的处理。

如果检测到电梯运行速度大于电梯额定速度的1.2倍时，变频器会出现故障报警，显示"E030"。以下三种情况下可能出现E030报警：

（1）速度环PI参数设置不当，启动过程超调太大。

（2）PG脉冲数设置错误，导致变频器反馈的速度计算出错。

（3）变频器转矩不足，导致电梯失控。这时，应选择适配容量的变频器，不能使用小功率变频器代替大功率变频器。当发生电梯超速故障时，变频器停止输出抱闸控制信号（BRA-BRC），封锁PWM输出，同时故障继电器动作。

以某种运行模式运行时，又输入其他运行模式，可能出现故障报警，显示"E031"。以下两种情况下会出现E031报警：

（1）蓄电池运行过程中，有自学习指令或检修指令输入。

（2）检修运行过程中，有自学习指令或蓄电池指令输入。

发生此故障时，变频器将按紧急曲线减速停车，故障继电器不动作。

采用距离控制时，变频器依据距离运行曲线 F4.02～F4.06、F0.05 计算的 6 条运行曲线距离都比最小楼层距离大时，会出现故障报警，显示"E032"。当发生"不满足最低层运行条件"故障时，若电梯还没启动，则不启动；若电梯正在运行，则按紧急曲线减速停车。发生此故障时，故障继电器不动作。

自学习运行过程中，若控制逻辑和脉冲等方面出错，变频器会出现故障报警，显示"E033"。以下六种情况下会出现 E033 报警：

（1）当 F7.02 的 BIT4 位设置为 1 时，在自学习开始时，下强迫减速开关不动作。

（2）自学习开始时运行指令为下行。

（3）在自学习运行过程中，记录的楼层脉冲数经分频后超过 65535。

（4）自学习开始时电梯的当前位置不在底层。

（5）自学习运行过程中，有检修指令或蓄电池指令输入。

（6）自学习开始时，PG 脉冲数设为 0。当发生自学习故障时，若电梯还没启动，则不启动；若电梯正在运行，则按紧急运行曲线减速停车。此故障发生时，故障继电器输出不动作。

当 F7.02 的 BIT0 位设置为 1 时，变频器将检测接触器故障；当 F7.02 的 BIT1 位设置为 1 时，变频器将检测抱闸故障。当接触器故障或抱闸故障发生时，变频器会出现故障报警，显示"E035"。以下四种情况下会出现 E035 报警：

（1）变频器发出接触器吸合指令，准备启动时，却检测不到接触器吸合的反馈信号。

（2）变频器停机时，发出接触器断开指令，却检测到接触器吸合的反馈信号。

（3）变频器发出抱闸打开指令，准备启动时，却检测不到抱闸打开的反馈信号。

（4）变频器准备停机时，发出抱闸关闭的指令，却检测到抱闸关闭的反馈信号。当发生接触器抱闸故障时，变频器停止输出抱闸控制信号（BRA-BRC），封锁 PWM 输出，同时故障继电器动作。

9.4.3　故障复位

故障排除后，使用复位功能清除 LED 显示的故障代码。F0.02＝0～3 且 F5.00～F5.13 其中之一设定值为"18"时（RST），端子复位功能绝对有效；键盘复位功能绝对有效；上位机复位功能绝对无效。

F0.02＝4～5 时，输入端子功能 18（RST）有设置时，端子复位功能绝对有效；键盘复位功能绝对有效；上位机复位功能绝对有效；复位信号均为上升沿有效。

注意：使用端子控制时，应先撤除端子运行命令，再进行故障复位操作。复位时，应确认运行信号为 OFF，防止发生事故。

9.5 变频器保养和维护

9.5.1 日常保养和维护

1. 定期检查

变频器的安装、运行环境必须符合用户手册中的规定。平常使用时，应做好日常保养工作，以保证运行环境良好，并记录日常运行数据、参数设置数据、参数更改记录等，建立和完善设备使用档案。通过日常保养和检查，可以及时发现各种异常情况，及时查明异常原因，并及早排除故障隐患，保证设备正常运行，延长变频器使用寿命。日常检查项目如表 9-12 所示。

表 9-12　日常检查项目

检查对象	检查要领			判别标准
	检查内容	周期	检查手段	
运行环境	（1）温度、湿度； （2）坐埃、水汽及滴漏； （3）气体	随时	（1）点温计、湿度计； （2）观察； （3）观察及鼻嗅	（1）环境温度低于 40℃，否则降额运行；湿度符合环境要求； （2）无积尘，无漏水痕迹，无遗漏； （3）无异常颜色，无异味
变频器	（1）振动； （2）散热及发热； （3）噪声	随时	（1）综合观察； （2）点温计 综合观察； （3）耳听	（1）运行平稳，无振动； （2）风机运转正常，风速、风量正常；无异常发热； （3）无异常噪声
电动机	（1）振动； （2）发热； （3）噪声	随时	（1）综合观察 耳听； （2）点温计； （3）耳听	（1）无异常振动，无异常声响； （2）无异常发热； （3）无异常噪声
运行状态参数	（1）电源输入电压； （2）变频器输出电压； （3）变频器输出电流； （4）内部温度	随时	（1）电压表； （2）整流式电压表； （3）电流表； （4）点温计	（1）符合规格要求； （2）符合规格要求； （3）符合规格要求； （4）温升小于 40℃

2. 定期维护

用户依据使用环境，遵守注意事项，可以短期或 3～6 个月对变频器进行一次定期检查，防止变频器发生故障，确保其长时间高性能稳定运行。

（1）只有经过培训并被授权的合格专业人员才可对变频器进行维护。

（2）不要将螺钉、垫圈、导线、工具等金属物品遗留在变频器内部；否则，有损坏变频器的危险。

（3）绝对不可擅自改造变频器内部电路；否则，将会影响变频器的正常工作。

（4）变频器内部的控制板上有静电敏感 IC，切勿直接触摸控制板上的 IC。

定期维护应检查以下内容：

（1）控制端子螺钉是否松动，用螺钉旋具拧紧。

（2）主电路端子是否有接触不良的情况，铜排连接处是否有过热痕迹。

（3）电力电缆有无损伤，尤其是与金属表面接触的表皮是否有割伤的痕迹。

（4）电力电缆的绝缘包扎带是否脱落。

（5）对印制电路板、风道上的粉尘全面清扫，最好使用吸尘器清洁。

（6）对变频器进行绝缘测试前，必须首先拆除变频器与电源及变频器与电动机之间的所有连线，并将所有主电路输入、输出端子用导线可靠短接后，再对地进行测试。须使用合格的 500V 兆欧表（或绝缘测试仪的相应挡），不能使用有故障的仪表。严禁仅连接单个主电路端子对地进行绝缘测试；否则，有损坏变频器的危险。切勿对控制端子进行绝缘测试；否则，将会损坏变频器。测试完毕后，切记拆除所有短接主电路端子的导线。

（7）若对电动机进行绝缘测试，可以使用万用表或兆欧表，如图 9-32 所示。

注意：必须在电动机与变频器之间连接的导线完全断开后，再单独对电动机进行测试；否则，有损坏变频器的危险。

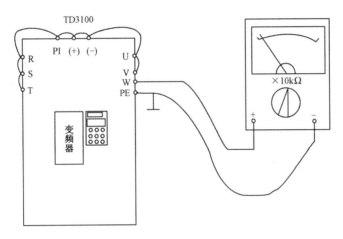

图 9-32　变频器绝缘测试图

注意：变频器出厂前已经通过耐压实验，用户不必再进行耐压测试；否则，可能会损坏内部器件。

9.5.2　变频器易损件

变频器易损件主要有冷却风扇和滤波用电解电容，其寿命与使用的环境及保养状况密切相关。通常情况下，冷却风扇的寿命为 3 万～4 万小时，电解电容的寿命为 4 万～5 万小时。

为保证变频器长期、安全、无故障运行，对易损器件要定期更换。更换易损元器件时，应确保元器件的型号、电气参数完全一致或非常接近。

注意：用型号、电气参数不同的元器件更换变频器内原有元器件，可能导致变频器损坏。

用户可以参照易损器件的使用寿命，再依据变频器的工作时间，确定正常更换年限。若检查时发现元器件异常，则应立即更换。

1．冷却风扇

可能损坏原因：轴承磨损、叶片老化。

判别标准：变频器断电时，查看风扇叶片及其他部分是否有裂缝等异常情况；变频器通电时，检查风扇运转的情况是否正常，是否有异常振动等。

2．电解电容

可能损坏原因：环境温度较高、频繁的负载跳变造成脉动电流增大、电解质老化。

判别方法：变频器负载启动时是否经常出现过流、过压等故障；有无液体漏出，安全阀是否凸出；测定静电电容，测定绝缘电阻。

第10章　电梯对讲系统和电梯IC卡智能门禁管理系统

 ## 10.1　电梯对讲系统

10.1.1　对讲系统产品概述

电梯无线对讲呼叫系统 HLC-11 型产品是机房用无线 GSM 分机与管理中心通话的设备，无须布线，减少了日常使用的维护成本，为管理中心提供了一个全面对讲呼叫的解决方案。HLC-11 采用了先进的微芯片技术，特别根据用户使用习惯进行优化设计，简单易用的无线对讲系统将给乘客可靠的通信。

10.1.2　HLC-11无线（GSM）三（五）方对讲系统功能

HLC-11 产品无须布线即可连接多台电梯，使其轻松实现对外通话。

从电梯到值班室采用无线通信，电梯井道内可用电梯随缆的两根备用线。采用一键呼叫，操作简单，无须对乘客有操作要求。

（1）对讲：当电梯使用过程中发生故障停机或停电困人等意外情况时，电梯乘客可轻按右边"通话"键向值班室发出呼叫信号。电梯正常保养时，按"警铃"键即可与机房之间通话，方便维修时沟通。

（2）特点：可存储 5 组号码，可以直接呼叫值班室座机，当值班室无人值守时，则可向另外电话号码或指定手机发出求救信号，确保与外界保持持续通信，可确保电梯被困人员能定时与外界通信。

（3）优势：一键式呼叫、方便快捷，能有效解决监控中心、机房、轿厢、轿顶、地坑五方对讲通话。无须布线，节约了昂贵的线路成本和高额的施工成本；节约了由于线路故障、老化等因素而带来的维护成本；完全杜绝了由于铺设线路而带来的对楼宇及道路的破坏；监控中心位置可以根据需要任意调整，无须任何线路调整；使整个系统施工极为简单，所以被很多电梯公司采用。

（4）网络：采用 GSM 卡网络，中国移动、中国联通皆可，信号强，无干扰，没有距离限制，可实现远距离通话，可连接无限量的电梯台数，即可将几个小区合并一个值班室，减少人力和物力成本。

10.1.3　对讲系统布线图、系统组成和机房连接图

对讲系统布线图如图 10-1 所示。对讲系统组成如图 10-2 所示。机房连接图如图 10-3 所示。

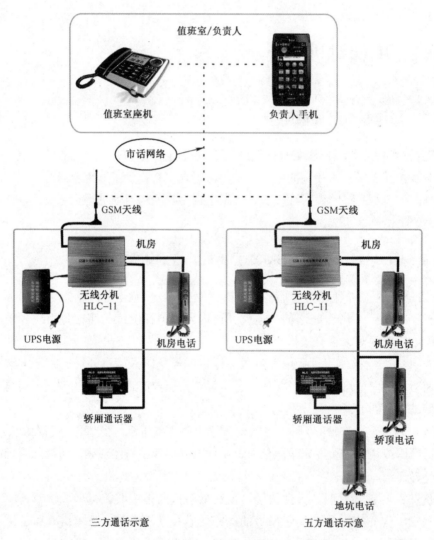

图 10-1　HLC-11 无线（GSM）三（五）方对讲系统布线示意图

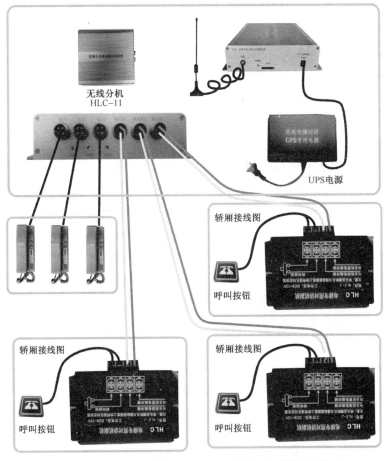

图 10-2　HLC-11 无线（GSM）三（五）方对讲系统组成

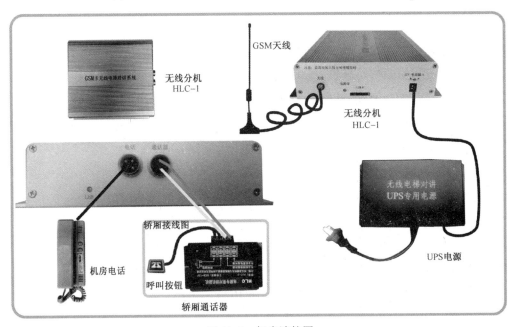

图 10-3　机房连接图

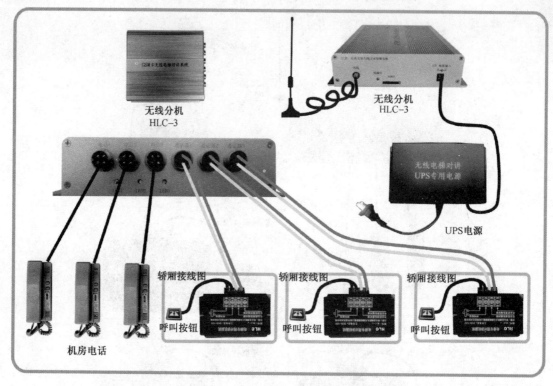

图 10-3　机房连接图（续）

10.1.4　对讲系统安装

1．机房设备安装

将电梯无线对讲分机安装在电梯机房。首先使用划线器标出安装位置，用电钻钻孔，用螺栓把分机固定好。最好将分机安装在离门窗近的地方，方便无线信号的接收和发射。然后把 12V-UPS 电源插在电源接口上，打开电源，看电源灯是否变亮，看分机侧面电源灯是否变亮。若都变亮，则分机已处于正常工作状态，把机房电话接入电话接口处。最后再将控制线插入通话器接口中，把控制线上的两条（黄绿）线接入准备好的两条随行电缆上。这样，机房设备就安装完毕了（注：每台分机可接三台电梯）。

2．轿厢设备安装

轿厢通话器安装方法：打开电梯轿厢的操作盘，先按照轿厢通话器上的说明接入机房下来的两条随行电缆，再将呼叫按钮的两条线接入另外两个接线柱，然后将轿厢通话器用螺钉固定于操纵盘传声孔内。要求轿厢通话器安装稳固，喇叭和麦克孔与电梯的传声孔面板相对应，两者之间不能有任何屏蔽物和间隙，如图 10-4 所示。

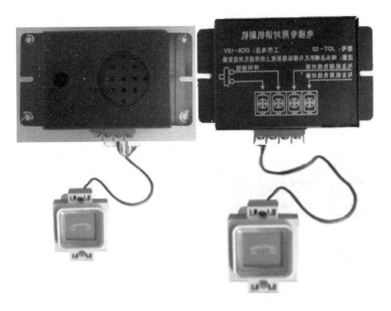

图 10-4　HLC-11 无线（GSM）三（五）方对讲系统轿厢设备安装

10.1.5　对讲系统使用方法

HLC-11 无线（GSM）三（五）方对讲系统，是用于电梯乘坐者因电梯停电或出现故障被困时对外进行呼救的救援系统和进行电梯维修保养时的通信系统。该产品分为轿厢分机、手柄分机（包括机房分机、轿顶分机、地坑分机）以及无线网关，操作步骤如下。

1．轿厢分机

（1）轿厢内困人情况下，轻按呼救键，轿厢分机将自动拨出第一个电话号。

（2）当第一个电话号码拨出无人接听的情况下，可手动挂断（轻按此呼救键）后，再轻按呼救键，轿厢分机将自动拨出第二个电话号码。依次轿厢分机可自动拨出五个电话号码。

（3）重复步骤（1）和步骤（2），此五个电话号码可循环拨出。在轿厢分机自动拨打电话号码的同时，值班室电话振铃，提机振铃停止，即可接通轿厢，实现通话。

2．电梯电话

（1）拿起话筒即可与轿厢之间实现通话。

（2）按"呼叫"键，即可呼叫值班室主机并与其实现通话。

3．值班室

（1）当接到呼叫时，提机即可通话。

（2）值班室回拨，回拨分机里的手机卡号即可与对应轿厢之间实现通话；同时，对应电梯手柄分机振铃，提机可实现通话。

4. 多方通话

当任意双方正在进行通话时，其中任意一方可以加入通话。

10.2　电梯IC卡智能门禁管理系统

10.2.1　电梯IC卡智能门禁管理系统概述

随着智能大厦热潮的兴起，作为智能大厦必备模块之一的智能电梯门禁管理系统也以各种各样的方式频繁出现在人们的眼前。

智能电梯门禁管理系统是运用现代化软件和电子技术，通过计算机和电子设备以及智能IC卡或ID卡技术的有机结合，为管理者提高工作效率、节省人力，实现科学管理；同时又让使用者（业主）置身于智能化的生活当中，享受极大的方便和安全。

智能电梯门禁管理系统以非接触式卡片作为进出大厦、电梯使用的凭证。

系统利用射频识别技术从卡片提取数据，主板自动识别，对进出电梯的人员进行安全管理。它不仅可以有效地解决高层建筑电梯使用混乱的问题，而且可以促进高层建筑的正规化建设和管理，同时也尽可能地减少业主防盗的忧虑。易于与其他智能化系统组合成更强大的综合性系统，适合各种综合方式的高级管理。

智能电梯门禁管理系统主要应用于智能大厦、行政管理中心、银行、商业中心等，在当今发达的世界各地及我国发达的城市，可以说智能电梯门禁管理系统无处不在，时刻与我们的工作和生活密不可分。智能电梯门禁管理系统结合先进的微机控制、感应式智能读写技术、局域网控制、数据安全保密、电子自动控制等多种现代信息及机电技术为一体，通过系统智能化控制和值班人员的简单操作，对智能小区、智能大厦等进行有效、可靠、科学的管理。

现在许多高档楼宇中都配置上了IC卡电梯控制系统，业主手持IC卡，刷卡进入大堂门的同时，召唤电梯至首层。进入电梯后在轿厢中刷卡，IC卡电梯控制系统会激活电梯轿厢控制键盘的相应按钮，便会把你运送到你所去的楼层。

10.2.2　电梯IC卡智能门禁管理系统的结构和功能

1. 系统结构

电梯IC卡智能门禁管理系统由IC卡管理器、读/写卡器、数据上传部分、管理PC、管理软件、发卡器等设备组成。其连接示意图如图10-5所示。其设备外形如图10-6所示。

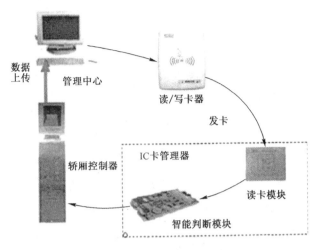

图 10-5　电梯 IC 卡智能门禁管理系统连接示意图

图 10-6　电梯 IC 卡智能门禁管理系统设备外形

2．系统功能

1）IC 卡管理器

其本身包含智能判断模块和读卡模块。它是安装在电梯内召唤板上的设备，用于接收、识别 IC 卡，并且对电梯内召唤按钮进行控制。在特定条件下（如电梯维修、火警时），控制器也可以解除对按钮的控制。

IC 卡管理器有自检电路，如出现故障会报警后自动切断电源，使电梯正常运行。IC 卡管理器可外接两个 IC 卡读卡器，分别安装在轿厢中和首层电梯厅或单元楼大堂外（与单元门门禁公用一个读卡器）。业主在单元门外或首层电梯厅进行刷卡召唤电梯至首层。业主进入电桥轿厢，再在轿厢内读卡器进行刷卡，IC卡管理器便会判断持卡业主所在楼层，以便激活该楼层按钮，这时便能按动相应按钮，电梯就能把你运至该楼层。其操作示意图如图10-7所示。

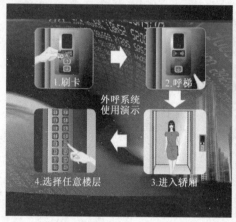
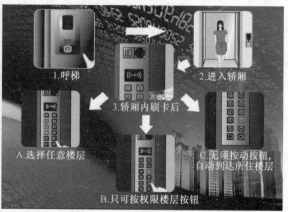

图10-7　两个IC卡刷卡器操作示意图

另外，针对物业管理部门，可设置管理卡和清洁员工卡等，各种卡有不同的权限，可到达楼层也各不相同。比如，管理卡一刷卡，便可激活所有楼层电梯按钮，管理员可按动按钮到达任何一层。又如某位清洁工负责十至十五层的清洁工作，该清洁工在电梯轿厢内刷卡，便可自动激活十至十五层的电梯按钮，按下所要到达的楼层按钮便可到达相应的楼层，但除了这六个楼层的按钮，其他楼层的按钮都未被激活，所以按下无效。

2）IC卡的分类及作用

（1）普通单层卡

该卡供一般的电梯乘客使用，一人一卡，凭卡乘梯，只能到达指定楼层。使用时，当乘客进入轿厢后，将IC卡靠近IC卡读卡器，电梯内IC卡管理器将自动识别IC卡的合法性。如果该卡合法，无须乘客按动按钮选择楼层，则系统自动点亮你要去楼层的召唤灯，并停靠在所到层站。如果该卡不合法或无卡，则乘客不能按亮召唤灯，以达到凭卡乘梯的目的。

（2）普通多层卡

该卡为特殊乘客使用，如保安、电梯维保人员、大楼管理人员以及可以到达多层的人员。当持卡人乘坐电梯时，将IC卡靠近IC卡读卡器，乘客可以按下要到达的楼层召唤键；如果乘客按了IC卡中没有指定的楼层召唤键，则操作无效（灯不亮）。

（3）管理卡

管理卡分为挂失卡、注销卡、激活卡。该卡为电梯管理人员使用。

当有人遗失IC卡或IC卡被盗时，原持卡人应立即向电梯管理人员挂失，电梯管理人员可以使用挂失卡，将所挂失的IC卡卡号作为禁止卡号输入管理卡中，然后将该管理卡靠近读卡器刷卡，被禁止的卡号再来乘坐时，将视为非法卡，不予确认。

当IC卡失而复得时，电梯管理人员可以使用激活卡，然后将该管理卡靠近读卡器刷卡，以达到重新使用的目的。当然，电梯管理人员也可以利用这种功能对违规（如欠费）持卡人的 IC 卡进行禁止或恢复。

注销卡就是当某个住户搬离该栋楼宇时，他的 IC 卡同时也要被注销掉。这个时候就可以使用注销卡将该住户的资料从 IC 卡管理器中清除掉。

3）电梯智能门禁控制系统软件

电梯智能门禁控制系统软件平台采用模块化设计，其界面基本为图标按钮显示。

该系统操作简单，只需使用鼠标在界面上轻击按钮，便可完成大部分的系统设置、数据采集等操作。其管理功能强大，可对电梯运行状态实现实时监控，如图 10-8 所示。

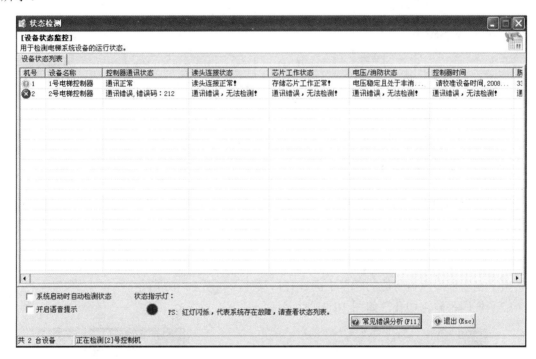

图 10-8　电梯智能门禁控制系统软件功能

10.2.3　电梯 IC 卡智能门禁管理系统操作流程

电梯 IC 卡智能门禁管理系统操作流程如图 10-9 所示。

（1）在管理中心录入每个住户的信息资料，存入数据库，作为基本数据。

（2）根据实际情况为每个住户发放住户 IC 卡，赋予相应的权限。

① 住户 IC 卡丢失或者住户想销户，可通过管理中心进行挂失或销卡操作。

② 住户刷卡使用电梯，IC 卡管理器读取 IC 卡数据并进行分析。

（3）IC 卡管理器确认 IC 卡可用后，开放 IC 卡上相应权限，同时将数据通过网络上传到管理中心。管理中心收到数据后将数据存入数据库，同时可对数据进行统计查询等操作。

（4）定期对数据进行备份，防止意外导致数据丢失。

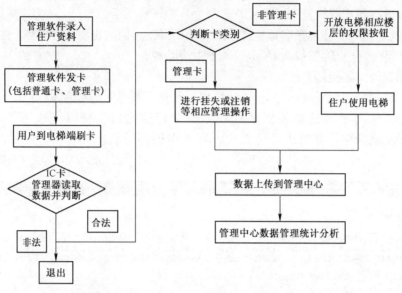

图 10-9　电梯 IC 卡智能门禁管理系统操作流程

10.2.4　IC 卡电梯设备安装

以某品牌电梯门禁控制器为例，IC 卡管理器安装于轿厢顶，IC 卡读卡器安装于轿内操作箱 COP 面板适当位置。为了方便用户刷卡和输入密码，读卡器一般安装于轿厢内底板至操作面板 1.2～1.4m 之间。

安装过程如下：

（1）在轿厢操纵盘旁边的轿壁上画好开口尺寸，如图 10-10 所示。

（2）使用手砂轮切孔，如图 10-11 所示。

图 10-10　在轿壁上画好开口尺寸

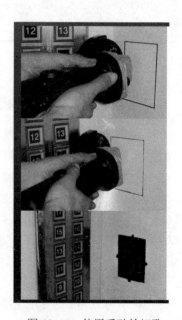

图 10-11　使用手砂轮切孔

（3）取下操纵盘，同时安装读卡器面板，如图 10-12 所示。

取下操纵盘

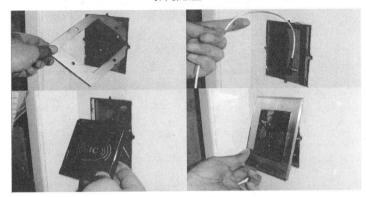

安装读卡器面板

图 10-12　取下操纵盘，安装读卡器面板

（4）连接电源控制器的电源线，如图 10-13 所示。

图 10-13　连接电源控制器的电源线

（5）刷卡设备连接电源，如图 10-14 所示。

轿顶220V
电源选取处

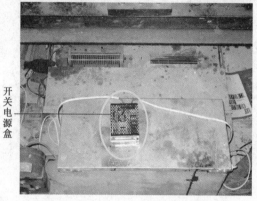

开
关
电
源
盒

图 10-14　刷卡设备连接电源

（6）电源线和读卡器天线安装，如图 10-15 所示。

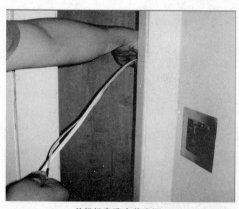

从操纵盘孔中将电源
线和读卡器天线拉出

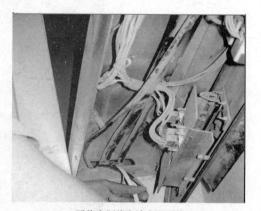

再将电源线和读卡器天线
从操纵盘底部的孔中穿出

图 10-15　电源线和读卡器天线安装

（7）固定控制板，如图 10-16 所示。

图 10-16　固定控制板

（8）电梯按钮线和刷卡设备连接，如图 10-17 所示。

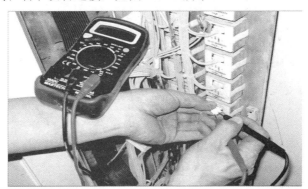

使用万用表找出按钮线及正负极

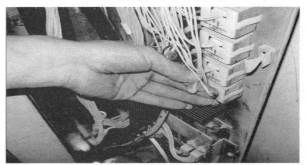

使用两芯压线扣连接刷卡设备与电梯按钮线

图 10-17　电梯按钮线和刷卡设备连接

（9）读卡器天线和控制按钮线连接，如图 10-18 所示。

将读卡器天线与控制板连接　　　　　　　　　　　连接控制按钮线

图 10-18　读卡器天线和控制按钮线连接

（10）控制板电源线连接，如图 10-19 所示。

图 10-19　控制板电源线连接

（11）刷卡器安装完毕试验，如图 10-20 所示。

使用系统开关卡刷卡后关闭刷卡　　　　　使用系统开关卡刷卡后开启刷卡系统，这时
系统，电梯可以到达所有楼层　　　　　业主必须持用户卡刷卡后才能到达所住楼层

图 10-20　刷卡器安装完毕试验

10.2.5　电梯 IC 卡智能门禁管理系统原理

如图 10-21 所示，未安装门禁控制器前，电梯信号登记工作原理如上图所示，用户进入电梯，按下需要到达的楼层按钮，电梯轿厢控制机构采集到相应楼层的信号，判断有效后即可驱动电梯到达指定楼层。

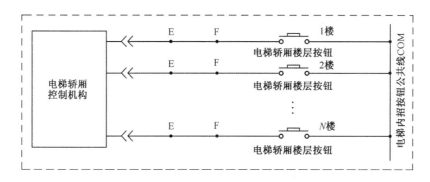

图 10-21　未安装门禁控制器示意图

电梯门禁控制器的工作原理是将按钮和电梯轿厢控制机构的连线切断，控制 EF 段的接通和切断，以达到控制电梯按钮权限的目的，如图 10-22 所示。

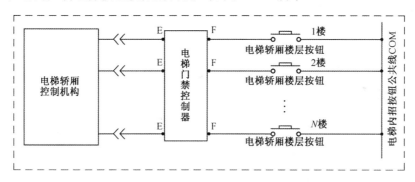

图 10-22　安装门禁控制器示意图

第11章　电梯故障维修实例和紧急故障处理方法

 11.1　综合故障维修实例

1. 按下关门按钮，门不关

故障检修：①关门按钮 AGM 触点接触不良或损坏，短接按钮触点检查测定，然后修复或更换。②三级关门限位开关 3GM 损坏，使关门继电器 JGM 不能得电，电梯无法关门，短接 28、01 两点检查测定，能关门，说明 3GM 损坏，更换 3GM。③关门继电器 JGM 损坏，更换 JGM；④启动开门继电器 1JQ 损坏，其常开触点 1JQ 仍断开，JGM 无法得电，因而不能关门，更换继电器 1JQ。

2. 门未关，电梯能选层启动

故障检修：①门锁继电器 JMS 有卡阻，常吸不放，修复或更换继电器 JMS。②门锁开关 KMT 触头粘连（微动开关的门锁），修复或更换门锁。

3. 电梯既不能关门，又不能开门

故障检修：①控制电路熔断器 1RD、2RD 或门机电路熔断器 11RD 过松或熔断，拧紧或更换。②门机传动皮带打滑，张紧皮带或更换。③门机电动机 DM 损坏，用万用表测量 M3、M4 之间直流电压为 110V，而门机不转，说明电动机损坏，加以修复或更换。④门机电阻 RMD 断丝不通，更换电阻 RMD。⑤门机电路个别连接端点（M1、M2、M3、M4）松动脱落，拧紧使线路畅通。⑥在基站用钥匙无法开、关门，若将 22、24 点短接，电梯关门或将 22、32 短接，电梯开门，注意厅外钥匙开关 DYK 触点接触不良或折断。若接触不良，可用无水酒精清洗，并调整触点弹簧片；若触点折断，则更换 DYK。

4. 电梯已接收选层信号，门关闭，但不能启动

故障检修：①轿门闭合到位，但轿门连锁开关 KMJ 未接通，门锁继电器 JMS 不能得电，因而不能启动，调整或更换 KMJ。②层门未关闭到位，厅锁开关 KMT 未能接通，门锁继电器 JMS 不能得电，因而不能启动，重新开、关门，若不奏效，应调整门速或门锁开关 KMT。③门关到位，但门锁开关 KMT 出现故障，修复或更换门锁。④运行继电器 JYT 出现故障，修复或更换 JYT。

5．到站平层后，电梯门不开

故障检修：①二级开门限位开关 2KM 损坏，使开门继电器 JKM 不能得电，电梯无法开门，短接 38、01 两点检查测定，能开门，说明 2KM 损坏，更换 2KM。②继电器 JKM 损坏，更换 JKM。③开门电气回路出现故障，如运行继电器 JYT 常闭触点不通，给予排除。④开门区域永磁继电器（俗称干簧管）损坏，使开门控制继电器 JMQ 不能吸合，其常开触点仍断开，继电器 JKM 无法得电，不能开门，更换开门区域永磁继电器。

6．电梯在行驶途中突然停车

故障检修：门刀碰撞门锁滚轮，使锁臂脱开，门锁开关 KMT 断开，门锁继电器 JMS 失电，电梯立即停车，调整门锁滚轮与门刀位置。

7．开、关门时门扇振动大

故障检修：①门滑轮磨损严重，更换门滑轮。②门导轨变形或发生松动偏斜，校正门导轨，调整、紧固导轨。③地坎中的滑槽积尘过多或有杂物，妨碍门的滑行，清理滑槽。④门锁两个滚轮与门刀未紧贴，间隙大，调整门锁。

8．关门速度无变速

故障检修：①关门一、二级限位开关 1GM、2GM 损坏，更换 1GM、2GM。②关门分路电阻 RGM 断丝不通，更换电阻 RGM。

9．电梯走快车时，上、下行减速时偷停，电梯慢车运行不能到一楼平层

故障检修：
① 检查电梯各电路电压、绝缘，正常。
② 检查各电路板、AVR 及各电压值，确认正常。
③ 检查控制屏 WMA、UMA、DMA 板未见异常。检查 91A、91B、91C、91D、91E、91F、91G、91H、91J 等继电器的动作情况，发现减速到 91H 继电器时，断开的速度几乎与 91F 同步；另外，当减速到 91C 继电器时，断开的速度有迟缓现象。依据上述现象，检查轿顶传感器电路，发现 RS3、RS10 动作不灵敏，且 21L19 与 21L25 线有暗断现象，将 RS3、RS10 传感器和 21L19 与 21L25 线更换后，电梯快车时，上、下行减速运行正常，慢车运行不能到一楼平层故障现象排除。但是，当从 11F 上行 12F 减速尾段仍出现偷停，检查选层柜，发现选层器 11F、12F 的挡位距离偏大，调整选层器后故障排除。

因 RS3、RS10 传感器不灵敏和 21L19 与 21L25 线暗断、选层器 11F、12F 的挡位距离偏大造成此故障，主要属元器件质量问题。快车减速时出现偷停，除检查继电器的动作情况外，还应注意检查传感器及其线路。

10．开门速度无变速

故障检修：①开门一级限位开关 1KM 损坏，更换开关 1KM。②开门分路电阻 RKM 断丝不通，更换电阻 RKM。

11．电梯门不能开

故障检修：

① 检查选层器 OPEN 触头，正常。

② 检查 101、102 开、关门继电器，正常。

③ 检查门终端开关，正常。

④ 检查门线路，发现开门终端线路在随行电缆内断线。以备用线更换后，电梯门可以在轻推下开门。检查门机控制板，因板上 5 号线脱焊而令门不能打开。经重新焊接后，电梯恢复正常运行。

造成此故障的原因为元器件老化。

12．开、关门速度变慢

故障检修：开门机皮带打滑，张紧皮带即可。

13．电梯走快车时，上、下行无减速造成偷停（电梯曾冲顶）

故障检修：

① 检查电梯各回路电压、绝缘，正常。

② 检查 DB 箱各电子板、AVR 及各电压值，确认正常。

③ 检查控制屏的 WMA、UMA、WAP、UAP 板，未见异常。当检查 DMA、DAP 板时，发现其运行状态异常，板上的指示灯在电梯未运行状态下长亮。检查相关回路，发现 10Q 继电器不能吸合，检查 10Q 线包，发现 10Q 线包已开路。更换后，DMA、DAP 运行状态恢复正常，试运行电梯，故障再次出现。

④ 将电梯运行至中间层，按下"CHECK"开关，并给上行站指令，慢慢松开抱闸，让电梯缓慢上行，然后检查 91A、91B、91C、91D、91E、91F、91G、91H、91J、91K、91L、91N、91P、91PX 等继电器的动作情况，确认正常。

⑤ 检查选层器各动静触头及其线路也未见异常。

⑥ 在电梯运行开始减速的状态下，当 DAP 板指示灯亮起时，检查控制屏 90DCTR、DCTR 电阻上的电压，发现其电压值都为 AC 0V，证实电梯运行减速过程中无 DB 电流。检查 DB 整流组的 DS1、DS2、DD1、DD2 及其电路，发现无 AC 380V 输入 DB 整流组。顺藤摸瓜，又发现 15D 接触器 A2 触头吸合不良，调整 A2 触头，试运行电梯，无减速的故障现象消除，但运行至上、下站时，92S 继电器一断开时又出现偷停。再检查 15D 接触器，发现其自保 92S1 触头的常开辅助触头因 15D 吸合不良而不能动作，调整此辅助触头或更换 15D 接触器，电梯运行恢复正常。

造成此故障的原因为 10Q 继电器、15D 接触器吸合不良，属元器件老化损坏问题。

14．PLC 控制双速电梯，总烧 PLC 供电电路的 2A 保险

在检查并通过更换证明 PLC 没有问题的前提下，维修人员将 2A 熔丝换成 3A 熔丝。此熔丝不断了，开始烧电源变压器（提供 110V，24V）初级电路 4A 熔丝，并且有时在电梯运行中将底层的总闸 60A 空气开关顶掉。此情况持续了 1 个多月，找不到原因。

故障点是 24V 直流电源整流桥后的滤波电容虚接了。此电容在电源变压器接线端子板的下面，比较隐蔽。

电容相当于一个大的负载，当电容虚接时，等同于瞬间短路，在电路中产生较大的电流。此用户电梯供电线路又是铝质导线，阻抗大，电流大时线路的压降大，使电梯的电源输入电压瞬间降低。为了维持一定的功率，各用电电路的电流必然加大，故烧 24V 电路熔丝是理所当然的了。而开始时 PLC 电路因熔丝阻值小而先行烧断。至于顶掉总闸，也是由于电梯运行中电流较大，瞬间断路时电路中的熔丝偶尔没来得及熔断，空气开关可能先掉落了，这也与此空气开关较陈旧、跳闸电流值不准确有关。

15．电梯走快车时，速度很低，DB.90S 板指示灯不亮，板的电压不足，上、下行均如此

故障检修：

① 检查电梯各回路电压、绝缘，正常。

② 检查各电子板及各电压值，确认正常（除 DB.90S 板外）。

③ 检查控制屏 WMA、UMA、DMA 板，未见异常。

④ 检查 3ϕ 相位变压器，主电机，US1、US2、WS1、WS2 晶闸管，WCT、UCT 互感器，AVR，均正常。

⑤ 检查 91A、91B、91C、91D、91E、91F、91G、91H、91J 等继电器的动作情况，发现快车启动时 91G 继电器并不吸合。依据上述情况，检查 91G 继电器线包，发现 91G 继电器线包已开路，更换一只后，电梯运行正常。

造成此故障的原因为快车启动时 91G 继电器不吸合，从而造成 DB.90S 板速度设定不正常，引起故障，属元器件质量问题。快车速度低，除检查电子板外，还应检查 91G 继电器的动作情况。

16．电梯停车时舒适感差

故障检修：

① 检查电梯各回路电压，正常。

② 检查各电子板的电压值，确认正常。

③ 检查控制屏，发现 6 触头烧结在一起，更换控制屏。

④ 检查 91A、91B、91C、91D、91E、91F、91G、91H、91J 等继电器的动作情况，发现减速到 91G 继电器时，断开的速度几乎与 91F 同步。另外，当减速到 91B 继电器时，断开的速度有迟缓现象。依据上述情况，检查轿顶传感器，发现 RS2、RS11、RS6 动作不灵敏，且随行电缆 Y.8 线有暗断的情况，将 RS2、RS11、RS6 传感器和 Y.8 线更换后，舒适感差的故障现象消失，电梯运行正常。

造成此故障的原因为 RS2、RS11、RS6 传感器动作不灵敏和 Y.8 线暗断。停车时舒适感差，除检查电子板外，还应检查传感器的动作是否灵敏。

17．电梯上行启动时有倒流现象；电梯下行，启动正常

故障检修：

① 检查电梯各回路电压、绝缘，正常。

② 检查控制屏 WAP、UAP、DAP 板，未见异常。

③ 检查 3ϕ 相位变压器、主电动机，US1、US2、WS1、WS2 晶闸管，WCT、UCT 互感器，AVR，均正常。

④ 检查控制部 65W、65WC、65WL 等继电器的动作情况，未见异常。

⑤ 检查各电子板及各电压值过程中，发现 DMA 板上的 C1、C2 电压在电梯上行启动时，有时为 0V，有时又为 15.58V（标准值），很不稳定。若为 0V 时，电梯上行启动有倒流现象；当为 15.58V 时，电梯上行启动没有倒流现象，运行正常。初步估计启动补偿回路有故障，试将 DMA 板与另一台电梯互换，但故障依然出现，再检查 65WL-6、2X-5、92A-1、10TX-1、10TX-2 等继电器的触头吸合情况并确认正常，然后分别检查上述继电器的触头在电梯上行启动时的电压。当检查到 2X-5 触头时，发现电压不稳定，有时为 0V，有时又为 48V（正常值）。综合上述情况并分析图纸，2X-5 到 91B-3（此继电器曾被维修人员更换）的连线可能有问题。接着检查 2X-5 到 91B-3 的连线，果然发现 91B-3 脚接线位暗断，将此线重新接好，上行启动有倒流故障现象消失，电梯运行正常。

造成此故障的原因为维修人员更换 91B 继电器时，其第 3 脚的接线不良，造成暗断，从而引起电梯启动补偿电路异常，使电梯上行启动时出现倒流的故障现象。维修人员更换继电器后，应检查继电器每只脚的接线是否牢固可靠。

18. "死机"（电梯计算机保护），需拉闸停电再送电才能继续运行

此故障尤其在早晨刚上班时出现较频繁，往往一起车就保护。而经过多次拉闸、送电后才能逐渐恢复正常，而下午一般很少出故障。电脑保护故障代码提示，检测出速度曲线与速度反馈之差超过了规定值。

故障排除方法是将减速箱齿轮油放了，更换新的齿轮油后故障排除。

19. 用户反映常常呼叫不到电梯

查轿底的满载开关没有问题，操纵盘也没有司机直驶功能。最后把有关电子板、呼梯板换了个遍问题仍没有解决。

故障点是轿内一个环形日光灯坏了，把灯管摘了即好。

造成此故障的原因：呼梯后应答灯也能亮，但电梯却没有呼到，从功能上考虑满载信号是否有问题的思路是对的。满载开关是常开点，高电平（DC 48V）有效。将控制柜上的满载信号线去掉，故障即消除。把接线恢复，进一步用示波器观察，发现其上有脉冲波，峰值达到40V。因而形成有效的满载直驶信号，此脉冲波频率与日光灯打火同步，是经随行电缆耦合到满载信号线上的。经试验，在此信号线上接一个 50μF 的电容（对地），也可消除干扰。

20. 品牌变频客梯（1350kg、1.75m/s），投入使用不到 1 年，出现提前换速情况

电梯换速原理：电梯到达停站层之前，电脑依据编码盘计数确定的位置发出减速曲线，电梯减速运行至距平层 200mm 处（井道平层刀确定），再走平层曲线，从而准确平层。减速曲线与平层曲线衔接不好，就会影响停梯前的舒适感。电梯有时换速提前太多，减速接近零速后以很慢的速度爬行到门区，速度又微微增加一下再停梯。电梯里的乘客一是感觉慢，似乎站了半天不开门，开门前还要颠一下。此电梯几个月前因轿厢装修大理石，增加

配重后才重新调试过，因此用户很不满意。

原因是钢丝绳出油太多，用煤油将油污擦干净后，问题基本得到解决。钢丝绳质量不好，是造成此故障的根本原因。

造成此故障的原因：轿厢装修大理石和增加配重加重了钢丝绳的受力，使质量不是很好的钢丝绳出油更多，造成曳引轮与钢丝绳之间摩擦系数减小而打滑。这种打滑有两种情况，一种是顺向的，若电梯满载下行启动后，钢丝绳前行比曳引轮更快，这将很不安全，有可能停梯开门时电梯因惯性继续下滑；此电梯是另一种情况，多发生在轻载下行、满载上行时，曳引轮前行了而钢丝绳没有动，这种打滑不是连续的，不定时滑一小段，当运行层站较远时就会累计一定距离，由于曳引轮的转动使编码盘计数距离比实际轿厢运行的长，换速指令就提前了。

还有一种与钢丝绳有关的情况。当电梯运行久了钢丝绳被拉长，其直径变细，这样嵌在曳引轮槽里更深了。于是，曳引轮转一圈电梯运行的距离比刚安装时要短，当楼层较高、运行层站较远时同样会累计一定距离，出现上述情况。只是相比较要轻微此，但仍会影响舒适感，这时电梯需要重新调试，再进行一次层距学习。

21．一运行就自保

一般电梯都有一个故障检查系统，一运行就自保，注意故障只有在运行时才被检查出来，如电梯过流、编码器无输出、拖动数据不匹配等。我们先找到自保原因，在没有维修机的情况下，首先看编码器，编码器的输出在电动机旋转时有 2.5V 的交流电，停止时电压应小于 DC 1V。若编码器没问题，外部接线正常，可能是过流引起的，如电机过流、电梯过载等，也可能是电流检测单元的问题。

11.2　品牌电梯维修实例

1．日立 CVF-S 电梯

故障现象：PLC 输入正常，没有输出，电梯无显示，安全回路正常。50B、50X 继电器不吸合，检查故障记录为 E43 及 E85。

检修方法：更换变频器电源板后电梯恢复正常。

2．日立 NPH 电梯

故障现象：经常出现故障代码"66"（运行中 uls、dls 动作异常），导致死机、偷停，有时还困人。

检修方法：经观察，到顶层时才出现故障代码"66"，然后感觉到顶层减速中突然急停一下。在轿顶走快车时发现到顶层时，uls 动作。经调整后，故障修复。

3．日立 GVF-3 电梯

故障现象：11 层/11 站，电梯从 10 层到 11 层接近平层时突然停止，然后自救运行到底层，其他层到 11 层运行正常，故障代码"64"（电梯端站减速曲线异常）。

故障原因：主要和减速开关有关，更换减速开关后故障依旧。

检修方法：把减速开关上调，此故障消失。

4. 日立 EX-H 扶梯

故障现象：只能上行，不能下行。下行时，启动 2s 就停止。如此反复，有时启动后走半天也没事，有时走一个小时就自动停止了。总之，就是没有规律的乱停。

故障原因：电梯安装的不够好，下行时偏一边走，刚好磨到了中间接线箱的一条电缆，这条电缆也是安装时不注意外露出来的。电梯一走动，梯级滚轮就与这条电缆摩擦，时间一长这条电缆自然就接地了，就引起了安全回路信号瞬间落地，安全继电器失电，电梯停止。

检修方法：找到中线厢被磨破皮的电缆重新接好，固定。

5. 日立 NPH-GVF3 电梯

故障现象：调试的开始阶段，多数电梯一启动就停止，有时无法启动，有时运行一段时间突然不能运行（在调快车之前，走慢车出现的问题）。

故障原因：双制动微动开关不同步。

检修方法：调整双制动微动开关距离，调整到良好状态后紧固螺钉，防止运行一段时间再出现此故障。

6. 日立 NPH 电梯

故障现象：电梯关门后保护，厅外有显示，不出现故障报告。厅外呼不到梯。门锁和安全回路正常。

故障原因：电梯关门按钮内部接触不良。

检修方法：更换按钮后正常。

7. 日立 NPH 电梯

故障现象：电梯每层都停，开门、关门后继续运行，从上行到下行，又从下行到上行不停地运行，内外召唤都不起作用，内外数显一直显示 1 楼。

故障原因：在故障之前当地下雨打过雷，怀疑雷电击打造成程序保护。

检修方法：停送电复位后正常。

8. 日立 YP-15-CO90 电梯

故障现象：经常向下运行至 1 楼，在减速过程中出现偷停。

故障原因：（1）减速回路引起 92L 继电器动作。（2）RS11 传感器中间接线箱接线端子生锈，导致接触不良。

检修方法：在现场观察，向上运行均欠平层 40mm，向下运行 1 楼，当电梯减速切换到 91J 继电器时，91J、91K、91L 继电器同时断开，偷停的时候，92L 也断开。检查这 4 个继电器及相关的控制线路没有发现异常。当隔磁板插入，RS11 断开，经 11X2 常闭触头、

91N2、91J1 触头后使 91J 断开,若 91J 断开的时间与 91K、91L 继电器配合不上,就会引起 92L 断开,造成偷停。依据电梯上行出现欠平层的故障现象,可以肯定是传感器回路有问题,因为在电梯上行时,减速至 91B 是由 RS11 切换的。若切换时间出现问题,就会造成平层不允许或偷停。检查 RS11 传感器,没有问题。再检查 RS11 线路,发现 RS11 传感器中间接线箱接线端 11-28 锈蚀严重,接触不良。直接将线连接,试运行后,向上欠平层故障现象消失,向下运行到 1 楼,减速过程 91J、91K、91L 同时断开,正常。

9. 日立 GVF-II 电梯

故障现象:电梯停在最高层开门后轿厢电源自动切断,开门按钮灯亮,控制柜 LED4、LED5(软安全回路)灯灭,可检修运行,消防也能迫降,消防复位后电梯自动登记最高层,楼层无法登记。

故障原因:程序被修改。

检修方法:进入程序,修改或重新拷贝程序后,电梯恢复正常。

10. 日立 HGP 电梯

故障现象:电梯一启动就急停,停一下,又启动释放,多次重复。故障代码为"E91"。

检修方法:检查电源,正常,后发现曳引轮防护罩开关接触不好。

11. 日立 GVF-II 电梯

故障现象:此电梯经常出现死机故障现象,频繁时每天一次,多出现在平层区,一层出现最多。

检查过程:

(1)电梯停在门区距平层 100mm 左右。

(2)机房检查故障代码为"38"(多为微动平层时出错)。

(3)查阅此电梯电气原理图微动平层部分,搞清楚其工作原理,观察发现微动平层继电器 FLMA、FLMB、FLMC 动作不正常,FLMC 继电器吸合不到位。

(4)用万用表测量 FLMC 继电器线圈上的电压,发现电压不足,不能维持其吸合。

故障原因:FLMC 继电器线圈回路上经过了两个插接件,分析是插接件接触不良,使 FLMC 继电器线圈不能维持其吸合。

检修方法:将此插接件的插针挑出来调整后重新插好,故障排除。观察一星期,没有再发生此故障。

12. 日立 GVF-3 电梯

故障现象:电梯一上电,10T 运行接触器和 15B 抱闸接触器不停地吸合、释放,响声不断,快慢车不动。故障代码为"E61"。

检修方法:E61 为 DC 48V AVR 电源故障。DC 48V 电源供给了 10T 和 15B(实测 45V),查外围电路,一切正常。后经询问,得知更换过 15B 接触器。经查,发现是把 15B 的压敏二极管接反向了。

13．OTIS 3200 电梯

故障现象：电梯停在一楼，不运行，TT 显示 EFS。

故障原因：10 楼厅站外呼显示板工作不正常。

检修方法：测量 IC13～IC14 电压，正常，检查发现 RCB-II 的第一个灯不亮，按图纸去除 RCB 板子上输出至外围的 LINK 通信，发现灯恢复正常，逐一去除 3 个 LINK，发现 G-LINK 有问题，从而干扰了 RCB 板子正常工作，导致错误地发出消防服务指令。逐一检查，发现 10 楼厅站外呼板不良，更换后即恢复正常。

14．西子 OTIS 改造电梯

控制系统：4121。

故障现象：安川变频器显示 PG0 故障，电梯保护。

检修方法：检查了编码器线、编码器电压、制动状态，一切正常。更换编码器，电梯还是不走。后来发现控制柜里面的小变压器输入电源线松动，紧固后电梯正常。

15．西子 OTIS OH5000 电梯

配置：LCB-II AMCB2 SIEI。

故障现象：电梯不关门，到现场发现轿内无显示。

检修方法：在检查过程中发现 RS5 板上插件插错，地址码也被改动过。检修后显示正常，但还是不关门，TT 显示消防状态，原来是 RS5 板损坏并有明显烧痕。更换后正常，但电梯还是不能运行，原来底层的 RS5 板也坏了（锁梯）。更换后电梯运行正常。

16．XZOTIS 5100 电梯

故障现象：电梯运行 2～3 天死机，变频器显示过压保护，停电几秒后再送电，运行正常，过 2～3 天又死机，反反复复。电源电压为 395V。

故障原因：（1）变频器电容储存电压无法自动释放，导致电压越来越高。（2）IGVT 对地放电电流过大，使电梯死机。

检修方法：更换变频器，重新调试后电梯运行正常。

17．西子 OTIS STAR 电梯

配置：LCB-II，安川变频器。

故障现象：电梯无论快、慢车，有下行指令时电梯总是上行，然后变频器保护。

检修方法：变频器内的 PG（编码器）板松动造成。装紧 PG 板后电梯运行正常。

18．西奥 OH-G（观光梯）

故障现象：本电梯采用室外钢结构井道，光幕门保护，电梯运行到一层后无法正常关门。检查一切正常。阴天或晚上正常，晴天时经常出现。

故障原因：光幕受阳光影响，无法正常工作（一层双通门，后门正对阳光）。

检修方法：一楼后门撑个遮阳伞。

19．西奥 OH5100 电梯

故障现象：电梯快车不能下行，检修正常运行，服务器看不到故障代码。

检修方法：检查下强减，正常。检查 LCM2 板程序设置，正常。后经查是 AMCB 板损坏，P8-1 脚无下行信号输出。更换 AMCB 板后，电梯恢复正常。此故障有点类似与下强减损坏故障。

20．西奥 XO-STAR 电梯

故障现象：在更换一台西威变频器后，出现电梯能上行但不能下行故障。

检修方法：将参数 Speedrefinvsrc=NULL 改为 Speedrefinvsrc=DoWncontmon。

21．西奥 FO 电梯

故障现象：双通门后门显示为乱码，楼层显示不亮，外召全亮，不关门，检修开不动。

故障原因：后门显示坏了。

检修方法：换板。

22．西奥 OH5000 电梯

故障现象：连续十余天上午 8 点半左右两部电梯停梯保护，另一部没事，三部电梯公用一个总电源，故障显示为变频器故障，外部电源错误，进行电源监测，插线都正常，后来查出进压为 410V 左右。

检修方法：将控制柜里面的变压器调高一个挡位，问题解决。

23．西子 OTIS XO-STAR 电梯

故障现象：电梯有时出现不关门，LCB2 板 NOR 无显示，安川变频器出现"Ground fault 2"故障代码，断电虽可复位，但过段时间还会出现。

检修方法：仔细检查后发现变频器内有一根线破损，修复后正常。

24．三菱 SPVF 电梯

故障现象：20min 死一次机。

故障原因：依据现场观察，抱闸没打开。拿万用表测量抱闸接触器，调整后抱闸正常。20min 后故障依旧。

检修方法：用万用表表夹夹抱闸线端子，抱闸接触器吸合，可是没电压；然后用万用表测量抱闸接触器，接触器良好，更换接触器后故障排除。

25．三菱 HOPE 电梯

故障现象：电梯快车不走，慢车可以走，但开几次就会烧模块，维保人员更换相应模块、P1 板、E1 板、编码器，故障依旧。

故障原因：由于-12V 电源不正常，导致驱动板工作不稳定。

检修方法：经分析，判断是驱动有问题，测量供电电源，发现+5V、+12V 电源正常，

-12V 只有-8V，不正常，更换电源后，电梯正常。

26．三菱 SPVF 电梯

故障现象：轿内登记几个指令，当到最近的楼层开门后，其他楼层的内选指令突然全部销号，次次如此。

故障原因及检修方法：刚开始怀疑串行通信 601、503、422 故障，全部拆下检测，未发现问题。检查 P1 板，正常。后来因每次销号都在平层开门后，故怀疑是开门的到位信号未进到板子上去，反馈信号不正确发生软件保护。后经查为门机板损坏，造成到位信号传输不到引起的。

27．三菱 GPS 电梯

故障现象：电梯每次运行到一楼停梯后，自动熄灭轿厢内照明，并且无法对电梯进行召唤，控制柜 P1 板故障代码显示"EF"（"不能启动"），对主板进行复位检修后，电梯又恢复正常运行，但运行到一楼后，又出现上述故障。

检修方法：

（1）"EF"是一种非常笼统的故障指示，引起上述故障现象的可能性很多，主要有 P1 板故障、下端站强迫换速距离错误、称重反馈数据错误等。

（2）检修运行电梯，在机房检测下强迫换速开关是否正常，结果未发现问题。

（3）进入井道及地坑对各下强迫换速开关进行检测，未发现问题。

（4）检测强迫换速开关碰铁的垂直度，未发现问题。

（5）检测各下强迫换速开关与碰铁的水平距离，此距离在正常范围内。

（6）进入机房，确认轿厢内无人，并且轿门、层门已全部关闭，断开门机开关，以防乘客进入轿厢。将 P1 板上 WGHO 拨码开关置"0"位，以取消称重装置（此时 P1 板上的数码显示的小数点会左右跳动），在机房对电梯进行召唤，结果电梯恢复正常运行。注意：原来的电梯故障是由称重装置引起的。

（7）进入轿顶，对称重装置进行检查，发现称重装置歪斜，调整后电梯恢复正常运行。

电梯恢复正常后，应将 P1 板上的 WGHO 拨码开关置回原来位置。

备注：

（1）称重装置反馈回主板的数据若发生错误或与 EEPROM 中存储的称重数据有冲突，电梯会停止运行。因此，当电梯更换钢丝绳或轿厢进行重新装修后，应该对称重装置进行调整，并且重新进行称量数据写入。

（2）本故障虽然不是由于下强迫换速的原因引起的，但若因为某种原因导致下强迫换速减速距离变化的话，也可能发生本案例的故障现象。

28．富士医院用梯

故障现象：冲顶。

故障原因：下急减速开关不复位，错层。

检修方法：开始怀疑是上急减速开关或限位开关问题，经万用表检查后发现正常，抱闸也正常。后来检查发现，一楼井道下急减速开关不复位，更换下急减速开关后进行井道学习，电梯恢复正常运行。

29．富士电梯

故障现象：按下某层按钮，上行不停而下行停止，无任何其他的故障现象。

故障原因：平层刀出现倾斜。

检修方法：将平层刀恢复成垂直状态，注意检查其他平层刀。

30．东莞富士 5\5\5 客梯

故障现象：电梯显示下行箭头及楼层，PC 显示正常，不能走梯（检修也不行），检修运行时抱闸及 MC 接触器吸合后即释放，在 PC 上看，上、下强换及限位开关等均正常。

检修方法：检查发现 MC 接触器的辅助常开触头接触不良，更换后正常。

31．中奥 BP-302 电梯

故障现象：电梯经常出现平层开门后保护，不间断地出现不定层。

检修方法：检查发现是由于开门按钮导致保护，更换开门按钮后恢复正常。

32．蒂森无机房 MC2 电梯

故障现象：调试中，试运行慢、快车正常，但发现电梯总到 1 楼开门，然后停止运行。

检修方法：

（1）将 MC2 上 X27 去掉，故障依旧。

（2）将 MC2 上 X36 去掉，故障依旧。

（3）检查发现，1 楼外呼板上 ZSE 开关插到了"Fire"位置。调整后故障排除。

33．奥安达电梯

故障现象：电梯有 11 层，有时在 1 楼不平层，有时自动从 11 楼慢车到 1 楼后正常。电梯在 11F、8F、6F，不开门，变频器保护，有时一天出现一次，有时两天才出现一次。

检修方法：检查主板、CPO 板、变频器、编码器正常。紧固控制柜所有螺钉，故障排除。

34．奥利达 2 吨货梯

故障现象：到站不平层。

故障原因：这台货梯使用频繁，一天的总载货量为一百多吨，抱闸刹车磨损至半，停车时间变长，导致不平层。

检修方法：更换刹车，故障解决。

35．德国朗格尔电梯

故障现象：电梯偶尔在换速后出现突然停车，多数在下行时出现，后来越来越严重。

检修方法：经查是再生电阻线虚造成的，拧紧后运行正常。

36．佳登曼 GODM.K.1350/1.0 电梯

故障现象：电梯高速运行时噪声大。

检修方法：把 B09 设为 0，把 A03 设为 9，然后自动变成 10，把检修速度设为 40mm/s，运行不少于两圈，把 A03 设为 7，断电 2min 再上电，再运行时主机噪声已经变小。

37．新时达 SM-01 电梯

故障现象：不走车，显示正常。
故障原因：变频器中变压器损坏。
检修方法：更换变压器后运行正常。

38．韩国东洋 CL-70 电梯

故障现象：电压不稳，造成电梯突停，然后电梯无法运行。
故障原因：变频器内部元件损坏。
检修方法：使用原厂变频器进行更换，电梯运行正常。

39．柳州三京 JXVF 电梯

故障现象：电梯检修上、下行启动就停。
检修方法：更换旋转编码器，故障依旧，更换米高 2003 变频器主板后故障消失。

40．奥菱达 TKJ1000 电梯

故障现象及检修方法：电梯在 1 楼正常，到 17 楼（顶层）后不能走快车，开始慢车能走动，也能自动平层，几分钟之后连慢车都不能走动。到机房检查故障代码，为变频器（西威）输出阈值过大。初步判断可排除安全回路上的问题，检查各接触器，没有损坏，熔丝、电阻正常，抱闸也没问题。重新定位编码器后，也没有反应；断电后重新查检控制柜，发现 KMY 接触器下端 T1 线有些松动。拧紧后，送电慢车可走动，试快车也正常。

41．OH5000 电梯

故障现象：内外召指令闪光灯无规律错乱显示，导致电梯自动运行。运行中还会自动开、关门。
故障原因：控制柜消防通信板 RS5 损坏。
检修方法：将此通信板电源插件拔掉，电梯恢复正常。

42．爱登堡电梯

故障现象：电梯经常不定时错层、关人。
检修方法：更换减速开关线，更换电源盒，故障排除。

43．XPM 货梯

故障现象：XPM 货梯，4 站 4 门，电梯由 1 楼开到 4 楼到站平层后，门不开，再从 4 楼开到 2 楼，门仍不开。
检修方法：检查熔断器 11RD 完好，用导线将 38、01 之间短接，门打开，发现限位开关 2KM 损坏，更换 2KM 后，故障排除。

44．XPM 客货梯

故障现象：XPM 客货梯，5 站 6 门，电梯由 1 楼开到 2 楼门打开后再也不能关门。

检修方法：检查熔断器 11RD 完好，用导线将 04、27 之间短接，关门继电器 JGM 得电，但仍不能关门，用万用表测量 M3、M4 之间电压为 0V，测量 M1、M2 之间电压为 110V，发现 M1、M2 之间有断路。打开电阻箱检查，门机串接电阻 RMD 到端子 M2 的连接线脱落，拧紧后便可关门，故障排除。

 ## 11.3　电梯的紧急故障处理方法

1．电梯、液压电梯非开门区停电困人应急救援方法

1）应急救援设备、工具

层门开锁钥匙、盘车轮或盘车装置、松闸装置、手动葫芦、千斤顶、钢丝绳套及钢丝绳卡子、手砂轮/切割设备、撬杠、常用五金工具、照明器材、通信设备、单位内部应急组织通讯录、安全防护用具、警示牌等。

注：电梯紧急故障处理中，需要的应急救援设备及工具基本相同，下面的实例中将不再列出。

2）救援过程

（1）首先断开电梯主开关，以避免在救援过程中突然恢复供电而导致意外的发生。

（2）通过电梯紧急报警装置或其他通信方式与被困乘客保持通话（见图 11-1），安抚被困乘客。

（3）若确认有乘客受伤或可能有乘客受伤等情况，则应立即通知 120 急救中心。

3）电梯非开门区停电困人

（1）通过与轿厢内被困乘客的通话，以及通过与现场其他相关人员的询问或与监控中心的信息沟通等渠道，初步确定轿厢的大致位置。

（2）在保证安全的情况下，用电梯专用层门开锁钥匙打开已初步确认的轿厢所在层楼的上一层层门（若初步确认轿厢在顶层，则打开顶层的层门），如图 11-2 所示。

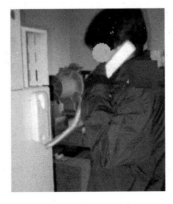　

图 11-1　救援人员与轿内乘客联系示意图　　图 11-2　用电梯专用层门开锁钥匙打开层门

（3）打开层门后，若在开门区，则直接开门放人；若在非开门区，则应仔细察看并确认电梯轿厢确切位置。若确认电梯轿厢地板在顶层门区地平面以上较大距离，被困乘客无法从轿厢到达顶层地面，即冲顶情况[见图 11-3（a）]；或确认电梯轿厢地板在底层门区地平面以下较大距离，被困乘客无法从轿厢到达底层地面，即蹲底情况[见图 11-3（b）]，则根据不同类型的电梯，按照后面叙述的方法施救。

（a）　　　　　　　　　　　　　　（b）

图 11-3　不能救援位置示意图

2．有（无）机房电梯、液压电梯非开门区停电困人应急救援方法

（1）救援人员在机房通过紧急报警装置或其他通信方式与被困乘客保持通话，告知被困乘客将缓慢移动轿厢（见图 11-4）。

图 11-4　手动盘车示意图

（2）仔细阅读有机房电梯松闸盘车作业指导或紧急电动运行作业指导，严格按照相关的作业指导进行救援操作。

（3）根据电梯轿厢移动距离，判断电梯轿厢进入平层区后，停止盘车作业或紧急电动运行操作。

（4）根据轿厢实际所在层楼，用层门开锁钥匙打开相应层门，救出被困乘客（见图 11-5 和

图 11-6)。

图 11-5　救援乘客示意图（轿厢在层站上部）

图 11-6　救援乘客示意图（轿厢在层站下部）

3. 电梯非开门区冲顶困人急救援方法

1）有机房电梯的操作

（1）救援人员在机房通过电梯紧急报警装置或其他通信方式与被困乘客保持通话，告知被困乘客将缓慢移动轿厢。

（2）观察电梯曳引机上的钢丝绳，如果发现没有绷紧，则可能是轿厢在冲顶后，对重压上缓冲器，然后轿厢向下坠落，引起了安全钳动作。此时，必须先释放安全钳，然后进行以下操作。

（3）仔细阅读有机房电梯松闸盘车（向轿厢下行方向盘车）作业指导或紧急电动运行（向轿厢下行方向）作业指导，严格按照相关的作业指导进行救援操作。

（4）根据电梯轿厢移动距离，判断电梯轿厢进入顶层平层区后，停止盘车作业或紧急电动运行操作。

（5）在顶层用层门开锁钥匙打开层门，救出被困乘客。

2）无机房电梯的操作

（1）救援人员通过电梯紧急报警装置或其他通信方式与被困乘客保持通话，告知被困乘客将缓慢移动轿厢。

（2）仔细阅读无机房电梯紧急电动运行作业指导，严格按照相关的作业指导进行救援操作。

（3）根据电梯轿厢移动距离，判断电梯轿厢进入平层区后，停止盘车作业或紧急电动运行操作。

（4）在顶层用层门开锁钥匙打开层门，救出被困乘客。

4．电梯非开门区蹲底困人应急救援方法

1）有机房电梯的操作

（1）救援人员在机房通过电梯紧急报警装置或其他通信方式与被困乘客保持通话，告知被困乘客将缓慢移动轿厢。

（2）仔细阅读有机房电梯松闸盘车（向轿厢上行方向盘车）作业指导或紧急电动运行（向轿厢上行方向）作业指导，严格按照相关的作业指导进行救援操作。

（3）根据电梯轿厢移动距离，判断电梯轿厢进入底层平层区后，停止盘车作业或紧急电动运行操作。

（4）在底层用层门开锁钥匙打开层门，救出被困乘客。

2）无机房电梯的操作

（1）救援人员通过电梯紧急报警装置或其他通信方式与被困乘客保持通话，告知被困乘客将缓慢移动轿厢。

（2）仔细阅读无机房电梯紧急松闸救援或紧急电动运行（向轿厢上行方向）作业指导，严格按照相关的作业指导进行救援操作。

（3）根据电梯轿厢移动距离，判断电梯轿厢进入平层区后，停止盘车作业或紧急电动运行操作。

（4）在底层用层门开锁钥匙打开层门，救出被困乘客。

5．液压电梯非开门区停电伤人或困人解救方法

（1）应急救援人员赶赴现场后，若判定是停电困人，一名应急救援人员应及时与轿厢内人员对话，了解情况并安抚被困人员。

（2）一名应急救援人员赶赴机房，断开总电源开关，防止在救援过程中送电造成其他事故。

（3）一名应急救援人员拿电梯专用层门开锁钥匙打开层门，打开应急照明，观察轿厢

停止位置，确定运动方向。

（4）若确定"向下"就近平层，立即通过对讲机向机房应急救援人员传达指令；若确定"向上"就近平层，立即通过对讲机向机房应急救援人员传达指令。

（5）"向下"就近平层时，机房应急救援人员可点动按压泵站泄压按钮，观察压力表变化，并通过对讲机与层门处应急救援人员联络。"向上"就近平层时，机房应急救援人员可用加压杆通过手动泵加压，观察压力表变化，并通过对讲机与层门处应急救援人员联络。

（6）"向下"就近平层时，轿厢应缓慢下降至平层区，释放被困人员；"向上"就近平层时，轿厢应缓慢上升至平层区，释放被困人员。

（7）被困人员中若有伤者或身体不适者，应急救援人员应及时联系医疗救护，送医院救治。

（8）应急救援人员应告知电梯使用方，应在电梯专业人员检查后方可使用。

6. 液压电梯非开门区冲顶伤人或困人解救方法

（1）应急救援人员赶赴现场后，若判定非停电，一名应急救援人员应到机房，打开控制柜，观察分析故障点，若确定是冲顶困人，应通过对讲机告知其他应急救援人员故障点及相关情况。

（2）一名应急救援人员应及时与轿厢内人员对话，了解情况并安抚被困人员。

（3）机房应急救援人员确定故障后，断开总电源开关，防止在救援过程中造成意外事故。

（4）一名应急救援人员用电梯专用层门开锁钥匙打开层门，直接与被困人员对话安抚，同时通过对讲机通知机房应急救援人员工作。

（5）机房应急救援人员可点动按压泵站泄压按钮，观察压力表变化，并通过对讲机与层门处应急救援人员联络。

（6）轿厢缓慢下降至顶层平层区，释放被困人员。

（7）被困人员中若有伤者或身体不适者，应急救援人员应及时联系医疗救护，送医院救治。

（8）应急救援人员检查上极限开关、油缸极限开关等，查明故障原因后复位。

（9）应急救援人员全行程运行电梯（反复多次）并确定无异常后，告知使用方。

（10）应急救援人员通过救援和检查，应查明事故点，并作现场记录。

（11）应急救援指挥中心办公室应对事故做出纠正预防措施报告。

7. 液压电梯非开门区蹲底伤人或困人解救方法

（1）应急救援人员赶赴现场后，若判定非停电，一名应急救援人员应到机房打开控制柜观察分析故障点，若确定蹲底困人，应通过对讲机告知其他应急救援人员故障点及相关情况。

（2）一名应急救援人员应及时与轿厢内人员对话，了解情况并安抚被困人员。

（3）机房应急救援人员确定故障后，断开总电源开关，防止在救援过程中造成意外事故。

（4）一名应急救援人员用电梯专用层门开锁钥匙打开层门，直接与被困人员对话安抚，同时通过对讲机通知机房应急救援人员工作。

（5）机房应急救援人员可用加压杆通过手动泵加压，观察压力表变化，并通过对讲机与层门处应急救援人员联络。

（6）轿厢缓慢上升至平层区，释放被困人员。

（7）被困人员中若有伤者或身体不适者，应急救援人员应及时联系医疗救护，送医院救治。

（8）应急救援人员检查下极限开关、地坑安全开关等，查明故障点后复位。

（9）应急救援人员全行程运行电梯（反复多次）并确定无异常后，告知使用方。

（10）应急救援人员通过救援和检查，应查明事故点，并作现场记录。

（11）应急救援指挥中心办公室应对事故做出纠正预防措施报告。

8. 液压电梯非开门区门触点故障伤人或困人解救方法

（1）应急救援人员赶赴现场后，若判定非停电，一名应急救援人员应到机房打开控制柜观察故障点，若确定门触点故障困人，应通过对讲机告知其他应急救援人员故障点。

（2）一名应急救援人员应及时与轿厢内人员对话，了解情况并安抚被困人员。

（3）机房应急救援人员确定故障后，断开总电源开关，防止在救援过程中造成意外事故。

（4）一名应急救援人员用电梯专用层门开锁钥匙打开层门，直接与被困人员对话安抚。确定运动方向，同时通过对讲机通知机房应急救援人员工作。

（5）"向下"就近平层时，机房应急救援人员可点动按压泵站泄压按钮，观察压力表变化，并通过对讲机与层门处应急救援人员联络。"向上"就近平层时，机房应急救援人员可用加压杆通过手动泵加压，观察压力表变化，并通过对讲机与层门处应急救援人员联络。

（6）"向下"就近平层时，轿厢应缓慢下降至平层区，释放被困人员；"向上"就近平层时，轿厢应缓慢上升至平层区，释放被困人员。

（7）被困人员中若有伤者或身体不适者，应急救援人员应及时联系医疗救护，送医院救治。

（8）应急救援人员检查门触点开关、门系统其他安全部件等，更换或调整开关或部件。

（9）应急救援人员查明、排除故障点后复位，并作现场记录。

（10）应急救援人员全行程运行电梯（反复多次）并确定无异常后，告知使用方。

（11）应急救援指挥中心办公室应对事故做出纠正预防措施报告。

9. 曳引式电梯非正常开门运行发生剪切事故应急救援方法

1）适用范围
曳引式垂直升降电梯、液压电梯。
2）救援过程

（1）首先断开电梯主开关，以避免在救援过程中突然恢复供电而导致意外的发生。

（2）应立即通报 120 急救中心。

（3）在符合以下条件下，可在 120 专业急救人员到来之前进行救援。

① 先行救援不会导致受伤人员的进一步伤害。

② 有足够的救援人员。

（4）如果是轿厢内人员或层站乘客在出入轿厢时被剪切，应采取以下措施。

① 如果通过打开电梯门即可救出乘客，则在保证安全的前提下，用层门开锁钥匙打开相应层门，救出被困乘客。

② 如果不能通过打开电梯门救出乘客，则一方面安排相应人员留守在受伤乘客所在楼层，另一方面安排其他人员进行盘车作业或紧急电动运行操作，并且保持与留守人员之间的通信，一旦可以进行救援工作，则停止盘车作业或紧急电动运行操作。

③ 在保证安全的前提下，用层门开锁钥匙打开相应层门，救出被困乘客。

④ 救出乘客后，根据 120 急救人员的指示进行下一步救援工作。

（5）如果是乘客或其他人员在非出入轿厢时被剪切，即发生轿底或轿顶剪切，则应采取以下措施。

① 发生轿底剪切，一方面安排相应人员在受伤乘客所在楼层留守，另一方面安排相应人员进行盘车救援操作或紧急电动运行（使轿厢向上移动），并且保持与留守人员之间的通信，一旦可以进行救援工作，则停止盘车作业或紧急电动运行操作。救出乘客后，根据 120 急救人员的指示进行下一步救援工作。

② 发生轿顶剪切，一方面安排相应人员在受伤乘客所在楼层留守，另一方面安排其他人员进行盘车作业或紧急电动运行操作（使轿厢向下移动），并且保持与留守人员之间的通信，一旦可以进行救援工作，则停止盘车作业或紧急电动运行操作。救出乘客后，根据 120 急救人员的指示进行下一步救援工作。

（6）如果 120 急救人员到来之前不宜进行救援，则应采取以下措施。

① 根据 120 急救人员的指示，进行前期救援准备工作。

② 在 120 急救人员到来后，配合救援工作。

10. 液压电梯非正常开门运行发生开门走车伤人或困人解救方法

（1）应急救援人员赶赴现场后，若判定非停电，一名应急救援人员应到机房打开控制柜观察故障点，将观察情况通过对讲机告知其他应急救援人员。

（2）一名应急救援人员应及时与轿厢内人员对话，了解情况并安抚被困人员。

（3）机房应急救援人员将机房控制柜观察情况通话告知完毕后，拉下总电源开关，防止在救援过程中造成意外事故。

（4）门区应急救援人员用电梯专用层门开锁钥匙打开层门，直接与被困人员对话安抚。确定轿厢运动方向，同时通过对讲机通知机房应急救援人员工作。

（5）"向下"就近平层时，机房应急救援人员可点动按压泵站泄压按钮，观察压力表变化，并通过对讲机与层门处应急救援人员联络。"向上"就近平层时，机房应急救援人员可用加压杆通过手动泵加压，观察压力表变化，并通过对讲机与层门处应急救援人员联络。

（6）"向下"就近平层时，轿厢应缓慢下降至平层区，释放被困人员；"向上"就近平层时，轿厢应缓慢上升至平层区，释放被困人员。

（7）被困人员中若有伤者或身体不适者，应急救援人员应及时联系医疗救护，送医院救治。

（8）应急救援人员检查"PLC 或微机板门锁输出点""主接触器是否粘联""泵站电磁阀""PLC 或微机板下行触点""平衡管或油管破裂"等，更换或调整部件。

（9）应急救援人员查明、排除故障点后复位，并作现场记录。

（10）应急救援人员全行程运行电梯（反复多次）并确定无异常后，告知使用方。

（11）应急救援指挥中心办公室应对事故做出纠正预防措施报告。

11. 曳引式垂直升降电梯制动器失效应急救援方法

（1）首先断开电梯主开关，以避免在救援过程中突然恢复供电而导致意外的发生。

（2）通过电梯紧急报警装置或其他通信方式与被困乘客保持通话，安抚被困乘客。同时了解轿厢内乘客的情况，若确认有乘客受伤或可能有乘客受伤等情况，则应立即通知 120 急救中心。

（3）由于制动器失效，无法制动电梯轿厢，所以在保证可靠制停轿厢前，禁止进入井道实施救援。

（4）制动器失效造成的轿厢停留位置有以下几种可能性：

① 电梯下行超速保护装置动作，电梯在中间楼层。

② 电梯上行超速保护装置动作，电梯在中间楼层。

③ 电梯蹲底。

④ 电梯冲顶。

⑤ 电梯的超速保护装置未动作，电梯在中间楼层。

有机房电梯时：

① 首先通过盘车装置等，使电梯轿厢可靠制停。

② 排除制动器故障。

③ 若超速保护装置动作，则释放超速保护装置。

无机房电梯时：

① 打开层门后，若确认电梯轿厢地板在顶层门区附近或以上，则关上层门（不允许直接救援），在保证安全的情况下进入地坑，用千斤顶等将对重逐渐向上顶，轿厢进入门区后，用层门开锁钥匙打开层门，救出被困乘客。

② 对于其他情况，维修人员进入轿厢顶，应用电葫芦等将轿厢向上吊，轿厢进入门区后，用层门开锁钥匙打开相应层门，救出被困乘客。

轿厢冲顶时：

① 对电梯制动器故障状态进行拍照，保持原始记录以备分析、调查使用。

② 轿厢停止位置高于层门地坎 500mm 以内时，使用层门开锁钥匙打开层门，救出被困乘客。

③ 轿厢停止位置与层门地坎距离大于 500mm 时，应至少 2 人进行，其中一人手动盘车，将轿厢移动至平层区内，并用力保持轿厢不能移动；另一人在电梯顶层，打开层门，救

出被困乘客。

④ 关闭层门，缓慢移动轿厢至最上端，使电梯保持稳定状态。

⑤ 检修制动器。

轿厢蹾底时：

① 轿厢蹾底时，不采取任何措施进行救援。因乘客走出电梯产生的负荷变化，会使轿厢移动，所以应先采取以下措施，再利用最下层的开锁装置进行救援。

② 曳引轮带孔时，利用曳引轮孔在配重一侧，用钢丝绳扣（ϕ10mm 以上）将曳引轮和曳引绳缚紧，钢丝绳扣要用 3 个以上 U 型卡子固定。

③ 曳引轮上不带孔时，利用导向轮按上述要领将导向轮和钢丝绳固定。

④ 使用层门开锁钥匙打开层门，救出被困乘客。

⑤ 检修制动器。

12．自动扶梯、自动人行道发生夹持应急救援方法

1）梯级与围裙板发生夹持

（1）如果围裙板开关（安全装置）起作用，可通过反方向盘车方法救援。

（2）如果围裙板开关（安全装置）不起作用，应以最快的速度对内侧盖板、围裙板进行拆除或切割，救出受困人员。

（3）请求支援。当上述救援方法不能完成救援任务时，应急救援小组负责人应向本单位应急指挥部报告，请求应急指挥部支援。

2）扶手带发生夹持

（1）扶手带入口处夹持乘客，可拆掉扶手带入口保护装置，即可救出被夹持乘客。

（2）扶手带夹伤乘客，可用工具撬开扶手带救出受伤乘客。

（3）对夹持乘客的部件进行拆除或切割，救出被困人员。

（4）请求支援。当上述救援方法不能完成救援任务时，应急救援小组负责人应向本单位应急指挥部报告，请求应急指挥部支援。

3）梳齿板发生夹持

（1）拆除梳齿板或通过反方向盘车方法救援。

（2）对梳齿板、楼层板进行拆除或切割，完成救援工作。

（3）请求支援。当上述救援方法不能完成救援任务时，应急救援小组负责人应向本单位应急指挥部报告，请求应急指挥部支援。

13．自动扶梯、自动人行道部件故障应急救援方法

1）梯级发生断裂、驱动链断链

（1）确定盘车方向，在确保人身安全的情况下，可通过反方向盘车方法救援。

（2）可对梯级和桁架进行拆除或切割作业，完成救援任务。

（3）请求支援。当上述救援方法不能完成救援任务时，应急救援小组负责人应向本单位应急指挥部报告，请求应急指挥部支援。

2）制动器失灵

当出现停电、急停回路断开等情况时，可能会造成制动器失灵，扶梯及人行道向下滑

车的现象，人多时会发生人员挤压事故。此时应立即封锁上端站，防止人员再次进入自动扶梯或自动人行道，并立即疏导底端站的乘梯人员。

14．有（无）机房曳引式电梯紧急操作方法

（1）切断电梯主电源。

（2）检查确认电梯机械传动系统（钢丝绳、传动轮）正常。

（3）检查限速器。如限速器已经动作，应先复位限速器。

（4）确认电梯层/轿门处于关闭状态。

（5）确认电梯轿厢、对重所在的位置，选择电梯准备停靠的层站。

（6）参考电梯生产厂家的盘车说明，一名维修人员用抱闸扳手打开机械抱闸；同时，另一名维修人员双手抓住电梯盘车轮，根据机房内确定轿厢位置的标志（如钢丝绳层站标志）和盘车力矩，盘动电梯盘车轮，将电梯停靠在准备停靠的层站。

（7）维修人员释放抱闸扳手，关闭抱闸装置，防止电梯轿厢移动。

（8）维修人员应到电梯轿厢停靠层站确认电梯平层后，用层门钥匙打开电梯层门和轿门。

（9）如层门钥匙无法打开层门，维修人员可到上一层站打开层门。在确认安全的情况下上到轿顶，手动盘开层门和轿门。

15．无机房无齿轮曳引式电梯紧急操作方法

（1）切断电梯主电源。

（2）确认电梯轿门处于关闭状态。

（3）检查确认电梯机械传动系统（钢丝绳、传动轮）正常。

（4）准备好松开抱闸的机械或电气装置。

（5）确认电梯轿厢、对重所在的位置，选择电梯准备停靠的层站。

（6）电梯故障状态及手动操作电梯运行方法：

① 电梯轿厢上行安全钳楔块动作或对重安全钳楔块动作。

a．两名维修人员可根据电梯轿厢的位置，选择进入电梯井道地坑或电梯轿顶。

b．将钢丝绳夹板夹在对重侧钢丝绳上，用与电梯生产厂家配套的轿厢提升装置（或用钢丝绳套和钢丝绳卡子）将手动葫芦挂在对重侧导轨上，将手动葫芦吊钩与钢丝绳夹板挂牢。

c．维修人员拉动手动葫芦拉链，使对重上移；维修人员打开抱闸，轿厢向下移动，安全钳释放并复位。此时，继续拉动手动葫芦拉链，轿厢向就近楼层移动，确认平层后，停止拉动手动葫芦拉链，关闭抱闸装置，通知层门外的维修人员。

d．电梯层门外的维修人员在确认平层后，在轿厢停靠的楼层，用电梯层门钥匙开启电梯层门和轿门。

e．如果层门钥匙无法打开层门，维修人员可到上一层站打开层门。在确认安全的情况下上到轿顶，手动盘开层门和轿门。

② 电梯轿厢下行安全钳动作。

a．两名维修人员可根据电梯轿厢的位置，进入电梯轿顶。

b．将钢丝绳夹板夹在轿厢侧钢丝绳上，用与电梯生产厂家配套的轿厢提升装置（或

用钢丝绳套和钢丝绳卡子）将手动葫芦挂在轿厢侧导轨上，将手动葫芦吊钩与钢丝绳夹板挂牢。

c．一名维修人员拉动手动葫芦拉链，另一名维修人员打开抱闸，轿厢向上移动，安全钳释放并复位。此时，继续拉动手动葫芦拉链，轿厢向就近楼层移动，确认平层后，停止拉动手动葫芦拉链，关闭抱闸装置，通知层门外的维修人员。

d．电梯层门外的维修人员在确认平层后，在轿厢停靠的楼层，用电梯层门钥匙开启电梯层门和轿门。

e．如果层门钥匙无法打开层门，维修人员可到上一层站打开层门。在确认安全的情况下上到轿顶，手动盘开层门和轿门。

③ 安全钳楔块没有动作。

a．维修人员采用点动方式反复松开抱闸装置，利用轿厢重量与对重的不平衡，使电梯轿厢缓慢滑行，直至电梯轿厢停在平层位置，关闭抱闸装置。

b．电梯层门外的维修人员在确认平层后，在轿厢停靠的楼层，用电梯层门钥匙打开电梯层门和轿门。

c．如果层门钥匙无法打开层门，维修人员可到上一层站打开层门。在确认安全的情况下上到轿顶，手动盘开层门和轿门。

16．液压式升降电梯手动紧急操作方法

（1）切断电梯主电源。

（2）确认电梯轿门处于关闭状态。

（3）确认电梯轿厢、对重所在的位置，选择电梯准备停靠的层站。

（4）当确认轿厢距平层位置小于±30cm 时，维修人员在轿厢停靠的层站，用层门钥匙打开层门和轿门。

（5）当液压梯采用限速器和安全钳时，如果安全钳动作，请按照泵站上阀的标识，手动操作上行控制阀，让电梯上行，直到安全钳楔块释放并复位，然后复位限速器。

（6）当轿厢低于平层 30cm 时，按照泵站上阀的标识，手动操作上行控制阀，直到电梯轿厢平层后关闭球形阀；维修人员在确认平层后，在轿厢停靠的楼层，用电梯层门钥匙打开层门和轿门。

（7）当轿厢高于平层 30cm 时，按照泵站上阀的标识，手动操作下行控制阀，直到电梯轿厢平层后关闭球形阀；维修人员在确认平层后，在轿厢停靠的楼层，用电梯层门钥匙打开层门和轿门。

17．自动扶梯或自动人行道手动紧急操作方法

（1）切断自动扶梯或自动人行道主电源。

（2）确认自动扶梯全行程之内无人或其他杂物。

（3）确认在扶梯上（下）入口处已有维修人员进行监护，并设置了安全警示牌。

（4）确认救援行动需要自动扶梯或自动人行道运行的方向。

（5）打开上（下）机房盖板，放到安全处。

（6）装好盘车手轮（固定盘车轮除外）。

（7）一名维修人员将抱闸打开，另外一人将扶梯盘车轮上的盘车运动方向标志与救援行动需要电梯运行的方向进行对照，缓慢转动盘车手轮，使扶梯向救援行动需要的方向运行，直到满足救援需要或决定放弃手动操作扶梯运行方法。

（8）关闭抱闸装置。

18. 应急救援记录表

应急救援记录表

电梯管理单位	
电梯安装地址	
事件（事故）时间	年月日时分接到报警至 年月日时分救援结束
事件（事故） 原因及现象	
事件（事故）时间内人员伤亡	1. 无人员伤亡。　　　　2. 轻伤_____人。 3. 重伤_____人。　　4. 死亡_____人。
应急救援结束后的防护措施	1. 层门封堵。　　　　2. 封闭通道。 3. 设置警戒线。　　　4. 封闭现场。 5. 其他措施。
应急救援实施单位	
应急救援小组成员	
应急救援小组负责人 （组长）签字	日期
电梯管理单位负责人 （代表）签字	日期

附录 A　部分电梯故障代码

1. SM-01 主板故障代码

故障代码	内　容	原　因	对　策
02	运行中层门锁脱开（急停）	（1）运行中门刀擦门球； （2）门锁线头松动	（1）调整门刀与门球的间隙； （2）压紧线头
03	错位（超过 45cm），撞到上强停时修正（急停）	（1）上限位开关误动作； （2）限位开关移动后未进行井道校对； （3）编码器损坏	（1）检查限位开关； （2）重新进行井道校对； （3）更换编码器
04	错位（超过 45cm），撞到下强停时修正（急停）	（1）下限位开关误动作； （2）限位开关移动后未进行井道教入； （3）编码器损坏	（1）检查限位开关； （2）重新进行井道校对； （3）换编码器
05	电梯到站无法开门	（1）门锁短接； （2）门机打滑； （3）门机不工作	（1）排除短接； （2）检查皮带； （3）检查门机控制器
06	关门受阻时间超过 120s	（1）关门时门锁无法合上； （2）安全触板动作； （3）外呼按钮卡死； （4）门机打滑； （5）门机不工作	
08	SM-0.B 和 SM-03A 轿厢控制器通信中断（不接收指令）	（1）通信受到干扰； （2）通信中断； （3）终端电阻未短接	（1）检查通信线是否远离强电； （2）连接通信线； （3）短接终端电阻
09	调速器出错	变频器故障	对照变频器故障代码表检修
10	错位（超过 45cm），撞到上多层强慢时修正	（1）上行多层减速开关误动作； （2）多层减速开关移动后未进行井道校对； （3）编码器损坏	（1）检查多层减速开关； （2）重新进行井道校对； （3）更换编码器
11	错位（超过 45cm），撞到下多层强慢时修正	（1）下行多层减速开关误动作； （2）多层减速开关移动后未进行井道校对； （3）编码器损坏	（1）检查多层减速开关； （2）重新进行井道校对； （3）更换编码器
12	错位（超过 45cm），撞到上单层强慢时修正	（1）上行单层减速开关误动作； （2）单层减速开关移动后未进行井道校对； （3）编码器损坏	（1）检查单层减速开关； （2）重新进行井道校对； （3）更换编码器
13	错位（超过 45cm），撞到下单层强慢时修正	（1）下行单层减速开关误动作； （2）单层减速开关移动后未进行井道校对； （3）编码器损坏	（1）检查单层减速开关； （2）重新进行井道校对； （3）更换编码器
14	平层干簧错误		
15	SM-0.A 多次重开门后门锁仍旧无法关门 SM-0.B 方向指令给出后超过 2s 变频器无运行信号反馈		
16	SM-0.B 在制动器信号给出的状态下发现变频器无运行信号反馈		

续表

故障代码	内　容	原　因	对　策
17	SM-01 主板上电时进行参数校验发现参数错误	主控制器的设置参数超出本身的默认值	修改到允许范围以内
18	井道自学习楼层与预置楼层（指所有安装平层插板的楼层总数）不符合	（1）设定参数与实际层楼不符； （2）平层插板偏离； （3）平层传感器受到干扰	（1）设定成一致； （2）调整平层插板； （3）换无干扰电缆线
19	SM-01-A 板发现抱闸接触器 KM3 或者辅助接触器 KM2 触点不能安全释放（不启动）		
20	SM-01-A 板发现上平层干簧损坏或轿厢卡死		
21	SM-01-A 板发现下平层干簧损坏或轿厢卡死		
22	电梯倒溜	（1）变频器未工作； （2）严重超载； （3）编码器损坏	（1）检查变频器； （2）调整超载开关； （3）更换编码器
23	电梯超速	（1）编码器打滑或损坏； （2）严重超载	（1）检查编码器的连接； （2）调整超载开关
24	电梯失速	（1）机械上有卡死故障现象，如安全钳动作、蜗轮蜗杆咬死、电动机轴承咬死； （2）抱闸未可靠张开； （3）编码器损坏	（1）检查安全钳、蜗轮蜗杆、齿轮箱、电动机轴承； （2）检查抱闸张紧力； （3）检查编码器连线或更换
31	电梯静止时有一定数量脉冲产生	（1）抱闸弹簧过松； （2）严重超载； （3）钢丝绳打滑； （4）编码器损坏	（1）检查抱闸状况，紧固抱闸弹簧； （2）减轻轿厢重量，调整超载开关； （3）更换绳轮或钢丝绳； （4）更换编码器
32	安全回路动作	（1）相序继电器不正常； （2）安全回路动作	（1）检查相序； （2）检查安全回路
35	抱闸接触器检测出错	（1）接触器损坏，不能正常吸合； （2）接触器卡死； （3）X4 输入信号断开	（1）更换接触器； （2）检查连接线
36	KM2 接触器检测出错	（1）接触器损坏，不能正常吸合； （2）接触器卡死； （3）X15 输入信号断开	（1）更换接触器； （2）检查连接线
37	门锁检测出错	（1）接触器损坏，不能正常吸合； （2）接触器卡死； （3）输入信号 X9 与 X3 不一致	（1）更换接触器； （2）检查连接线
38	抱闸开关触点检测		（1）检查电动机抱闸触点； （2）检查连接线
39	安全回路继电器保护，停止运行	（1）继电器损坏，不能正常吸合； （2）继电器卡死； （3）X13 输入信号断开	（1）更换接触器； （2）检查连接线
44	门区开关检测错误		
45	再平层继电器触点检测故障		
46	开门到位信号故障	门机开门到位信号动作而门锁回路闭合	（1）检查门机开门到位信号输出开关； （2）检查门机开门到位开关的连线； （3）检查 SM-02 板上的门机开门到位输入点； （4）检查门机及 SM-01 板上的开门到位信号的常开/常闭设置

续表

故障代码	内 容	原 因	对 策
47	关门到位信号故障	门锁回路闭合后，门机关门到位信号仍无动作	（1）检查门机关门到位信号输出开关； （2）检查门机关门到位开关的连线； （3）检查 SM-02 板上的门机关门到位输入点； （4）检查门机及 SM-01 板上的关门到位信号的常开/常闭设置

2. 安川变频器（Yaskawa Varispeed 616G5）故障代码

1）故障检查

当变频器检测出故障时，在数字操作器上会显示此故障现象，并使故障接点输出，切断输出，电动机自由滑行停止。

发生故障时，可对照下表并采取相应措施。再启动时，应按下面的任意一种方法进行故障复位。

- 异常复位信号为 ON[多功能输入（H.01～H.06），应设定为异常复位（设定值：14）]。
- 按下数字操作器的复位键。
- 第一时间切断主回路电源，再进行检修。

故障代码	内 容	原 因	对 策
OC	过流 变频器的输出电流超过过流检出值（约为额定电流的200%）	（1）变频器输出侧发生短路、接地（电动机烧毁、绝缘劣化、电缆破损而引起的接触、接地等）； （2）负载太大，加速时间太短； （3）使用了特殊电动机或最大适用功率以上的电动机； （4）变频器输出侧电磁开关已动作	调查原因，实施对策后复位
GF	接地 变频器输出侧的接地电流超过了变频器额定输出电流的50%	变频器输出侧发生接地短路（电动机烧毁、绝缘劣化、电缆破损而引起的接触、接地等）	调查原因，实施对策后复位
PUF	熔丝熔断 装在主回路的熔丝被熔断	由于变频器输出侧的短路、接地，造成输出晶体管损坏。端子间（B1（⊕3）↔U、V、W⊖↔U、V、W）若短路，则表明晶体管已损坏	调查原因，实施对策后，交换变频器
SC	负载短路 变频器的输出或负载已短路	变频器输出侧发生了接地短路（电动机烧毁、绝缘劣化、电缆破损而引起的接触、接地等）	调查原因，实施对策后复位
OV	主回路过压 主回路直流电压超过过压检出值 200V：190V级 400V：380V级	减速时间太短，电动机再生的能量太大	（1）延长减速时间或接制动电阻（制动电阻单元）； （2）将电压降到电源规格范围内
UV1	主回路欠压 主回路直流电压低于欠压检出级别（L.05） 200V：190V级 400V：380V级	电源电压太高	调查原因，实施对策后复位
UV2	控制电源异常 控制电源的电压太低	（1）输入电源发生了欠相； （2）发生了瞬时停电； （3）输入电源的接线端子松动； （4）输入电源的电压变动太大	（1）将电源 ON/OFF 试一下； （2）连续发生异常情况时应更换变频器

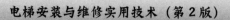

续表

故障代码	内　容	原　因	对　策
UV3	防止浪涌回路故障 发生了浪涌，防止浪涌回路动作不良		（1）将电源 ON/OFF 试一下； （2）连续发生异常情况时应更换变频器
PF	主回路电压异常 主回路直流电压在再生状态以外状态有异常振动 （L.05 设定"有效"时检出）	（1）输入电源发生了欠相； （2）发生了瞬时停电； （3）输入电源的接线端子松动； （4）输入电源的电压变动太大； （5）相间电压的平衡太差	调查原因，实施对策后复位
LF	输出欠相 变频器输出侧发生了欠相 （L.07 设定"有效"时检出）	（1）输出电缆断线了； （2）电动机线圈断线了； （3）输出端子松动了	调查原因，实施对策后复位
		使用的电动机功率是变频器最大适用电动机功率的 1/20 以下	重新选定变频器功率或电动机
OH （OH1）	散热片过热 变频器散热片的温度超过 L8-02 设定值或 105℃ 变频器内部冷却风扇停止（18.5kW 以上）	周围温度太高	设置冷却装置
		周围有发热体	去除发热源
		变频器的冷却风扇停止运行	变换冷却风扇
	变频器内部冷却风扇停止（18.5kW 以上）	变频器的冷却风扇停止运行（18.5kW 以上）	
RH	安装制动电阻过热 由 L8-01 设定的制动电阻保护已动作	减速时间太短，电动机再生能量太大	（1）减轻负载，延长减速时间，降低速度； （2）更换新的制动电阻单元
RR	内藏制动晶体管异常 制动晶体管动作异常		（1）将电源 ON/OFF 试一下； （2）连续发生异常情况时应更换变频器
OL1	电动机过载 电子热保护引起电动机过载保护动作	负载太大，加减速时间、周期时间太短	修正负载大小、加减速时间、周期时间
		V/f 特性的电压太高	修正 V/f 特性
		电动机额定电流（E.01）设定值不适当	确认电动机的额定电流值（E.01）
OL2	变频器过负载 由电子热保护、引起变频器过载保护动作	负载太大，加减速时间、周期时间太短	修正负载大小、加减速时间、周期时间
		V/f 特性的电压太高	修正 V/f 特性
		变频器功率太小	应换用大容量变频器
OL3	过力矩 1 电流超过（L6-02）以上并持续（L6-03）时间以上		（1）确定 L6-02，L6-03 设定值是否适当； （2）确认机械系统使用状况，找出异常原因并解决
OL4	过力矩 2 电流超过（L6-05）以上并持续（L6-06）时间以上		（1）确定 L6-05，L6-06 设定值是否适当； （2）确认机械系统使用状况，找出异常原因并解决
OS	超速 速度在设定值（F.08）以上并持续时间（F1-09）以上	发生了过冲/不足	调整增益
		指令速度太高	修正指令回路及指令增益
		F1-08，F1-09 的设定值不适当	确认 F1-08，F1-09 的设定值

续表

故障代码	内　容	原　因	对　策
PGO	PG 断线检出 在下列条件时，PG 脉冲未被输入的状态已经超过 F1-14 时间。 有 PG 矢量：软启动输出≥2% 有 PG V/f：软启动输出≥E.09	PG 的连线断线	确认断线处
		PG 的连线有错误	改正接线
		没有给 PG 供电	正确供电
		—	确认抱闸（电动机）使用时是否打开
DEV	速度偏差过大 速度偏差在设定值（F1-10）以上并持续（F1-11）时间以上	负载太大	减轻负载
		加减速时间太短	延长加速时间
		负载处于锁定中	确认机械系统
		F1-10，F1-11 的设定不适当	确认 F1-10，F1-11 的设定值
		—	确认抱闸（电动机）使用时是否打开
SVE	零伺服异常 零伺服运行中，旋转位置却偏离了	力矩极限值过小	增大
		负载力矩过大	减小
		—	检查 PG 信号的干扰
OPR	操作器连接不良 在操作器控制运行指令运行中，操作器断线了	—	确认操作器的连接
EFO	从通信选择卡来的外部异常输入	—	检查通信卡、通信信号
EF3	外部故障（输入端子 3）	从多功能输入处输入了外部异常	（1）解除从各多功能输入的外部异常输入； （2）消除外部异常的原因
EF4	外部故障（输入端子 4）		
EF5	外部故障（输入端子 5）		
EF6	外部故障（输入端子 6）		
EF7	外部故障（输入端子 7）		
EF8	外部故障（输入端子 8）		
CPF00	操作器传送异常 1 电源打开后 5s 仍不能与操作器通信	数字式操作器的端子接触不良	取下一次数字操作器，再重新安装上
		变频器控制回路不良	交换变频器
CPF01	操作器传送异常 2 与操作器的通信开始后，2s 以上传送异常发生了	数字式操作器的端子接触不良	取下一次数字操作器，再重新安装上
		变频器控制回路不良	交换变频器
CPF02	基极封锁回路不良	—	将电源 ON/OFF 试一下
		控制回路损坏	交换变频器
CPF03	EEPROM 不良	—	将电源 ON/OFF 试一下
		控制回路损坏	交换变频器
CPF04	CPU 内部 A/D 变换器不良	—	将电源 ON/OFF 试一下
		控制回路损坏	交换变频器

续表

故障代码	内 容	原 因	对 策
CPF05	CPU 外部 A/D 变换器不良	—	将电源 ON/OFF 试一下
		控制回路损坏	交换变频器
CPF06	选择卡连接异常	选择卡的端子接触不良	电源 OFF 后再插入
		变频器或选择卡不良	交换不良品
CPF20	选择卡异常	选择卡的端子接触不良	电源 OFF 后再插入
		选择卡的 A/D 变换器不良	交换选择卡
CPF21	传送选择卡的自诊断异常	选择卡故障	交换选择卡
CPF22	传送选择卡的机种形式异常		
CPF23	传送选择卡的互诊断不良		

2）报警检查

报警是变频器的保护动作，但故障接点不动作，消除故障后，会自动恢复到原先的状态。

发生报警时，数字操作器将闪烁，并输出故障代码，按下表查找原因并采取适当措施。

故障代码	内 容	原 因	对 策
EF（blinking）	正转、反转指令同时输入 正转指令和反转指令，同时 0.5s 以上被输入	—	（1）修正正转、反转指令的顺序控制器 （2）发生这样的报警时，电动机减速停止（因为旋转方向不知道）
UV（blinking）	主回路欠压 运行信号还未输入时，已处于以下状态： 主回路直流电压已低于（L.05）欠压检出电平； 抑制浪涌电流用的接触器已开放； 控制电源处于（CUV 电平）欠压以下		参照故障代码 UV1、UV2、UV3 的对策
OV（blinking）	主回路过压 主回路直流电压检出值超过了过电压 200V 级：400V 400V 级：380V	电源电压太高	在电源规格范围内降低电压
OH（blinking）	散热片过热 变频器散热片的温度超过 L.02 的设定值	周围温度太高	设置冷却装置
		周围有发热体	去除发热源
		变频器的冷却风扇停止运行	更新冷却风扇
OH2（blinking）	变频器过热预告 多功能输入处[变频器过热预告 0H2]已输入了	—	解除从多功能输入的变频器过热预告
OL3（blinking）	过力矩 1 （L.02）设定值以上的电流已持续了（L.03）以上的时间	—	（1）确认 L.02、L.03 的设定是否适当； （2）确认机械使用状况，去除异常内容

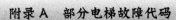
续表

故障代码	内 容	原 因	对 策
OL4（blinking）	过力矩 2 （L.05）设定值以上的电流已持续了（L.06）以上的时间	—	（1）确认 L.05、L.06 的设定是否适当； （2）确认机械使用状况，去除异常内容
OS（blinking）	超速 （F.08）设定值以上的速度已持续了（F.09）以上的时间	发生了过冲/不足	调整增益
		指令速度过高	修正指令回路及指令增益
		F.08、F.09 的设定值不适当	确认 F.08、F.09 的设定值
PGO（blinking）	PG 断线检出 变频器有频率输出，但 PG 脉冲没有被输入	PG 接线断线	修理断线处
		PG 接线错误	重新接线
		PG 处没有供电电源	正确供电
DEV（blinking）	速度偏差过大 （F.10）设定值以上的速度偏差持续了（F.11）规定时间以上	负载太大	减轻负载
		加减速时间太短	延长加减速时间
		负载处在锁定状态	确认机械系统
		F.10，F.11 的设定值不适当	确认 F.10，F.11 的设定值
EF3（blinking）	外部异常（输入端子 3）	外部异常从多功能输入处[外部异常]被输入了	（1）解除从各多功能输入来的外部异常输入； （2）消除外部异常的原因
EF4（blinking）	外部异常（输入端子 4）		
EF5（blinking）	外部异常（输入端子 5）		
EF6（blinking）	外部异常（输入端子 6）		
EF7（blinking）	外部异常（输入端子 7）		
EF8（blinking）	外部异常（输入端子 8）		
CE	传送出错 接收到 1 次控制信号后，2s 内不能正常接收	—	检查传送设备、传送信号
BUS	选择传送出错 设定从选择卡来的运行指令或频率；指令方式出错	—	检查传送卡、传送信号
CALL	SI-B 传送出错 电源投入时，控制信息不能正常接收	—	检查传送设备、传送信号
E-15	SI-F/G 传送出错检出中 设定从选择卡来的运行或频率指令，E.15 已选择了继续运行时检出出错	—	检查传送信号
EF0	S.K2 以外的传送卡的外部异常检出中 EF0 的动作选择中选择了继续运行从选择卡来的外部异常已经输入	—	消除外部异常的原因

3）操作出错

参数设定后，设定了不能使用的值、各参数间相矛盾时，显示操作出错。在参数被正确设定前，变频器不能启动（报警输出异常接点输出不动作）。

发生操作出错情况时，依据表中所列原因，调查并变更参数。

故障代码	内　容	原　因	对　策
OPE01	变频器功率设定异常	设定的变频器功率与本机不符合	重新设定正确内容
OPE02	参数的设定范围不良	超出了设定范围	
OPE03	多功能输入选择不良	在多功能输入（H1-01～H1-06）的设定： ● 多功能输入时有两个以上相同的值被设定 ● UP/DOWN 指令未同时被设定 ● UP/DOWN 指令与保持加减速停止被同时设定 ● 外部搜索指令（最高输出频率）与外部搜索指令（设定频率）被同时设定 ● 基极封锁指令 NO/NC 被同时设定 ● PID 控制（B1-01）为有效，却设定了 UP/DOWN 指令 ● H.09[频率指令（电流）端子 14 功能选择]设定为"1F"外（频率指令），还设定了频率指令"端子13/14"选择 ● 未同时设定+速度指令和-速度指令	
OPE05	选项指令选择不良	参数 B1-01（频率指令的选择）设定为"3"（选项卡），但却未接上选项卡（C 选项）	
OPE06	控制方式选择不良	● 参数 A1-02（控制方式选择）设定为"1"（有 PG V/f 控制方式），但却未接上 PG 速度控制卡 ● 参数 A1-02（控制方式选择）设定为"3"（有 PG 矢量控制方式），但却未接上 PG 速度控制卡	
OPE07	多功能模拟量输入选择不良	● H3-05 和 H3-09 被设定为相同的值（除"1F"外） ● 使用模拟量指令卡 A.14B，F1-01 的设定值为"0"，并且多功能输入（H1-01～H1-06）设定为"2"（选择/变频器切换） ● H3-05 和 H3-09 参数设定为 2 和 D（2 和 D 不能同时设定）	
OPE08	参数选择不良	设定了当前控制方式下不使用的参数 如选择 PG 矢量控制使用功能时，却选择了无 PG 矢量控制参数	
OPE010	V/f 数据设定不良	E1-04，06，07，09 没有满足以下条件： E1-04（FMAX）≥E1-06（FA）>E1-07（FB）≥E1-09（FMIN）	
OPE011	参数设定不良	以下其中任意一个发生了设定不良： ● 载波频率上限（C6-01）>5kHz 且载波频率下限（C6-02）≤5kHz ● 载波频率比例增益（C6-03）>6，却设定成了（C6-02）>（C6-01） ● C6-01～03，C6-15 的上下限出错	
ERR	EEPROM 写入不良	EEPROM 写入时不匹配 ● 电源 ON/OFF 试一下 ● 修正设定参数	

3. 富士变频器（Fuji Inverter）故障代码

故障代码				内　容
过流	0C1	OC DURING ACC	加速时	电动机过流，输出电路相间或对地短路，变频器输出电流瞬时值超过过流检出值时，过流保护功能动作
	0C2	OC DURING DEC	减速时	
	0C3	OC AT SET SPD	恒速时	
过压	0U1	OV DURING ACC	加速时	由于电动机再生电流增加，使主电路中间电压超过过压检测值时，保护功能动作（200V 系列：DC 400V；400 系列：DC 800V）。但是，变频器输入侧错误地输入过高电压时，不能保护
	0U2	OV DURING DEC	减速时	
	0U3	OV AT SET SPD	恒速时	
欠压	LU	UNDERVOLTAGE		运行中，电源电压降低等使主电路中间电压低于欠压检测值时，保护功能动作（欠压检测值，200V 系列：DC 200V；400V 系列：DC 400V）。另外，当电压低至不能维持变频器控制电路电压值时，将不能显示
电压输入缺相	Lin	PHASE LOSS		连接的三相输入电源在 L1/R、L2/R、L3/R 中缺任何一相及变频器在三相电源电压不平衡状态下运行时，可能造成主电路整流二极管和主滤波电容损坏。在这种情况下，变频器报警并停止运行
散热片过热	0H1	FIN OVERHEAT		若冷却风扇发生故障等，则散热片温度上升，保护功能动作
外部报警	0H2	EXT ALARM		当控制电路端子（THR）连接制动系统、制动电阻、外部热继电器等外部装置的报警接点时，随这些接点的动作而动作
变频器内过热	0H3	HIGH AMB TEMP		若变频器内通风散热不良，其内部温度上升，则保护功能动作
电动机 1 过热	0L1	MOTOR1 OL		选择功能码 F10 电子热继电器 1 时，若电动机电流超过设定的电动机 1 的动作电流值时，则保护功能动作
变频器过热	0LU	INVERTER OL		此为变频器主电路半导体元件的温度保护，变频器输出电流超过过载额定值时，保护功能动作
超速	OS	OVER SPEED		1. 电动机速度若超过最高频率、上限频率、120Hz 中的最小值（120[Hz]、F03（A01）、F15 中的最小设定值）的 1.2 倍时，保护功能动作 2. 不能满足适用 PG 的输入脉动规格时，显示出错
超过速度偏差	Pg	PG BREAK		超过速度偏差时，保护功能动作
存储器错误	Er1	MEMORY ERROR		若发生数据写入异常，则保护功能动作
键盘面板通信异常	Er2	KEYPD COM ERR		由键盘面板运行模式检测键盘面板和控制部分之间信息传送错误或传输停止时，保护功能动作
CPU 异常	Er3	CPU ERROR		由于干扰等造成 CPU 出错时，保护功能动作
操作步骤出错	Er6	OPR PROCD ERROR		用 STOP 指令强制停止时，此功能动作，或者在 O3.046 上设定两处相同值时，此功能动作
输出接线出错	Er7	TUNING ERROR		自整定时，若变频器输出电路连接断线及开路，则保护功能动作
RS-485 通信出错	Er8	RS-485 COM ERR		使用 RS-485 通信出错时，保护功能动作

附录 B TD3100 变频器的操作面板说明

TD3100 变频器的操作面板（键盘）有中文、英文两种语言可供用户使用，具体内容如下。

变频器状态	中 文	英 文	变频器状态	中 文	英 文
停机状态	M/E 进入菜单	M/E: Menu Mode	编程状态	ESC 返回	ESC: Escape
	电梯额定速度	Elevator Rated Speed		ENT 确认	ENT: Enter
	端子组 1 HEX	Terminal Group 1 Status		▲▼ 选择	▲▼: Modify
	端子组 2 HEX	Terminal Group 2 Status		参数限制	Parameter Limit
	输出端子 HEX	Output Terminal Status	自动调整	Run 确认	RUN: Autotuning
	AI1 值	Analog Input 1		ESC 放弃	ESC: Escape
	AI2 值	Analog Input 2		正在调整	Autotuning
	转矩电流	Torque Current		自动调整结束	Autotuning Success
	转矩偏置平衡	Pre-torque Bias	参数复制	参数上传	Parameter Upload
	减速距离	Dec Distance		参数下载	Parameter Download
	LS 开关距离	LS Distance	一级菜单	F0 基本参数	Basic Parameter
	当前楼层	Present Floor		F1 曳引机参数	Traction Machine Parameter
	当前位置	Present Height		F2 矢量控制	Vector Control
	直流母线电压	DC Bus Voltage		F3 速度曲线	Speed Curve
	曲线 1 距离	Curve 1 Distance		F4 距离控制	Distance Control
运行状态	▶▶ 切换参数	▶▶: Parameter Select		F5 开关量端子	Digital Terminal
	运行速度	Elevator Speed		F6 模拟量端子	Analog Terminal
	输出电压	Output Voltage		F7 优化选项	Optimize Option
	输出电流	Output Current		F8 通信参数	Communication Parameter
	输出功率	Output Power		F9 状态监视	Status Monitor
	运行转速	Motor Speed		FE 厂家设定	Factory Reserve
	输出频率	Output Frequency	F0 组	F0.00 用户密码	User Password
	当前楼层	Present Floor		F0.01 语种选择	Language Select
	当前位置	Present Height		F0.02 操作方式	Operation Mode
	直流母线电压	DC Bus Voltage		F0.03 运行速度设定	Speed Digital Setup
	转矩偏置增益	Pre-torque Gain		F0.04 运行方向	Running Direction
	端子组 1 HEX	Terminal Group 1 Status		F0.05 额定梯速	Elevator Rated Speed
	端子组 2 HEX	Terminal Group 2 Status		F0.06 最大频率	MAX Output Frequency
	输出端子 HEX	Output Terminal Status		F0.07 载波频率	Carrier Frequency
	AI1 值	Analog Input 1		F0.08 参数更新	Parameter Update
	AI2 值	Analog Input 2	F1 组	F1.00 PG 脉冲数	PG Pulse/Rev
	转矩电流	Torque current		F1.01 电动机类型选择	Motor Type

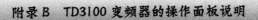

续表

变频器状态	中　文	英　文	变频器状态	中　文	英　文
F1 组	F1.02 额定功率	Rated Power	F3 组	F3.03 多段速度 0	MS 0
	F1.03 额定电压	Rated Voltage		F3.04 多段速度 1	MS 1
	F1.04 额定电流	Rated Current		F3.05 多段速度 2	MS 2
	F1.05 额定频率	Rated Frequency		F3.06 多段速度 3	MS 3
	F1.06 额定转速	Rated Speed		F3.07 多段速度 4	MS 4
	F1.07 曳引机参数	Mechanical Parameter		F3.08 多段速度 5	MS 5
	F1.08 过载保护	Overload Protection		F3.09 多段速度 6	MS 6
	F1.09 电子热继电器	Electronic Thermo-relay		F3.10 多段速度 7	MS 7
	F1.10 自动调整保护	Autotuning Mask		F3.11 加速度	Acceleration Rate
	F1.11 自动调整进行	Autotuning		F3.12 开始段急加速	Start Acceleration Jerk
	F1.12 定子电阻	Stator Resistance		F3.13 结束段急加速	End Acceleration Jerk
	F1.13 定子电感	Stator Inductance		F3.14 减速度	Deceleration Rate
	F1.14 转子电阻	Rotor Resistance		F3.15 开始段急减速	Start Acceleration Jerk
	F1.15 转子电感	Rotor Inductance		F3.16 结束段急减速	End Acceleration Jerk
	F1.16 互感	Mutual Inductance		F3.17 自学习速度	Auto-learning Speed
	F1.17 空载激磁电流	Excitation Current		F3.18 应急速度	Emergency Speed
F2 组	F2.00 ASR1-P	ASR1-P		F3.19 检修速度	Inspection Speed
	F2.01 ASR1-I	ASR1-I		F3.20 检修减速度	Inspection Deceleration
	F2.02 ASR2-P	ASR2-P		F3.21 爬行速度	Creeping Speed
	F2.03 ASR2-I	ASR2-I		F3.22 强迫减速度 1	Forced Deceleration 1
	F2.04 高频切换频率	High Switching Frequency	F4 组	F4.00 总楼层数	Floor Number
	F2.05 转差补偿增益	Slip Compensation Gain		F4.01 最大楼层高度	MAX Floor Height
	F2.06 电动转矩限定	Drive Torque Limit		F4.02 VMAX1	VMAX1
	F2.07 制动转矩限定	Brake Torque Limit		F4.03 VMAX2	VMAX2
	F2.08 预转矩选择	Pre-torque Select		F4.04 VMAX3	VMAX3
	F2.09 DI 称重信号 1	Digital Weigh Signal 1		F4.05 VMAX4	VMAX4
	F2.10 DI 称重信号 2	Digital Weigh Signal 2		F4.06 VMAX5	VMAX5
	F2.11 DI 称重信号 3	Digital Weigh Signal 3		F4.07 平层距离调整	Levelling Distance
	F2.12 DI 称重信号 4	Digital Weigh Signal 4		F4.08 层高分频系数	Height Division Rate
	F2.13 滤波系数	Filter Rate		F4.09 层高 1	Floor Height 1
	F2.14 预转矩偏移	Torque Bias		F4.10 层高 2	Floor Height 2
	F2.15 驱动侧增益	Drive Torque Gain		F4.11 层高 3	Floor Height 3
	F2.16 制动侧增益	Brake Torque Gain		F4.12 层高 4	Floor Height 4
	F2.17 低频切换频率	Low Switching Frequency		F4.13 层高 5	Floor Height 5
F3 组	F3.00 启动速度	Start Speed		F4.14 层高 6	Floor Height 6
	F3.01 保持时间	Start Time		F4.15 层高 7	Floor Height 7
	F3.02 停车急减速	Stop Deceleration Jerk		F4.16 层高 8	Floor Height 8

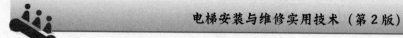

续表

变频器状态	中 文	英 文	变频器状态	中 文	英 文
F4 组	F4.17 层高 9	Floor Height 9	F4 组	F4.53 层高 45	Floor Height 45
	F4.18 层高 10	Floor Height 10		F4.54 层高 46	Floor Height 46
	F4.19 层高 11	Floor Height 11		F4.55 层高 47	Floor Height 47
	F4.20 层高 12	Floor Height 12		F4.56 层高 48	Floor Height 48
	F4.21 层高 13	Floor Height 13		F4.57 层高 49	Floor Height 49
	F4.22 层高 14	Floor Height 14	F5 组	F5.00 X1 端子功能	X1 Terminal
	F4.23 层高 15	Floor Height 15		F5.01 X2 端子功能	X2 Terminal
	F4.24 层高 16	Floor Height 16		F5.02 X3 端子功能	X3 Terminal
	F4.25 层高 17	Floor Height 17		F5.03 X4 端子功能	X4 Terminal
	F4.26 层高 18	Floor Height 18		F5.04 X5 端子功能	X5 Terminal
	F4.27 层高 19	Floor Height 19		F5.05 X6 端子功能	X6 Terminal
	F4.28 层高 20	Floor Height 20		F5.06 X7 端子功能	X7 Terminal
	F4.29 层高 21	Floor Height 21		F5.07 X8 端子功能	X8 Terminal
	F4.30 层高 22	Floor Height 22		F5.08 X9 端子功能	X9 Terminal
	F4.31 层高 23	Floor Height 23		F5.09 X10 端子功能	X10 Terminal
	F4.32 层高 24	Floor Height 24		F5.10 PX1 端子功能	Programmable Terminal 1
	F4.33 层高 25	Floor Height 25		F5.11 PX2 端子功能	Programmable Terminal 2
	F4.34 层高 26	Floor Height 26		F5.12 PX3 端子功能	Programmable Terminal 3
	F4.35 层高 27	Floor Height 27		F5.13 PX4 端子功能	Programmable Terminal 4
	F4.36 层高 28	Floor Height 28		F5.14 逻辑 0000	Logic 0000
	F4.37 层高 29	Floor Height 29		F5.15 逻辑 0001	Logic 0001
	F4.38 层高 30	Floor Height 30		F5.16 逻辑 0010	Logic 0010
	F4.39 层高 31	Floor Height 31		F5.17 逻辑 0011	Logic 0011
	F4.40 层高 32	Floor Height 32		F5.18 逻辑 0100	Logic 0100
	F4.41 层高 33	Floor Height 33		F5.19 逻辑 0101	Logic 0101
	F4.42 层高 34	Floor Height 34		F5.20 逻辑 0110	Logic 0110
	F4.43 层高 35	Floor Height 35		F5.21 逻辑 0111	Logic 0111
	F4.44 层高 36	Floor Height 36		F5.22 逻辑 1000	Logic 1000
	F4.45 层高 37	Floor Height 37		F5.23 逻辑 1001	Logic 1001
	F4.46 层高 38	Floor Height 38		F5.24 逻辑 1010	Logic 1010
	F4.47 层高 39	Floor Height 39		F5.25 逻辑 1011	Logic 1011
	F4.48 层高 40	Floor Height 40		F5.26 逻辑 1100	Logic 1100
	F4.49 层高 41	Floor Height 41		F5.27 逻辑 1101	Logic 1101
	F4.50 层高 42	Floor Height 42		F5.28 逻辑 1110	Logic 1110
	F4.51 层高 43	Floor Height 43		F5.29 逻辑 1111	Logic 1111
	F4.52 层高 44	Floor Height 44		F5.30 Y1 功能选择	Y1 Function Select

续表

变频器状态	中　文	英　文	变频器状态	中　文	英　文
	F5.31 Y2 功能选择	Y2 Function Select		F9.10 故障时电流	Last Fault Output Current
	F5.32 Y3 功能选择	Y3 Function Select		F9.11 故障母线电压	Last Fault DC Bus Voltage
	F5.33 Y4 功能选择	Y4 Function Select	F9 组	F9.12 故障时输入 1	Last Fault Terminal Group 1
	F5.34 PR 功能选择	Programmable Relay Function		F9.13 故障时输入 2	Last Fault Terminal Group 2
	F5.35 动作模式选择	Action Mode Select		F9.14 故障时输出	Last Fault Output Terminals
F5 组	F5.36 减速点输出	Dec-point Output		无异常记录	No Abnormal Record
	F5.37 FDT1 电平	FDT1 Level		加速过流（E001）	Acc Overcurrent
	F5.38 FDT2 电平	FDT2 Level		减速过流（E002）	Dec Overcurrent
	F5.39 FDT 滞后	FDT Delay		恒速过流（E003）	Constant Speed Overcurrent
	F5.40 速度等效范围	FAR		加速过压（E004）	Acc Overvoltage
	F6.00 AI1 滤波	AI1 Filter Time		减速过压（E005）	Dec Overvoltage
	F6.01 AI2 滤波	AI2 Filter Time		恒速过压（E006）	Constant Speed Overvoltage
F6 组	F6.02 AO1 功能选择	Analog Output 1		控制电源过压（E007）	Control Power Overvoltage
	F6.03 AO2 功能选择	Analog Output 2		输入侧缺相（E008）	Input Phase Loss
	F7.00 抱闸打开时间	Brake On Delay		输出侧缺相（E009）	Output Phase Loss
	F7.01 抱闸关闭时间	Brake Off Delay		功率模块故障（E010）	Power Module Fault
	F7.02 反馈输入选择	Feedback Signal Select		散热器过热（E011）	Power Module Overheat
	F7.03 分频系数	Encoder Division Rate		变频器过载（E013）	Inverter Overload
	F7.04 斜坡时间	Start Ramp Time		电动机过载（E014）	Motor Overload
	F7.05 C/B 控制	C/B Control		外部设备故障（E015）	EXT Error
F7 组	F7.06 AI2 零调整	AI2 Zero Adjust		读写错误（E016）	EEPROM Error
	F7.07 LS 速度设定 3	Speed in LS3	故障说明	通信错误（E017）	Communication Error
	F7.08 强迫减速度 3	Forced Deceleration 3		接触器未吸合（E018）	Contactor Error
	F7.09 LS 速度设定 2	Speed in LS2		电流检测故障（E019）	Current Detect Error
	F7.10 强迫减速度 2	Forced Deceleration 2		CPU 故障（E020）	CPU Error
	F7.11 LS 速度设定 1	Speed in LS1		键盘读写故障（E023）	Keyboard EEPROM Error
	F8.00 波特率选择	Baud Rate Select		调整故障（E024）	Autotuning Error
F8 组	F8.01 数据格式	Date Format		编码器故障（E025）	Encoder Error
	F8.02 本机号码	Local Address		制动单元故障（E027）	Brake Unit Error
	F8.03 异常检出时间	Time Out Delay		参数设定出错（E028）	Parameter Setting Error
	F9.00 运行显示 1	Monitor Parameter 1		保留	Reserve
	F9.01 运行显示 2	Monitor Parameter 2		电梯超速（E030）	Elevator Over Speed
	F9.02 停机显示	Monitor Parameter 3		VMAX1 太大（E032）	Curve Parameter Error
	F9.03 当前层楼	Present Floor		自学习出错（E033）	Auto-learning Error
	F9.04 运行次数高位	Operation Counter High		保留	Reserve
F9 组	F9.05 运行次数低位	Operation Counter Low		C/B 故障（E035）	C/B Error
	F9.06 第 1 次故障	Fault Message 1		欠压状态	Power off
	F9.07 第 2 次故障	Fault Message 2		检查欠压原因	Check Power
	F9.08 第 3 次故障	Fault Message 3		RST 复位	RST: Reset
	F9.09 故障时速度	Last Fault Elevator Speed